D1450795

LES MAYAS ET CANCÚN

américanités

LUCIE DUFRESNE

LES MAYAS ET CANCÚN

LES PRESSES DE L'UNIVERSITÉ DE MONTRÉAL

En couverture :

    Procession à la Madre glorificada, Peto (1984).

    Siesta du cireur de chaussures, au *Terminal* de Cancún (1990).

Données de catalogage avant publication (Canada)

Dufresne, Lucie, 1951-

    Les Mayas et Cancún

    (Américanités)
    Comprend des références bibliogr.

    ISBN 2-7606-1735-1

    1. Mayas – Yucatán (Péninsule).
    2. Yucatán (Péninsule) – Conditions rurales.
    3. Cancún (Mexique) – Conditions sociales.
    4. Tourisme – Aspect social – Yucatán (Péninsule).
    5. Mayas – Politique gouvernementale – Yucatán (Péninsule).

    I. Titre. II. Collection.

F1376.D83 1999   972'.65004974152   C99-940316-8

Dépôt légal : 1ᵉʳ trimestre 1999
Bibliothèque nationale du Québec
© Les Presses de l'Université de Montréal, 1999

Les Presses de l'Université de Montréal remercient le ministère du
Patrimoine canadien du soutien qui leur est accordé dans le cadre
du Programme d'aide au développement de l'industrie de l'édition.
Les Presses de l'Université de Montréal remercient également le
Conseil des Arts du Canada et la Société de développement des
entreprises culturelles du Québec (SODEC).

Avant-propos

L'IDÉE PRINCIPALE qui a guidé la rédaction du présent essai est de faire connaître à un large public le résultat de mes recherches qui seraient autrement restées confinées à un cercle restreint de lecteurs spécialisés. Ce livre est destiné à tous ceux qui s'intéressent à l'histoire de l'Amérique, et plus particulièrement à celle de ses communautés autochtones. Il s'adresse en particulier aux étudiants en sciences humaines puisqu'il utilise des concepts et des méthodes propres à l'anthropologie, à la géographie, à l'histoire et à la sociologie. Il intéressera également les touristes qui fréquentent les sites archéologiques mayas et qui désirent faire le lien entre les « Mayas archéologiques » et ceux d'aujourd'hui.

Je tiens à remercier d'abord les organismes qui ont financé ma recherche à différents degrés : le Conseil de recherches en sciences humaines du Canada (CRSH), le Fonds FCAC pour le soutien et l'aide à la recherche et l'Association des Anciens de l'Université Laval. Cet ouvrage a été publié grâce à une subvention de la Fédération canadienne des sciences humaines et sociales, dont les fonds proviennent du Conseil de recherches en sciences humaines du Canada.

Cet ouvrage présente le résultat de plusieurs années de recherche. De nombreuses personnes y ont généreusement collaboré. Je remercie les habitants de Dzonotchel, d'Akil et de Cancún qui ont supporté stoïquement et même avec le sourire mes interminables questionnaires. Ils m'ont reçue avec hospitalité, ils m'ont offert leur amitié et leur soutien dans les circonstances les plus diverses. J'ai aussi une dette intellectuelle envers certains fonctionnaires de Cancún qui m'ont expliqué les aléas du développement de la ville et qui m'ont ouvert leurs archives. J'exprime aussi ma vive reconnaissance à Mme Marie Lapointe, historienne de l'Université Laval, avec qui j'ai travaillé au Yucatán avec bonheur pendant des années. Je remercie enfin M. Pierre André, du département de géographie de l'Université de Montréal, qui a corrigé et commenté avec dévouement la version préliminaire de ce texte, ainsi que MM. Jean-Pierre Thouez et Jean-Marc Carpentier.

Par ce livre, je veux aussi rembourser ma dette auprès des contribuables canadiens et québécois qui ont subventionné une partie des recherches présentées ici.

À la doctora Lapointe

Introduction

L ES MAYAS constituent probablement le groupe autochtone qui bénéficie de la plus ample couverture médiatique de toute l'Amérique. En janvier 1994, nous avons vu surgir à l'écran les Mayas armés du Chiapas, ces Zapatistas guidés par Marcos, le sous-commandant en cagoule. En 1992, pour souligner les 500 ans de la prétendue découverte de l'Amérique, une Maya du Guatemala, Mme Rigoberta Menchú, s'est vu décerner le prix Nobel de la paix pour sa lutte contre l'oppression des Indiens de son pays. On présente aussi, en IMAX, sur vidéocassettes ou dans des documentaires télévisés, les chefs-d'œuvre de la civilisation maya qui témoignent d'un raffinement unique dans l'histoire de l'Amérique. Les plus éminents spécialistes s'acharnent avec toute la technologie moderne à émettre de nouvelles hypothèses quant aux causes de la disparition de cette civilisation. Il y a finalement les Mayas, généralement des femmes, qui figurent sur des cartes postales ou sur des affiches touristiques. Ces femmes au sourire énigmatique sont parées de costumes aux couleurs vives. Elles laissent deviner un pays attirant, chaud, plein d'exotisme et de rêves tropicaux. On vante leur hospitalité, leur douceur, leur honnêteté. On veut vous faire découvrir leur cuisine savoureuse et leurs broderies chatoyantes. Ces Mayas servent de réclame pour attirer la clientèle dans les principaux sites touristiques de la côte caraïbe du Mexique, au Guatemala et maintenant au Belize et au Honduras.

Entre le mystère maya et le tape-à-l'œil des affiches, un peuple lutte pour assurer sa survie. Les Mayas existent ailleurs que dans leurs monuments de pierre.

Ils ont participé activement à l'histoire de ce siècle. Ils ont fourni à l'Amérique les cordages des navires et le chiclé, cette résine qui sert à fabriquer la gomme à mâcher qu'on associe maintenant à la culture nord-américaine. Les Mayas vivent et travaillent aujourd'hui sous les ordres des Mexicains et des Yucatèques. Souvent dans des conditions pénibles, mais avec la dignité de gens qui espèrent une amélioration de leur sort.

Depuis la création du centre touristique de Cancún, sur la côte caraïbe mexicaine, les Mayas du Yucatán prennent la route de la ville. La richesse ostentatoire de Cancún les séduit comme s'il s'agissait d'un paradis, d'un eldorado où la faim n'existerait pas. Attirés par les possibilités d'emploi, plusieurs partent travailler vers la zone touristique. Ils abandonnent Chac, le dieu de la Pluie, qui veillait sur les champs de maïs. Ils pénètrent dans un monde totalement nouveau.

Tout comme pour les centres cérémoniels des périodes classique et postclassique, les paysans mayas construisent les grands hôtels de Cancún, ces temples contemporains du loisir. Comme autrefois, ils transportent les matériaux sur leur dos, les montent le long de minces échelles de bois, sans aucune protection, jusqu'aux étages supérieurs des édifices en construction. Des différences énormes séparent les touristes nord-américains ou européens des modestes ouvriers de Cancún, souvent issus de communautés paysannes mayas. La péninsule, ou du moins les États du Yucatán et du Quintana Roo, passe d'une société rurale à une société urbaine. L'agriculture est remplacée par les services, indispensables à l'éclosion du tourisme. La mutation ne se fait pas toujours sans douleur.

L'histoire des Mayas qui délaissent leurs champs pour aller travailler à Cancún, comme serveurs, par exemple, ne représente pas un phénomène exceptionnel, mais s'inscrit dans un cadre plus vaste de tertiarisation de l'économie mondiale et d'urbanisation. L'absorption des populations paysannes dans les villes en expansion constitue plutôt la tendance générale en cette dernière moitié du XXᵉ siècle, à l'échelle du globe :

> Pour 80 % de l'humanité, le Moyen Âge s'est abruptement terminé au cours des années 1950 ; ou, plus précisément, il s'est clôturé à la fin des années 1960 [...]. Le changement social le plus dramatique et le plus puissant de la deuxième moitié de ce siècle, et celui qui nous coupe définitivement du monde du passé, est la mort de la paysannerie car, depuis l'ère néolithique, la plupart des humains ont vécu de la terre et de l'élevage ou des produits de la mer[1].

L'auteur remarque que le nombre de paysans a diminué de moitié entre 1960 et 1980 au Mexique, comme ailleurs en Amérique latine. L'agriculture s'intensifie

CARTE 1

La péninsule du Yucatán et l'aire maya

et la productivité augmente, ce qui libère nombre de paysans des tâches agricoles. Cependant, étant donné la faible capacité d'absorption de la main-d'œuvre par l'industrie, les migrants s'incorporent le plus souvent à l'économie urbaine dans le secteur des services informels.

Dans ce contexte, l'histoire des Mayas de la péninsule du Yucatán présente une certaine originalité. Il s'agit d'un peuple aux traditions indigènes qui conserve sa spécificité jusqu'en cette fin du xxᵉ siècle, mais qui participe maintenant à l'expansion urbaine au Quintana Roo, provoquée par l'affluence touristique. Cancún, principale ville où ils s'implantent, est créée de toutes pièces à partir de 1970. Il n'existait plus de ville sur la côte caraïbe depuis des siècles. Le choc provoqué par l'avènement de Cancún est d'autant plus fort que les économies péninsulaires étaient alors paralysées et qu'il n'y avait aucune possibilité de changement, à part l'émigration risquée vers les États-Unis.

Aujourd'hui, la capacité de résistance des Mayas se fragilise, entre autres, dans la péninsule du Yucatán, justement à cause des succès de l'industrie touristique. Les Mayas, nés dans des villages paysans souvent isolés en forêt, vont tenter leur chance à Cancún. Ils laissent ainsi derrière eux une partie de leur héritage d'Indiens colonisés. Ils changent de langue, de mode de vie. Plusieurs effectuent un saut de plusieurs siècles en l'espace de quelques années. Le tourisme leur offre des emplois, ce qui les pousse à abandonner leur communauté, fondement et source de leur identité. Les travailleurs mayas s'enrichissent individuellement au niveau matériel, mais leur communauté s'appauvrit. D'où l'ambiguïté du développement touristique qui valorise le phénomène maya, tout en maintenant ces gens au bas de l'échelle sociale et en accélérant leur intégration à la société mexicaine.

Ces processus n'apparaissent pas sur les cartes postales ni dans les bulletins de nouvelles télévisés. Pourtant, si la persistance maya à travers les siècles représente un sujet digne d'intérêt, la rapidité avec laquelle les Mayas s'intègrent à la vie urbaine dans la zone touristique constitue un phénomène encore plus spectaculaire. C'est celui que je présenterai ici.

Le projet et sa réalisation

Le présent ouvrage rend compte de quelque dix-huit années d'étude et d'analyse du monde maya dans la péninsule du Yucatán, cette bande de terre qui s'étire vers le nord et forme avec la péninsule de Floride, orientée en sens inverse, une sorte de pince qui délimite le golfe du Mexique (carte 1). L'information a été recueillie au fil des ans, entre 1980 et 1998, d'une part, selon des méthodes diverses, dont la consultation de documents d'archives, les études statistiques, les entrevues, et d'autre part, dans des circonstances variées, études de doctorat, projets de recherche sous la direction de Marie Lapointe, recherche postdoctorale.

Géographe de formation, j'étudie d'abord les répercussions des programmes gouvernementaux sur les populations paysannes mayas. Deux villages sont retenus pour l'étude : Dzonotchel, une communauté paysanne traditionnelle (*milpera*), près de la frontière entre le Yucatán et le Quintana Roo, où je me retrouve pour la première fois en 1982. Puis Akil, située à environ 80 km au nord-ouest de Dzonotchel, où se pratique une agriculture commerciale (carte 2). Les deux communautés sont présentées ici pour illustrer comment, dans ces localités relativement marginales selon les époques, ont été vécues les différentes étapes de l'histoire régionale et nationale. Grâce aux entrevues réalisées sur place, les habitants d'Akil et de Dzonotchel peuvent donner leur interprétation des événements. L'histoire officielle s'enrichit ainsi des récits des Mayas qui n'ont pas écrit leur histoire, ni décrit le rôle qu'ils jouent dans le pays qu'ils habitent.

En 1985, les mesures néolibérales touchent les habitants de Dzonotchel. Je constate alors que de plus en plus de paysans migrent vers les villes, entre autres, de Peto et de Cancún. L'ampleur de cet exode rural m'amène à me pencher sur les migrations vers Cancún, principalement sur les mouvements de population entre Dzonotchel et Cancún, et sur leurs conséquences. Pour compléter, j'ai réalisé en 1996 une étude sur Akil, hélas plus brève que la précédente, afin de mettre à jour les données sur la situation dans cette localité.

Comme il s'agissait d'étudier les Mayas, mes recherches se sont tout naturellement orientées vers le monde rural. Le déséquilibre apparent entre les chapitres consacrés au monde rural et ceux qui examinent le monde urbain ou en voie d'urbanisation n'est pas fortuit : il reflète l'importance des traditions rurales mayas comparativement à la brusque nouveauté de la réalité urbaine et touristique.

Au cours de mes voyages, j'ai séjourné plus longtemps dans les villes de Mérida et de Cancún, dans les petites villes d'Akil et de Peto, et dans la communauté de Dzonotchel. Les connaissances et l'expérience acquises me permettent de présenter certaines facettes de la réalité maya dans la péninsule du Yucatán. Cependant, je ne traiterai pas des conditions de vie dans l'enclave du henequén ni ne commenterai en détail la vie des descendants mayas établis à Mérida et sur le littoral. Plutôt, nous suivrons l'évolution d'une fraction du peuple aujourd'hui appelé maya, en voyageant à l'échelle continentale ou nationale, régionale ou locale.

J'ai intercalé, entre les recherches, les entrevues et les statistiques, des récits qui illustrent comment une « Canadiense-Quebecense » perçoit les Mexicains mayas, les non-mayas et les autres.

Comme l'ouvrage s'adresse à un large public, l'information est exposée de manière succincte. Pour des informations plus fouillées et des analyses plus approfondies que celles qui sont présentées ici, le lecteur pourra consulter la bibliographie où sont données les références des thèses consultées. Le tableau ci-après présente la démarche suivie.

TABLEAU 1

**Tableau des échelles d'analyse selon les périodes historiques
pour la péninsule du Yucatán, xvᵉ-xxᵉ siècles**

Espace \ Temps	Échelle continentale: Mexique, Caraïbe	Échelle régionale: Péninsule du Yucatán	Échelle locale: Akil, Dzonotchel
Décadence maya	Guerre entre les villes; commerce avec la Caraïbe et la Meso-Amérique.	Division en 16 clans; quelques centres religieux.	Villages paysans: agriculture de subsistance.
Colonie 1546-1821	Le Yucatán rattaché à la Nouvelle-Espagne; domination des élites espagnoles. Commerce avec Cuba.	Division en cinq districts. Les élites accaparent la terre; les Indiens la travaillent.	Villages paysans: Akil christianisé par les franciscains; Dzonotchel: république d'Indiens.
République 1821-1910	Rupture avec l'Espagne; libéralisme; opposition des nationalismes mexicain et yucatèque.	Plantations de canne à sucre au sud. Guerre des castes Plantations de henequén au nord.	Privatisation des terres: sucre à Akil. Rébellions, destruction de Dzonotchel. Esclavage à Akil.
Révolution 1910-1940	Fuite de P. Diaz. Réforme agraire: dotations de terres. Nationalisations. Parti unique.	Opposition entre planteurs et socialistes; réforme agraire, début d'irrigation.	Éjido à Dzonotchel: autosubsistance. Éjido à Akil: puits creusés et autosubsistance.
Contre-réforme 1940-1958	Consolidation du Parti (PRI), industrialisation et protectionnisme. Exportation de pétrole. Indigénisme.	Marasme dans le henequén; crise du chiclé, faiblesses des économies. Alphabétisation.	Akil: début d'agriculture commerciale et autosubsistance. Dzonotchel: autosubsistance.
Apogée de l'État priiste 1959-1982	México: mégalopole. Programmes agraristes et indigénistes. Endettement.	Crise du henequén; chômage. Construction de Cancún: migrations et urbanisation.	Akil: expansion de l'irrigation, agro-industrie. Dzonotchel: écoles, élevage, crédits et autosubsistance.
Crises et néolibéralisme depuis 1982	Crises économiques (1982, 1995). ALENA. Fin de la réforme agraire, privatisation des terres. Démocratisation.	Expansion du tourisme; industrialisation. Migrations croissantes; régression de la région maya.	Akil: agriculture commerciale. Dzonotchel: coopérative, fin des programmes, autosubsistance et émigration.

CARTE 2

La péninsule du Yucatán en 1996

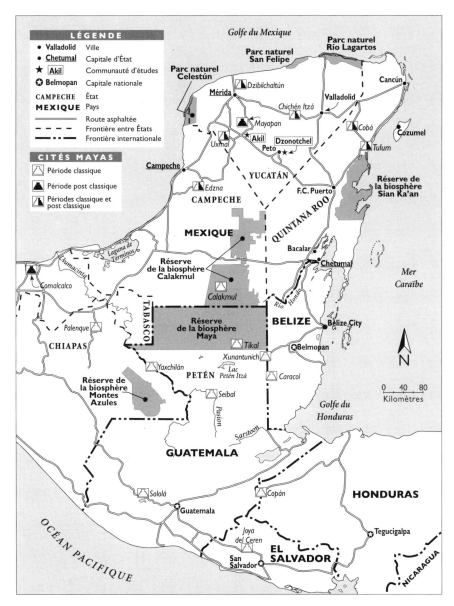

Sources : *El Mundo Maya*, printemps-été 1996, vol 4. n° 2 ; Linda Schele et Peter Mathews, *The Code of the Kings. The Language of Seven Sacred Maya Temples and Tombs*, New York, Scribner, 1998.

PREMIÈRE PARTIE

LES MARQUES DE L'HISTOIRE

Le Yucatán, qui n'offre pas un cours d'eau, on peut
même dire pas une goutte d'eau, n'a qu'un immense
bois taillis, semé sur une plaine monotone ; aussi le
paysage n'existe-t-il pas, vous avez toujours cette
même ligne d'horizon, droite, continue, désolante.
[…] terre de prédilection pour le voyageur, le Yucatán
est riche en souvenirs : monuments prodigieux,
femmes ravissantes, costumes pittoresques, il a tout
pour impressionner ; il parle au cœur, à l'âme,
à l'imagination, à l'esprit, et quiconque le peut
quitter avec indifférence ne fut jamais un artiste
et ne sera jamais un savant.

DÉSIRÉ CHARNAY

Désiré CHARNAY, *Le Mexique 1858-1861. Souvenirs et impressions de voyage,* Boulogne, Éditions du Griot,
1987, p. 188. Paru d'abord en France en 1863 sous le titre de *Cités et Ruines américaines,* traduit et édité
en anglais sous le titre *The Ancient Cities of the New World : being Travels and Explorations in Mexico
and Central America from 1857-1882,* London, Chapman and Hall, 1887.

PHOTO 1. Ruines d'Uxmal. À perte de vue, l'horizon plat de la forêt du Yucatán. (1996)
Sauf mention contraire, toutes les photos sont de Lucie Dufresne.

1 Paysages et climats

L'EXPLORATEUR DÉSIRÉ CHARNAY débarque en 1860 au port de Sisal, à l'ouest de Mérida. Ses premières remarques laissent transparaître une certaine déception mais illustrent en quelques mots deux des principales caractéristiques physiques de la péninsule : le relief plat et l'absence d'eau de surface. L'impression de monotonie, d'immensité sans fin de la couverture végétale, souvent en partie camouflée dans une écharpe de brume, frappe nombre de voyageurs. La péninsule ne présente à peu près aucun relief, sauf quelques plis montagneux dans le sud-ouest, appelés la Sierra Puuc, qui ne dépassent pas les 300 mètres de hauteur.

La platitude du paysage, comparable à celle de la Floride, s'explique par sa formation géologique. La péninsule s'est formée par le soulèvement de fonds marins homogènes. Elle se compose de couches horizontales de calcaire accumulées au cours du Tertiaire. Les terres de la Sierra Puuc auraient d'abord émergé, suivies du reste de la plaine qui s'incline uniformément vers le nord depuis les montagnes du Guatemala. La péninsule s'élève à peine au-dessus du niveau de la mer, tout au plus de 35 mètres dans sa partie la plus haute, au centre.

Comme l'a remarqué Désiré Charnay, il n'y a ni fleuve ni rivière, au nord. Les deux principales rivières, l'Usumacinta et le Río Hondo, coulent plus au sud, dans la zone de raccordement de la péninsule au continent. L'absence de cours d'eau, donc la difficulté de naviguer vers l'intérieur des terres, a amené certains auteurs à percevoir la péninsule comme un monde isolé, comparable à une île, tant son développement se serait opéré de façon autonome, sans liens avec les régions avoisinantes[1]. L'«insularité» du Yucatán paraît toutefois exagérée si l'on considère les nombreux contacts établis par les Mayas, par les autorités coloniales puis mexicaines avec les peuples voisins.

La particularité du lieu tient à la nature du sol, composé de roches poreuses qui laissent filtrer environ 80 % des eaux de pluie dans le sous-sol. L'eau infiltrée rejoint la nappe phréatique. Les rivières souterraines s'écoulent à partir des montagnes, au sud, en direction du golfe du Mexique, au nord et à l'ouest, ou vers la mer Caraïbe, à l'est. La profondeur de la nappe phréatique varie en fonction de l'éloignement de la mer. Les cours d'eau souterrains ont creusé de longues grottes qu'il est parfois possible de parcourir.

Sous l'action des pluies d'été, le sol poreux s'est effondré à maints endroits, laissant à découvert la nappe phréatique. Ces ouvertures plus ou moins grandes s'appellent des *cenotes,* c'est-à-dire des puits naturels (photo 2). L'eau douce nécessaire à la consommation humaine doit ainsi être puisée des cenotes qui sont moins profonds près de la côte mais qui peuvent atteindre 35 mètres au centre de la péninsule.

On remarque, dans le nord de la péninsule, une série de cenotes disposés en arc de cercle (carte 3). Cette disposition intrigue de nombreux géologues et autres experts qui s'intéressent à la question de l'«anneau de puits» (*ring of cenotes*) autour du «cratère d'impact de Chicxulub». On suppose que cette régularité indique la position du cratère formé par la chute d'un météorite au cours du Tertiaire (voilà environ 65 millions d'années), choc qui expliquerait la disparition de plusieurs espèces de la surface de la terre. Évidemment, il n'y pas de consensus à ce sujet, mais l'hypothèse séduit plusieurs scientifiques[2].

La jeunesse relative de la péninsule du point de vue géologique explique le faible développement des sols qui n'ont pu être enrichis par l'apport séculaire de dépôts végétaux. De plus, l'érosion verticale, c'est-à-dire l'écoulement des eaux de pluie vers la nappe phréatique à travers les couches rocheuses, draine vers le sous-sol une partie des argiles de surface et des sédiments, ce qui freine la formation de sols plus épais.

Les Mayas avaient établi une classification rigoureuse des sols. Leur survie en dépendait. La classification maya correspond en général assez bien avec celle produite par la FAO (*Food and Alimentation Organization*) une agence de l'Organisation des Nations unies[3]. Au nord et au centre de la péninsule se trouvent les litosols, que les Mayas nomment *tzekel*. Ces sols sont très peu profonds, limités par la roche continue et compacte à moins de 25 cm de la surface. Leur couleur

PHOTO 2. *Cenote* à Valladolid. Affleurement de la nappe phréatique à la suite de l'effondrement des couches superficielles de calcaire. Les gens de Valladolid ont l'habitude de s'y baigner. (1989)

varie du café clair au rouge obscur. On note de fréquents affleurements de roche calcaire. Ces sols ne conviennent pas à la plupart des cultures. Le littoral est bordé par des sols sablonneux, des régosols, et par des marécages.

Le luvisol (*kankab*) est un autre type de sol commun. Plus profond et plus fertile que les tzekel, il présente une couleur rouge foncé et forme de petites taches discontinues en alternance avec les tzekel et des sols de type intermédiaire, *tzekel-kankab*, dits cambisol. Ces sols intermédiaires sont de couleur gris café à rouge obscur. Comme les kankab, ces sols ne retiennent pas l'eau et souffrent aussi d'un drainage excessif.

Les sols les plus profonds se trouvent au pied de la Sierra Puuc, où l'érosion des pentes a entraîné l'accumulation des argiles. Ailleurs dans la péninsule, les terres présentent une alternance de monticules rocheux, de un ou deux mètres de haut, et de creux, dits aussi cuvettes, où s'accumulent des couches d'argile et qui servent de champs pour la culture.

À la régularité de la morphologie correspond un climat relativement uniforme. La majeure partie de la péninsule connaît un climat tropical humide. Le sud, qui n'est pas étudié dans le présent ouvrage (État du Chiapas, Petén guatémaltèque et Belize) a un climat équatorial. Durant presque toute l'année, l'ensemble de la péninsule est sous l'influence de masses d'air maritime tropical transportées par les alizés de la Caraïbe et de l'Atlantique. Les journées sont chaudes sur l'ensemble du territoire péninsulaire. La température moyenne annuelle est de 25,9 °C à Mérida et de 25,5 °C à Cozumel[4] (carte 3). En hiver, les masses d'air continental de provenance polaire traversent le Golfe du Mexique pour atteindre la péninsule. Ces mouvements sont appelés *nortes*. Les nuits peuvent être fraîches et même froides entre décembre et mars.

Le régime pluvial rompt l'uniformité des températures et présente de fortes variations selon les années et les saisons. Les pluies se concentrent entre mai et octobre, avec une légère diminution de la pluviosité à partir du mois d'août. Les précipitations annuelles varient de 415 à 1 300 mm selon les lieux d'observation et les années. La bande littorale, large d'environ 10 kilomètres, au nord, reçoit moins de précipitations que le centre et subirait d'ailleurs un assèchement croissant.

Un autre phénomène vient rompre la monotonie du climat. La péninsule du Yucatán s'est trouvée à maintes reprises dans la trajectoire des ouragans, ces tempêtes tropicales dangereuses pour les hommes, les bêtes, les cultures et les habitations. Il semble que la péninsule soit un des territoires de la Caraïbe le plus souvent frappé par les ouragans au cours des siècles derniers[5].

Sous ce climat chaud, sec, puis humide une partie de l'année, la péninsule présente différents types d'associations végétales. Le littoral nord est couvert d'une brousse xérophile épineuse. Il s'agit d'une végétation basse comprenant plusieurs espèces épineuses où prédomine le *palo tinte* (*Hæmatoxylon campechanum*). Le littoral de la Caraïbe est couvert par une forêt basse inondable, une végétation basse et clairsemée (*marisma*), laquelle forme une transition entre la forêt basse inondable et les zones de mangrove.

La partie la plus arrosée, surtout au centre et au sud du Quintana Roo et du Campeche, est couverte par des boisements tropicaux à feuillage soit caducifolié, soit persistant. Si l'on se réfère à la description de la végétation effectuée pour la réserve Sian Ka'an, la forêt moyenne, d'une hauteur de 8 à 25 m, occupe la partie nord de la réserve, soit près de la ville de F. Carillo Puerto. Cette forêt se développe sur des sols bien drainés et plats. Elle comprend une strate arbustive et une strate herbacée et présente des associations végétales complexes où prédominent les arbres de type *ramón* (*Brosimum alicastrum*) et le sapotillier, dit *zapote* (*Manilkara zapota*).

On retrouve aussi dans cette zone, mais surtout sous un climat un peu plus sec juste au nord, une forêt subtropicale à feuillage caducifolié[6], d'une hauteur de 10 à 20 m. Une partie des arbres perdent leurs feuilles en saison sèche (décembre à mai). Les arbres à feuilles persistantes forment une strate basse, en dessous des arbres à feuilles caducifoliées[7]. Ce type de forêt comprend le *ya'axnik* (*Vitex gaumen*), mais aussi le *ramón*.

L'occupation du territoire péninsulaire suppose l'élaboration de stratégies de survie pour faire face à l'absence de cours d'eau, à l'irrégularité des pluies, aux inégalités du terrain, à la fragilité et à la pierrosité des sols. Vivre dans la péninsule du Yucatán représente un défi constant. Défi que les Mayas ont su relever de façon ingénieuse.

CARTE 3

Les climats de la péninsule du Yucatán

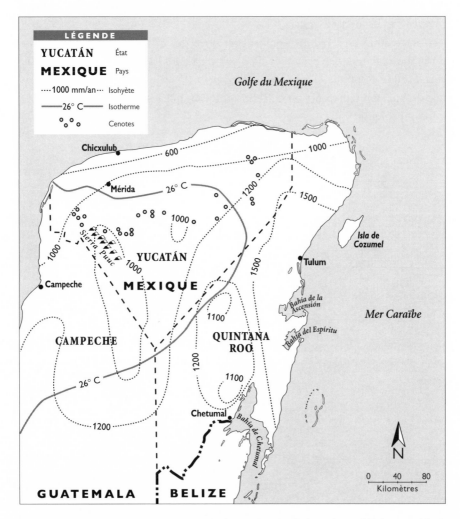

Sources : INEGI, *Anuario Estadístico del Estado de Campeche*, Quintana Roo, Yucatán, Aguascalientes, 1993 ; *International Travel Maps*, Vancouver, Fourth edition 1995.

Les Mayas ont créé la civilisation la plus
sophistiquée de l'ancienne Amérique. Leurs
accomplissements en art, architecture, écriture,
astronomie et décompte des jours demeurent
inégalés. Cependant, l'environnement de la
jungle du Petén, là où la civilisation classique
maya s'est épanouie, semble être l'endroit le
plus invraisemblable pour le développement
d'une société complexe.

STUART FIEDEL

Stuart FIEDEL, *Prehistory of the Americas,* Cambridge,
Cambridge University Press, 1992, p. 286. Traduction libre.

2 La civilisation maya

LES MYSTÈRES MAYAS intriguent les chercheurs depuis des siècles. De larges zones d'ombre persistent autour de cette civilisation. Les experts ne s'accordent même pas sur la date et les causes de l'apparition de cette civilisation originale ni sur le moment de sa « disparition ». Si l'on consulte les informations au sujet du *Mundo maya* présentées sur Internet en 1997, on apprend que la civilisation maya serait apparue vers l'an 2000 avant Jésus-Christ pour se terminer en 1521, avec l'arrivée des Espagnols[1]. Il est pour le moins étrange que l'on donne la date de 1521 comme celle de la disparition de la civilisation maya. Cette date est celle de la conquête de Tenochtitlán au Mexique central par Cortés. La conquête du Yucatán ne se fera que plus tard. Les données du *Mundo maya* contredisent la majorité des auteurs sérieux.

Les premiers vestiges de la civilisation maya remontent à environ 1 500 ans avant Jésus-Christ, sur la côte du Pacifique, à la frontière actuelle du Guatemala et du Mexique. L'auteur Henri Lehmann remarque avec justesse : « Il n'est pas possible de fixer de dates limites à la civilisation maya. On ne sait pas exactement quand elle a commencé, et on peut admettre qu'elle se poursuit encore de nos jours sous une forme très dégénérée[2]. » Sans vouloir clore le débat sur cette question, le tableau 2 présente la périodisation élaborée par les chercheurs Linda Schele et Peter Mathews pour l'ensemble du monde maya.

On relève de nombreuses similitudes entre la civilisation maya à ses débuts et celle d'un autre groupe, les Olmèques, sans que l'on puisse déterminer laquelle

TABLEAU 2

Périodisation de la civilisation maya

Postclassique	1697	Défaite des Itzas Tayasal (lac Petén)
	1542	Fondation de Mérida (T'ho)
	1519	Cortés accoste à Cozumel
	1382	Abandon de Mayapán
	1194	Abandon de Chichén Itza
Classique terminal	910	Dernière inscription maya
	879	Dernière inscription à Tikal
	810	Dernière inscription à Kalakmul
Classique tardif	808	Dernière inscription à Yaxchilan
	799	Dernière inscription à Palenque
	704	Tikal défait Naranjo
	603	Bonampak attaque Palenque
Classique hâtif	562	Caracol défait Tikal
	556	Tikal défait Caracol
	378	Tikal défait Waxaktun
	219	Fondation de la dynastie de Tikal
Préclassique tardif	160	Création du royaume de Copán
	100	Date gravée dans la grotte de Loltun, Yucatán
	100 av. J.-C.	Début de l'écriture en zone maya
	200 av. J.-C.	Apparition de temples et de monuments
Préclassique moyen	500 av. J.-C.	Début des grandes villes dans le Petén
	900 av. J.-C.	Riches tombes à Copán
Préclassique hâtif	1000 av. J.-C.	Civilisation olmèque sur la côte du golfe du Mexique
		Villages permanents à Copán

Source : Linda Schele et Peter Mathews, *The Code of Kings. The Language of Seven Sacred Maya Temples and Tombs*, New York, Scriber, 1998, p. 52-60.

des deux a influencé l'autre. Les Olmèques vivaient dans les terres chaudes et humides du Mexique oriental, sur la côte du golfe, dans les États actuels de Tabasco et de Veracruz. La civilisation olmèque est souvent considérée comme la première civilisation du Mexique. Les deux groupes, olmèque et maya, construisent des centres cérémoniels sur des plates-formes pyramidales, sculptent des stèles, partagent le même calendrier et ont un type comparable d'écriture. L'affirmation de l'originalité maya prend forme au cours du Préclassique moyen, période aussi dite formative, à partir de l'an 800 avant Jésus-Christ.

Les plus anciens vestiges attribués aux Mayas apparaissent sur la côte du Pacifique. Par la suite, les groupes migrent et se déplacent vers les montagnes du Guatemala, puis ils descendent vers le Petén. La progression se fait lentement, étalée sur plusieurs siècles, car il s'agit de groupes sédentaires qui cultivent le maïs. Ils font de la poterie et vivent dans des maisons de terre regroupées en villages. Malgré un régime pluvial capricieux, souvent avare, et des sols plus pierreux que fertiles, les Mayas érigent progressivement leurs villes dont certaines deviendront des centres religieux importants.

On établit trois aires d'occupation de l'espace, bien que ces aires ne puissent être séparées par des lignes frontalières nettes puisqu'il s'agit d'un étalement progressif. La zone méridionale sur la côte du Pacifique et les hauts plateaux guatémaltèques sont occupés durant le Préclassique hâtif. À partir de l'an 800 avant Jésus-Christ, la densité de la population augmente rapidement. Au milieu du IVe siècle, la civilisation maya est en pleine croissance[3]. Elle atteint un maximum entre 300 à 900 ans après Jésus-Christ, durant la période classique, du hâtif au tardif. Au cours de cette période, les Mayas s'implantent dans la zone centrale, qui comprend les basses terres du Petén et du Chiapas. La zone septentrionale, formée par la péninsule du Yucatán, est occupée pendant la période postclassique (carte 2).

Il semble que les plus grandes cités érigées pendant les périodes classique, comme Tikal ou Calakmul, ou postclassique, comme Chichén Itza, exercent une forme de domination sur les centres voisins, plus faibles. Les cités vassales payent alors un tribut à la cité dominante. Comme aucune de ces villes ne semble posséder de fortification ou de défense, ou du moins n'en conserve aucun vestige facilement identifiable, certains chercheurs supposent que ces cités entretenaient des relations plus ou moins amicales avec les villes voisines. Les archéologues imaginent alors les Mayas comme des êtres doux, bons et pacifiques[4]. Cependant, cette vision est aujourd'hui fortement mise en doute à la suite du déchiffrage de l'écriture maya, composée de glyphes et de signes phonétiques.

D'après les excellentes études de Linda Schele, il apparaît que les différents clans ou tribus mayas contrôlent des territoires et des réseaux commerciaux qu'ils défendent avec acharnement[5]. Le terme «tribu» renvoie ici à la répartition spatiale du peuple maya, qui repose sur des groupes familiaux établis sur un territoire précis (carte 4). Les élites des cités mayas règnent sans partage. Les gravures et les murales font souvent référence aux rites d'accession des nobles au poste de roi. Les guerres entre les cités sont impitoyables, et les prisonniers, des nobles de préférence, sont sacrifiés au cours de rituels entourés de faste. Les alliances entre les cités paraissent fragiles étant donné que les plus grandes s'affrontent et tentent mutuellement de se détruire. Les cités mayas et le territoire agricole qui les entoure forment des États relativement indépendants qui n'ont jamais atteint le degré de centralisation qu'a connu l'empire aztèque au xve siècle[6].

Une des principales caractéristiques de cette civilisation réside dans ses centres cérémoniels dont les plus grands se trouvent dans le Petén et dans la péninsule du Yucatán. Les cités mayas comprennent une vaste place cérémonielle, entourée de larges plates-formes à plusieurs paliers et de terrasses (photo 3). Les temples, généralement de petites dimensions, sont érigés au sommet de pyramides qui rappellent les montagnes, lieu de résidence des dieux. Les temples présentent une voûte en encorbellement, construction typique des Mayas. Ces fausses voûtes sont formées par un épaississement progressif des murs et fermées tout en haut par une dalle de pierre (photo 1). Le mur du fond, plus solide, supporte souvent une crête faîtière, essentiellement décorative. Ces ensembles de temples situés sur de hautes pyramides et de palais construits sur des plates-formes plus basses constituent le cœur des cités mayas où sont concentrées les activités politiques, économiques et cérémonielles.

Les sociétés mayas de l'époque classique et postclassique sont dotées d'une structure sociale complexe, fortement hiérarchisée, dominée par un chef suprême, le *halac uinic,* qui est aussi le grand-prêtre. Celui-ci est assisté par des conseillers, les *batab,* des chefs militaires qui le représentent. Schématiquement, la société maya se divise en quatre classes principales : la plus puissante est formée par la noblesse héréditaire qui comprend les batab et leurs familles. Viennent ensuite les prêtres, puis les plébéiens, et enfin les esclaves. Cette division, établie par Sylvanus Morley, a le mérite d'être facile à comprendre. Cependant, elle pèche par omission, car elle tait les inévitables recoupements entre les classes et occulte les luttes de pouvoir au sein de la noblesse, et entre les prêtres, les militaires et les marchands. Selon Morley, les nobles ne reçoivent ni ne paient le tribut, ils le perçoivent pour le chef suprême. Les chefs militaires se recrutent parmi ces nobles. Les prêtres, dont la fonction est aussi héréditaire, participent à l'administration publique. Ils forment une classe très puissante. Étant donné l'hostilité du milieu physique, on valorise ceux qui connaissent les planètes et qui peuvent prédire les climats et l'humeur des dieux. La plèbe se compose de paysans, d'artisans, de petits marchands, qui pourvoient à l'entretien des hautes classes grâce au paiement du tribut et aux offrandes. Les plébéiens participent aux travaux publics, notamment à la construction des centres cérémoniels. Les peuples et les soldats vaincus forment la classe des esclaves. Ils conservent ce statut de génération en génération[7].

La hiérarchie maya est encore perceptible à travers les ruines des cités. Les villes mayas sont alors très étendues. Les différents groupes sociaux occupent des zones précises à l'intérieur de l'espace urbain. Les élites n'habitent pas dans les centres cérémoniels, mais plutôt dans des quartiers à proximité des temples. Les citadins sont regroupés en fonction de leur travail, puisqu'on a identifié des quartiers spécialisés dans la production de céramique[8]. On suppose que la paysannerie vit à la périphérie des cités, dans des maisons de terre dont il ne reste pratiquement rien. La chaleur, l'humidité, les parasites de tout ordre ont effacé jusqu'au souvenir de ces quartiers. Sauf à Joya del Cerén, au Salvador (carte 2). Là, par une chance unique dans l'histoire de l'Amérique précolombienne, les ruines d'une ville maya ont été bien conservées sous les cendres laissées par une éruption volcanique. Progressivement, ses trésors sont mis au jour. Surnommé la Pompéi d'Amérique, le site recèle encore des maisons de terre, des ustensiles et des outils. Les archéologues peuvent même voir les aliments dans les marmites et les plats, abandonnés à la hâte alors que la population s'enfuyait juste avant le désastre.

D'autres vestiges, moins complets que ceux de Joya del Cerén, permettent de déduire que les Mayas pratiquent alors une forme d'agriculture intensive sur terrasses et des cultures extensives en forêt, sur des terres brûlées dont on change l'emplacement chaque année. À cause de ces déplacements annuels et du défrichage par le feu, on parle d'une agriculture itinérante sur brûlis. On relève aussi des traces de jardinage intensif entre les édifices et les maisons des grandes villes. Certains chercheurs parlent de « villes jardins ». Les champs les plus grands et les plus fertiles semblent appartenir aux élites car on trouve les morceaux des poteries les plus fines à proximité des meilleurs emplacements pour la culture maraîchère. La culture principale est celle du maïs qui revêt un caractère sacré. À Copan, on a découvert des dessins où le voyage quotidien du soleil est relié au cycle vital du maïs en signe de vénération du processus de naissance, de vie, de mort et de renaissance[9]. La croyance en l'immortalité du maïs persiste encore aujourd'hui. Un paysan de Dzonotchel m'a confié : « Nous sommes faits de maïs. À notre mort, nous redevenons maïs. »

La culture du maïs associée à d'autres plantes, telles les cucurbitacées, sous un climat aussi chaud, nécessite des apports quotidiens d'eau. Voilà pourquoi les prières au dieu de la pluie, Chac, prennent une importance vitale. Outre la pluie, les Mayas de la Sierra Puuc ont accès à la nappe phréatique grâce aux nombreuses grottes qui ouvrent la voie vers le centre de la terre. Ailleurs dans la péninsule, le problème de l'approvisionnement en eau douce est en partie résolu grâce aux cenotes et à la construction de citernes souterraines à même le roc.

Les Mayas ne se contentent pas de cultiver. Le commerce occupe une place considérable dans leurs activités. Les marchands, souvent organisés en confréries aux allures militaires, circulent le long des voies navigables et des pistes en forêt. Un missionnaire venu dans la péninsule au début de la colonie rapporte : « Le métier qu'ils [les Mayas] appréciaient le plus était celui de commerçant, exportant du sel, des vêtements et des esclaves vers les terres de Ulua [Honduras] et du Tabasco, en échange de cacao et de pièces en pierre qui leur servaient de monnaie[10]. »

Les réseaux commerciaux s'étendent vers le Mexique central, vers les îles caraïbes et l'isthme centraméricain et même plus loin, en direction de l'Amérique du Sud. Les Mayas commercent avec leurs voisins du sud, du côté du Honduras et du Petén, et avec ceux de l'ouest, dans la région actuelle du Tabasco. Les grains de cacao produits dans ces deux régions tiennent lieu de monnaie d'échange. Les populations de la péninsule maintiennent ainsi des contacts fréquents avec celles des régions éloignées.

Il n'y a pas que les marchandises qui circulent. On observe de nombreux déplacements de population, marqués par l'abandon de cités et suivis par la construction de nouveaux sites. Les Itzas, qui ont construit la ville dont les ruines sont aujourd'hui célèbres, seraient originaires du Petén, alors que la famille des Xiues viendrait du Chiapas[11]. La noblesse de Koba (Coba, Quintana Roo) descendrait quant à elle du roi de Calakmul[12].

Cette société hiérarchisée, bien adaptée aux conditions locales, s'effondre après 600 ans de croissance. La ou les causes de son anéantissement demeurent inexpliquées mais chaudement discutées. Les hypothèses quant à sa disparition se multiplient. Selon différents auteurs, des tremblements de terre, des changements climatiques, le paludisme, des conquêtes sanglantes ou des révolutions paysannes auraient provoqué la destruction de la civilisation maya. Les preuves

PHOTO 3. Ruines de Palenque, Chiapas. L'édifice qu'on appelle le Palais. (1981)

d'affrontements violents entre les tribus abondent, sans que les causes de ces guerres soient clairement établies.

On sait maintenant que les élites livrent des guerres sans merci contre les cités rivales et ce, à la fin de l'époque classique (xᵉ siècle). Les populations décimées se retranchent dans les centres cérémoniels qui sont entourés de barricades. Parfois, comme dans le sud du Petén, les palissades sont dressées sur les temples. Les espaces de culture se rétrécissent autour des cités assaillies[13]. Surexploités, les sols fragiles s'appauvrissent et s'épuisent. Se pourrait-il que les élites, enrichies par des siècles de règne absolu, n'aient trouvé d'autre solution à la réduction des récoltes que la guerre jusqu'à l'anéantissement? La fin des grandes cités mayas est inscrite dans la pierre. Les dernières dates gravées remontent à l'an 795 de notre ère à Bonampak; à 799 à Palenque; à 808 à Yaxchilan; à 810 à Calakmul; à 859 à Caracol et à 879 à Tikal[14].

La première date inscrite à Chichén Itza remonte à l'an 867, la dernière à 898. Après, aucune inscription n'y sera faite en dépit d'une occupation intensive de la ville. Vers l'an 987, pendant la décadence maya, les Toltèques venus du centre du pays investissent une partie du territoire péninsulaire. Cette invasion marquerait ainsi la fin de la période classique, à la fois dans le Petén et le Yucatán[15]. Les Toltèques établissent leur principal centre cérémonial à Chichén où domine la famille des Itzas. La majorité des auteurs admettent cette invasion toltèque, que réfute curieusement Linda Schele dans son dernier volume[16]. La ville est graduellement délaissée à partir de 1200. Mayapán devient alors le principal centre d'activité, mais il sera aussi abandonné vers 1450[17]. La côte orientale de la péninsule est peu habitée, peut-être à cause de l'absence de cours d'eau, des pluies abondantes, des marécages, des sols peu profonds et de la menace des ouragans. Elle ne compte que deux villes secondaires avant la conquête, Tulum et Koba[18].

D'après des recherches récentes, la régression de la civilisation maya (de 750 à 900 ap. J.-C.) se serait produite parallèlement à l'assèchement du climat à la fin de l'holocène (de 800 à 1000 ap. J.-C.), alors que le début et le milieu de la période classique auraient bénéficié de pluies plus abondantes. La fin de l'ère classique maya correspond à la pire sécheresse des 8 000 dernières années[19]. Cette hypothèse environnementale est cependant mise en doute par d'autres recherches. Durant cette sécheresse, les villes d'Uxmal, de Kabah et de Sayil prospèrent dans la Sierra Puuc[20], probablement grâce à l'eau puisée dans les grottes. Il apparaît que la sécheresse n'a pas causé de famine ou de malnutrition, car on n'a détecté aucune carence alimentaire dans les ossements trouvés parmi les ruines des villes du Petén. Dans ce cas, on attribue la fin des Mayas à des transformations sociopolitiques[21]. Bref, pendant que les Mayas du Petén s'entretuent, les groupes qui fuient la guerre vers le nord sont confrontés à une terrible sécheresse.

Vers la fin du xve siècle, la péninsule est occupée par environ seize tribus mayas qui ont une langue et une culture communes mais qui se livrent des luttes cruelles au gré des alliances politiques. La péninsule aurait compté entre un demi[22] et un million de personnes juste avant la conquête[23]. Environ la moitié de ces Mayas vivent alors le long du littoral. Ils pratiquent la pêche et font du commerce. Les autres sont implantés près des routes commerciales qui relient la côte du golfe du Mexique au Honduras. Des groupes comme les Itzas vivent au sud de la péninsule, autour du lac Petén, aujourd'hui compris dans le Guatemala (carte 4). Ces Mayas se prétendent les descendants des grands maîtres de Chichén Itza, associés aux Toltèques. À ce titre, les Mayas du centre et de l'est de la péninsule leur vouent autant de haine qu'ils en éprouveront contre les Espagnols, un peu plus tard[24].

La fin du xve siècle se lit comme la série noire des Mayas. Un cyclone détruit les forêts et les récoltes en 1464. Une épidémie, probablement de peste ou de fièvre jaune, frappe la population vers 1480. Les alliances entre les batab des chefs-lieux sont éphémères. Les tribus mayas entrent en guerre en 1496. La varicelle les décime vers 1500[25], ce qui implique que des Européens auraient abordé le littoral, peut-être à la suite d'un naufrage. Les principales villes sont déjà abandonnées quand les Espagnols sont aperçus pour la première fois dans la péninsule, en 1511. La conquête sera facilitée par l'affaiblissement et les divisions du peuple maya.

On le voit, les conditions de vie particulières dans la péninsule forcent les Mayas à se donner des stratégies complexes pour assurer leur existence. L'absence d'eau de surface, l'irrégularité des pluies, les sols pierreux, la chaleur intense, les ouragans sont autant d'obstacles que les Mayas doivent surmonter. Pourtant, ils ont réussi à bâtir une des civilisations les plus remarquables d'Amérique. Leur succès pourrait-il être la cause de leur disparition ? Pour l'instant, nous savons que les élites se sont affrontées jusqu'à s'entre-détruire. La grandeur de la civilisation maya appartient déjà au passé lorsque les Espagnols conquièrent, puis colonisent la péninsule.

CARTE 4

Les clans mayas et les monastères franciscains au XVIᵉ siècle

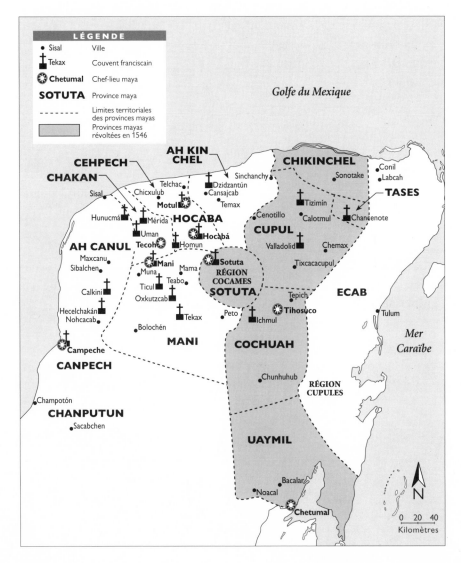

LÉGENDE

- Sisal · Ville
- Tekax · Couvent franciscain
- Chetumal · Chef-lieu maya
- SOTUTA · Province maya
- ---- · Limites territoriales des provinces mayas
- · Provinces mayas révoltées en 1546

Golfe du Mexique

AH KIN CHEL

CEHPECH

CHAKAN

CHIKINCHEL

Sinchanchy

Sonotake

Conil

Labcah

TASES

Telchac

Chicxulub

Dzidzantún

Cansajcab

Temax

Sisal

Motul

Tizimín

Chancenote

Calotmul

Hunucmá

Mérida

HOCABA

Cenotillo

CUPUL

Uman

Tecoh

Hocabá

Homun

Valladolid

Chemax

AH CANUL

Maxcanu

Mani

Mama

Sotuta

RÉGION
COCAMES

SOTUTA

Tixcacacupul

ECAB

Sibalchen

Muna

Teabo

Ticul

Oxkutzcab

Calkini

Tepich

Tihosuco

Tulum

Mer
Caraïbe

Hecelchakán

Nohcacab

Tekax

Peto

Ichmul

Bolochén

MANI

COCHUAH

Campeche

CANPECH

Chunhuhub

RÉGION
CUPULES

Champotón

CHANPUTUN

Sacabchen

UAYMIL

N

Bacalar

Noacal

Chetumal

0 20 40
Kilomètres

Les Indiens reçurent pesamment le joug de la servitude, bien que les Espagnols aient bien réparti les villages qui couvrent la terre ; comme les Indiens s'y opposèrent, alors ils reçurent des châtiments très cruels qui causèrent la diminution de la population…

FRAY DIEGO DE LANDA

Fray Diego DE LANDA, *Relación de las cosas de Yucatán*, Mérida, Ediciones Dante, 1983, p. 33. Traduction libre.

3 La colonie

Affaiblis par les guerres fratricides et l'assèchement du climat, les Mayas vont continuer à s'entre-déchirer après l'arrivée des Espagnols. Habitués eux aussi à la guerre sans fin, mieux équipés, les Espagnols asservissent les Mayas divisés. Ils occupent le territoire, le quadrillent comme l'avaient fait les Romains avec l'Espagne, des siècles auparavant[1]. Des survivants, ils forgent un peuple de serviteurs. C'est du moins ce à quoi ils travaillent pendant trois siècles.

Hernan Cortés, accompagné de Francisco de Montejo, accoste à l'île de Cozumel en 1519. Il ne s'y installe pas, mais continue son voyage vers le nord et gagne la capitale des Aztèques, Tenochtitlán. Il conquiert la ville, et donc l'empire, en 1521, après une épopée incluant la *noche triste* («nuit triste»). Pendant que Cortés triomphe dans les hautes terres, le Yucatán demeure un territoire maya. Sans métal précieux, la péninsule n'attise pas la convoitise des conquérants et demeure un espace marginal de l'empire espagnol en gestation. La conquête de la péninsule ne commencera vraiment qu'en 1527. La Couronne d'Espagne concède alors à Francisco de Montejo le monopole du Yucatán.

La conquête est une aventure beaucoup plus périlleuse pour Montejo qu'elle ne l'a été pour Cortés chez les Aztèques. Les conquistadores doivent, d'une part, composer avec les difficultés du terrain et, d'autre part, affronter des groupes de Mayas très hostiles. La plaine verdoyante observée depuis les navires recèle de nombreux pièges qui rendent les déplacements difficiles, tels des crevasses, des puits naturels et des monticules rocheux. L'absence d'eau de surface, dans une contrée aussi chaude, pose de graves problèmes aux conquérants, habitués à puiser leur eau dans des lacs ou des rivières. De plus, pour nuire à l'envahisseur, les Mayas remplissent leurs puits de pierres avant de s'enfuir. Ils se réfugient dans les collines, là où ils peuvent trouver de l'eau dans des grottes[2].

La conquête se traduit par la mort de milliers de Mayas, aux mains des Espagnols ou à cause d'épidémies. Elle marque le début de la domination blanche sur le peuple maya. La loi de Burgos, proclamée en 1512, interdit l'esclavage des Indiens. Elle ne freine en rien le génocide. Le littoral est dépeuplé.

Les clans mayas réagissent différemment face à l'envahisseur. Certains, tels les Xiues de Maní et les Cheles de T'ho finissent par se soumettre aux Espagnols sans trop de résistance. En 1542, les Espagnols convertissent T'ho en Mérida, leur nouvelle capitale. Le territoire des Xiues, qui devient la province de Mérida, s'étend loin vers le sud, jusqu'à Peto, et comprend Akil, une des deux localités étudiées. La population d'Akil est ainsi associée aux « bons » Indiens qui s'allient aux Espagnols contre les Indiens hostiles des clans Cupul et Cochuah (carte 4). À ce titre, les « bons » Indiens d'Akil sont christianisés plus tôt que les « mauvais » Indiens de l'est, dont ceux de Dzonotchel.

Les conquérants du Yucatán, de 150 à 200 personnes à l'origine, reçoivent le privilège royal de l'*encomienda,* accordé par le vice-roi de la Nouvelle-Espagne. L'*encomendero* a le droit de lever un tribut sur les populations indigènes établies à l'intérieur de limites territoriales données. La plupart des survivants mayas sont compris dans l'une ou l'autre de ces encomiendas. La Couronne d'Espagne tient à garder les conquistadores sous son emprise et ne leur accorde donc pas le droit de propriété. Une trentaine d'entre eux s'installent sur la côte ouest, à Campeche. Une dizaine vont à Bacalar, au sud. Environ soixante-dix s'établissent à Mérida et trente-neuf à Valladolid[3].

En 1542, à l'instigation du frère Bartolomeo de Las Casas, les lois de Barcelone décrètent que les Indiens passent sous la tutelle de la Couronne, à la mort du successeur du premier encomendero[4]. Sans conséquence, cette loi ne freine en rien la diminution de la population maya. En 1580, la péninsule ne compte plus que 140 000 personnes. Le déclin démographique se poursuit pendant plus de 100 ans. En 1736, il ne reste plus que 127 000 personnes sur le million ou le demi-million qu'aurait compté la péninsule avant la conquête[5].

Les Mayas Cupul dirigent un soulèvement en 1546 (carte 4). Ils sont vaincus la même année. L'ensemble de la péninsule, à l'exception du sud, tombe alors aux mains des Espagnols. Ces derniers s'imposent aux Mayas et les indianisent. On entend par indianisation une stratégie d'inférioriisation des Mayas, appliquée de façon plus ou moins systématique par les conquérants. Les Mayas deviennent des Indiens.

La péninsule est divisée en cinq districts aux limites territoriales floues : Mérida, Campeche, Valladolid, Bacalar et Tabasco. Ces districts sont définis en fonction du pouvoir espagnol exercé à partir des principales villes.

La région maya de Chetumal, au sud de Bacalar, se rebelle à son tour en 1567-1568. Les Espagnols ripostent et pénètrent loin vers le sud, au cours d'expéditions punitives appelées *entradas*. Les fuyards mayas appréhendés sont ramenés dans les villes coloniales en tant qu'esclaves. Malgré ces entradas, le Petén, au nord du Guatemala, ne sera pas conquis avant 1697. Cette région à la jonction du monde indigène et de l'empire espagnol constitue le refuge des Mayas qui tentent d'échapper au tribut et se cachent dans les forêts de l'intérieur[6]. Les pirates anglais s'installent aussi à la périphérie de la colonie, à l'est du Petén, sur le littoral caraïbe.

La colonisation

Francisco de Montejo est nommé Gouverneur et Capitaine général de la province du Yucatán (1527-1549). Sa juridiction englobe l'ensemble des terres de la péninsule. La province du Yucatán dépend de l'Audience des confins de Santiago de Guatemala (*Audencia de los Confines de Santiago de Guatemala*) à partir de 1552. L'Audience est une sorte de gouvernement régional vaguement soumis à l'autorité du vice-roi. Le rattachement du Yucatán au Guatemala dure peu. L'Audience de la Nouvelle-Espagne, établie dans l'ancienne capitale des Aztèques, devenue México, s'oppose à l'Audience du Guatemala, au sujet du Yucatán. En 1562, à l'issue de ce conflit de juridiction, le Yucatán est définitivement annexé à la riche Audience de la Nouvelle-Espagne. Cependant, le lien n'est que juridique. Beaucoup trop éloignée du centre de la colonie, la capitainerie du Yucatán établit ses propres liens commerciaux avec la Caraïbe et la côte du golfe du Mexique. Le Yucatán administre directement ses encomiendas[7].

Les Mayas sont regroupés de force dans des villages de l'intérieur, administrés par les autorités coloniales ou par des chefs locaux. Pour désigner le chef de la communauté, les Espagnols adoptent le terme *cacique*, emprunté à l'arawak, une famille de langues caraïbes bien que, chez les Mayas, on emploie le terme *batab*. Les batab ont pour principale fonction de percevoir les taxes auprès des indigènes. Ils jouissent de certains privilèges comme l'exemption de taxes et le droit à la propriété privée[8]. Le régime colonial reproduit ainsi en partie la structure sociale précoloniale car les batab sont choisis parmi les membres les plus éminents des communautés, donc parmi les propriétaires terriens. Les Mayas préservent ainsi une certaine cohésion sociale. Les villes et villages servent de centres pour la collecte du tribut et pour la surveillance militaire. Les survivants autochtones sont confinés aux tâches serviles. Ils constituent la base paysanne du régime colonial.

À partir de 1680, les lois proclamées par le Conseil des Indes font du roi d'Espagne le seul propriétaire de l'Amérique espagnole. Les nouvelles lois annulent tout titre ou droit antérieur à l'arrivée des Espagnols. Les Indiens, devenus des sujets de la Couronne, sont juridiquement séparés des Espagnols. Les indigènes sont régis par les dispositions des *Repúblicas de Indios*, organisées dans chaque localité indigène du Yucatán[9]. Les républiques indigènes sont placées sous la direction d'un batab, désigné par la communauté, qui doit, en théorie, veiller au bien-être des indigènes dans sa juridiction. Les batab s'assurent que chaque paysan cultive au moins 60 *mecates* (2,4 ha) de *milpa* (champ de maïs sur brûlis) ou participe à une quelconque tâche productive.

La société coloniale est divisée en castes établies en fonction de la race et de la culture. Les descendants des Espagnols, de même que les Métis et les Mulâtres sont juridiquement séparés des Mayas, devenus des Indiens. Ceux-ci forment les castes inférieures soumises à un impôt payable annuellement en nature et en corvées, c'est-à-dire en jours de travail forcé. Une vingtaine de catégories sociales sont ainsi déterminées d'après des critères biologiques et culturels. La définition de l'Indien implique l'exclusion culturelle et justifie l'exploitation économique[10].

L'évangélisation fait partie intégrante du processus de colonisation. En théorie, les franciscains doivent épauler les Espagnols dans leur œuvre de colonisation et de pacification des Indiens. Ils se lancent à la conquête des âmes et fondent six couvents au Yucatán, dont un dans la Sierra, à Maní, dès 1549. En conséquence du zèle déployé par les religieux, le Yucatán est élevé au rang de province franciscaine en 1559. On érige des monastères catholiques à l'emplacement même des édifices mayas, en se servant des pierres originales. Ces églises et couvents sont de véritables forteresses (photo 4). Les réseaux de localités et de sites religieux mayas sont ainsi conservés. Cette pratique permet aux religieux de maintenir une certaine continuité avec les institutions mayas précoloniales.

En s'installant à Maní, les franciscains étendent leurs efforts de christianisation vers le sud, pour encadrer les Indiens compris dans les encomiendas de Montejo. Il faut remarquer que Maní est alors un chef-lieu des Xiues, principaux alliés des Espagnols dans une péninsule hostile. La fertilité des terres de la Sierra attire aussi les Espagnols. La route entre Mérida et Maní est ainsi utilisée par

PHOTO 4. Murs d'enceinte du couvent d'Ichmul, datant de la période coloniale. Le canon remonte à une époque plus récente, sans doute en rapport avec la Guerre des castes. (1985)

l'élite espagnole dès les débuts de la colonie. Cette route, en fait un sentier de terre praticable à cheval ou à pied, s'enfonce beaucoup plus loin vers le sud, jusqu'à Bacalar, qui est reliée à la baie de Chetumal par des cours d'eau[11].

Un autre monastère est construit à proximité, à Tekax, dans les années 1570. Puis deux autres, à Ticul et Oxkutzcab, entre 1580 et 1599. Au début du XVIIᵉ siècle, trois autres constructions du même type sont érigées dans la Sierra, à Muna, Mama et Teabo. Les franciscains couvrent ainsi les principales localités de la Sierra Puuc. L'œuvre d'évangélisation sera là plus intensive qu'ailleurs, mais toutefois sans réussir à assimiler totalement les Mayas au monde des Blancs. Les Mayas conservent secrètement leurs croyances ancestrales, surtout dans le sud et l'est de la péninsule, à proximité du Petén, à Bacalar et à Cozumel où la sujétion est moins stricte que dans la capitale. Ils n'adhèrent qu'en surface aux croyances catholiques[12].

Les franciscains érigent un couvent à Ichmul, à quelque 30 kilomètres à l'est de Dzonotchel, dans les années 1570 (photo 4). San Bernardino Ichmul couvre tout le territoire Cochuah. Le couvent est implanté seul en zone hostile pendant la décennie où les franciscains comptent leur plus fort contingent de frères. Par la suite, les franciscains craignent de s'éloigner de la région de Mérida parce que les encomenderos et l'armée n'assurent plus leur sécurité. La compétition avec le clergé séculier nuit aussi à leurs œuvres. La lutte sourde à laquelle se livre la communauté des franciscains, composée d'immigrants espagnols, contre les prêtres séculiers, natifs de la péninsule, complique la situation. Le clergé séculier considère ses fonctions religieuses comme une source de revenus plutôt que comme une mission d'évangélisation. Son bien-être matériel passe avant le salut des âmes. Malgré la présence du couvent d'Ichmul, Peto est la seule paroisse rurale à n'avoir jamais été évangélisée par les franciscains. La paroisse d'Ichmul est sécularisée en 1602. Les évangélisateurs consciencieux sont ainsi chassés du sud au début de la colonie, avant que l'œuvre d'évangélisation ne soit achevée. On relève toujours de nombreux actes de paganisme parmi les communautés mayas[13].

Les couvents de Valladolid, d'Ichmul et de Sotuta dessinent une frontière imaginaire qui marque la limite sud du territoire colonial jusqu'au XVIIIe siècle. Ces couvents éloignés du centre sont les signes ultimes de la pénétration espagnole en territoire maya.

En plus de lutter contre les croyances autochtones, les franciscains doivent s'opposer aux encomenderos qui abusent de leurs privilèges et maltraitent les Mayas. Les frères ne pourront cependant contenir la soif de domination des conquérants. Au cours du XVIe siècle, la diminution de la population indigène permet aux Espagnols d'accaparer les terres et de fonder des exploitations privées appelées *estancias*.

Là, les Espagnols s'adonnent à l'élevage à des fins commerciales. Les estancias prolifèrent autour de Mérida. Les Indiens vont y travailler dès la fin du XVIIe siècle. Ils échappent ainsi aux obligations imposées dans les Repúblicas de Indios. Le mouvement de dispersion des Indiens vers les estancias a moins d'ampleur dans le sud de la colonie qu'autour de Mérida[14]. Le fait que les Indiens évitent les exploitations d'élevage à la limite du territoire pacifié pourrait indiquer que les contraintes y sont plus lourdes à supporter. Loin des autorités coloniales, les propriétaires peuvent abuser facilement des Indiens.

La croissance démographique autochtone ne reprend qu'autour de 1740. En 50 ans, la population indienne augmente de 50 % pour atteindre 265 000 âmes. Les Blancs et les Métis forment environ 15 % de la population. Ils vivent surtout dans les principales villes. Les Mulâtres, qui représentent 12 % de la population, habitent dans les villages et les petites localités de l'intérieur. Étant donné l'importance démographique des Mayas, leur langue est la plus fréquemment utilisée.

Les enfants des Espagnols apprennent la langue de leur gouvernante maya. Le fait que des descendants espagnols parlent mieux maya que castillan préoccupe les autorités coloniales, au point qu'en 1786 une ordonnance (*Ordenanza*) impose l'instruction en espagnol, néanmoins financée par les Mayas[15].

L'élite établie au Yucatán importe des objets de luxe et des biens manufacturés surtout faits de métal. Le sel, les cuirs et les viandes salées produits dans la péninsule sont exportés vers Cuba et le centre de la Nouvelle-Espagne, à partir des ports de Veracruz et de Campeche. Les Espagnols se lancent dans la production de la teinture d'indigo, qui requiert un travail astreignant qu'ils réservent aux Indiens. L'indigo et les cotons sont destinés à l'Espagne. La structure commerciale développée à cette époque restera sensiblement la même jusqu'à l'indépendance du Mexique en 1821. En fait, celle-ci présente une certaine ressemblance avec les réseaux d'échange établis avant l'arrivée des Espagnols. Le Yucatán exporte ses matières premières légèrement transformées vers le nord en échange de produits manufacturés destinés à l'élite[16].

Durant tout le XVIIIe siècle, les pouvoirs économique, politique et social sont entre les mains de quelques familles de Mérida. L'élite est issue des conquérants, ennoblis en encomenderos. La stagnation économique leur permet de maintenir leurs privilèges. Les représentants du peuple, qui achètent leur charge, défendent les prérogatives de l'élite. À Mérida, même après l'abolition de l'encomienda en 1785, dans la foulée des réformes administratives et fiscales de l'empire espagnol, les anciens encomenderos gardent leur titre. Eux seuls possèdent des richesses, des terres et disposent d'Indiens pour la travailler[17].

À partir de la moitié du XVIIIe siècle, en raison de la croissance démographique, le Yucatán souffre d'un manque chronique de maïs, qu'il faut importer, entre autres de la Nouvelle-Orléans, alors possession espagnole. L'élite yucatèque entretient des liens avec les commerçants de cette région au nord du golfe. Même après la vente de la Louisiane aux États-Unis par Bonaparte en 1803, le Yucatán fait fi des prérogatives commerciales espagnoles et continue d'acheter le maïs de la Nouvelle-Orléans. La rareté du maïs provoque la hausse des prix. Intéressés, les propriétaires terriens en commencent la culture. Avec cette diversification, les estancias autour de Mérida se transforment en *haciendas*, où l'on pratique l'élevage et diverses cultures vivrières. Leurs propriétaires, des *hacendados*, s'attachent la main-d'œuvre indigène par le biais de l'endettement. Le servage pour dette, ou *peonaje*, commence vers 1780.

L'espace péninsulaire est structuré en fonction des besoins des conquérants, bien que les autorités coloniales conservent le réseau de localités mis en place par les Mayas. Des régions se forment selon la capacité des Espagnols à gérer le territoire et ses populations. Autour de Mérida et d'Izamal, le paysage est dominé par les haciendas (carte 5). Lorsque les Indiens mayas ne peuvent ou ne veulent s'enfuir, ils sont rattachés aux haciendas et progressivement assimilés à la culture espagnole. Leurs services sont indispensables à l'enrichissement des élites et au fonctionnement de la colonie. Ils fournissent des *mantas*, pièces de coton confectionnées sur place, de la cire, des grains, qui sont à la base du commerce local. Ils doivent participer aux constructions publiques, celles des routes notamment, transporter tous les produits sur leur dos, acheminer les messages et se faire serviteurs[18].

La ville de Campeche présente quelques différences par rapport à Mérida, surtout à cause de sa fonction de port de mer à partir du milieu du XVIIe siècle. En 1704, les Yucatèques ceinturent Campeche d'une muraille afin de freiner les incursions des pirates anglais. Les encomenderos y détiennent moins de pouvoir. La mobilité sociale y est plus grande. Campeche obtient le titre de ville en 1777, bien qu'elle demeure subordonnée à Mérida. Les fonctionnaires en poste sont surtout d'origine locale, contrairement à ceux de Mérida. Ils forment le premier noyau libéral de la péninsule[19].

À l'extérieur de la région urbanisée de Mérida-Izamal et de Campeche, les Mayas sont proportionnellement plus nombreux que les Métis. Les grands domaines se font plus rares. Les Indiens évoluent dans les Repúblicas de Indios. Plus loin vers l'est, les Espagnols n'arrivent pas à imposer leur loi. Des portions entières de la péninsule orientale échappent à leur emprise. À peine fondées, les villes sont détruites par les cyclones, les invasions de pirates ou les rébellions indigènes. Seule la ville de Bacalar résiste et progresse jusqu'au début du XIXe siècle, grâce à la proximité de la colonie britannique[20].

Les Mayas survivent grâce à leur milpa. Ce type de culture nécessite des jachères de plusieurs décennies pour permettre à la forêt de se reconstituer après le brûlis. La superficie vitale a été évaluée à environ 3 000 hectares pour 100 familles paysannes[21]. Cependant, les propriétés en expansion des Blancs et des Métis empiètent sur les terres en jachère des Mayas. Le manque de terre, ajouté au raccourcissement des jachères, provoque de fréquentes pénuries de grain. Seules les importations peuvent atténuer les famines[22].

Les communautés paysannes hors de la région Mérida-Izamal échappent au contrôle direct des Espagnols ; les Mayas de cette partie de la péninsule sont relativement moins acculturés que ceux des haciendas. Les communautés ne créent pas de réseaux commerciaux intrarégionaux, comme il en existait avant la

PHOTO 5. *Milpa*. Jeunes pousses de maïs et de courge en culture associée, sur le sol dénudé par le brûlis. (1984)

colonisation. Le maïs et les autres denrées qu'elles produisent sont surtout consommés sur place. Étant donné ce faible développement des relations commerciales, les communautés vivent repliées sur elles-mêmes. Les Repúblicas de Indios sont abolies par l'Espagne en 1812, ce qui prive les batab de la protection du régime colonial.

C'est le cas à Dzonotchel. Il semble que la communauté soit demeurée une República de Indios jusqu'à la fin du XVIIIe siècle, mais les documents de l'époque sont difficiles à interpréter. Les villages changent de nom, les noms changent d'orthographe, les mêmes noms reviennent à différentes reprises, les encomenderos se succèdent, subdivisent ou cumulent les encomiendas. Les villages voisins de Dzonotchel sont attribués à des encomenderos de Valladolid, puis de Mérida[23]. Les habitants du sud, entre autres ceux de Dzonotchel, sont relativement moins acculturés que ceux du nord. Encore plus loin vers le sud, les Mayas et les pirates anglais de l'actuel Belize entretiennent des relations commerciales sporadiques, hors de la juridiction de l'empire espagnol.

49

À l'époque coloniale, une barrière raciale à peu près infranchissable, du moins officiellement, sépare le monde des Blancs de celui des Mayas. En règle générale, les Espagnols et leurs descendants légifèrent, possèdent propriétés, bétail et main-d'œuvre, font du commerce et administrent. Les Mayas occupent le bas de l'échelle sociale et accomplissent des tâches d'ouvriers, de domestiques, de péons endettés ou de paysans. Qu'ils soient rattachés aux haciendas ou à des communautés indigènes, les paysans font partie de l'organisation économique coloniale en tant que main-d'œuvre à bon marché. Ils sont forcés de fournir aux conquérants des jours de travail, des tissus de coton, de la cire d'abeilles, du maïs. Les batab servent d'intermédiaires entre ces deux mondes. La structure sociale imposée par les Espagnols se perpétuera pendant des siècles, par-delà la guerre et la révolution.

La transformation de grandes civilisations en paysanneries constitue une des tragédies du colonialisme européen en Amérique. Les élites disparaissent graduellement des sociétés autochtones, autrefois complexes, qui ne comportent plus qu'une seule classe, composée de paysans. La culture maya se trouve réduite à une culture paysanne, sous la tutelle des dirigeants espagnols[24].

CARTE 5

La péninsule du Yucatán au XVIIIe siècle

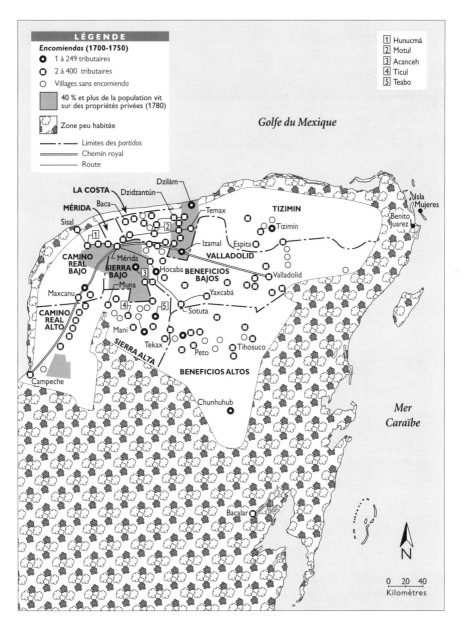

Sources : PATCH, R., 1979 ; M. C. BERNAL GARCÍA, 1972 et 1978.

La société yucatèque, qui s'est hissée à un certain niveau aristocratique, se divise en deux classes : l'une porte des pantalons et l'autre, qui est sans aucun doute la plus nombreuse, ne porte que des caleçons (*calzoncillos*).

JOHN LLOYD STEPHENS

John Lloyd STEPHENS, *Viajes a Yucatán*, Mérida, Producción Editorial Dante, 1984, t. II, p. 88. Traduction libre. Les récits de voyage (1841-1842) de John Lloyd Stephens, illustrés des superbes gravures de Frederick Carterwood, dépeignent le Yucatán, ses ruines et ses sociétés de façon détaillée juste avant que n'éclate la Guerre des castes.

4 Les indépendances et la Guerre des castes

AVEC LA RUPTURE du pacte colonial, l'élite blanche yucatèque pense enfin pouvoir jouir des deux principales richesses locales : la terre et les Indiens qui la travaillent. Le libéralisme des Yucatèques force les Mayas jusque dans leurs derniers retranchements. Il en résultera une formidable explosion sociale.

En 1821, le Mexique et le Yucatán proclament conjointement leur indépendance par rapport à l'Espagne. Les élites mexicaines s'ouvrent au libéralisme. Sous l'influence de ses parlementaires et intellectuels libéraux, le pays adopte des constitutions successives, à tendance libérale, opposées aux groupes privilégiés durant la colonie, l'Église et l'armée. Les parlementaires, issus des riches familles de propriétaires fonciers, ne songent alors pas à répartir les terres ni à freiner l'accumulation des richesses. La Constitution de 1824 proclame que tous les individus sont égaux et abolit les distinctions de race. Les élites ne veulent plus même entendre le mot « indien » qu'on tente d'effacer des écrits officiels[1].

Le Yucatán devient partie intégrante du Mexique en 1823. Cependant, les liens entre les deux entités paraissent très fragiles. L'empire espagnol était constitué de régions distinctes rattachées directement à la mère patrie plutôt que reliées entre elles. La rareté des échanges entre les régions nuit à l'instauration d'un gouvernement central fort. De fait, les élites de chaque ville importante se préoccupent surtout de leur région et de leurs privilèges. Dans ces sociétés régionales, relativement isolées et cloisonnées dans des fonctions commerciales déterminées, émerge un sentiment fédéraliste, en réaction aux prétentions centralisatrices de México. Lorsque le pays accède à l'indépendance, certaines régions deviennent séparatistes pour conserver leur autonomie. Au Yucatán, le particularisme régional prime sur l'idée de nation mexicaine, et ce pour une partie importante de la population.

Bien que le Yucatán soit morcelé en régions plus ou moins autarciques, l'élite de Mérida fomente des révoltes sécessionnistes en 1829 et en 1839. En 1840, un gouvernement séparatiste provisoire est instauré. L'élite fédéraliste et sécessionniste de Mérida s'oppose à celle de Campeche, centraliste. Mérida, menée par Barbachano, veut s'affranchir de la tutelle de México et promouvoir l'indépendance de la Fédération du Yucatán. À l'opposé, Campeche, menée par une élite libérale, veut conserver ses liens avec le gouvernement central. Il s'agit pour Campeche de protéger ses exportations et ses routes commerciales vers les ports du golfe.

Au Yucatán, la société qui émerge de la colonie aurait été divisée en castes, rattachées à des espaces définis. Les Repúblicas de Indios sont rétablies, probablement en l'absence d'autres systèmes de perception des impôts. Les anciens batab sont réinstallés en poste. La région de Mérida, au nord, présente la plus forte proportion de Blancs de la péninsule. Y vivent aussi des Métis et des Indiens asservis, qui répondent aux besoins de cette élite. Cette région est la plus densément peuplée et la plus exploitée de la péninsule. Au centre, le territoire est géré par un réseau lâche de petites localités aux fonctions administratives et commerciales. Des élites d'origine espagnole ou métisse contrôlent les communautés paysannes mayas encore organisées en Repúblicas de Indios. Les batab reprennent leur rôle d'intermédiaires entre les deux mondes. L'explorateur étasunien John Lloyd Stephens, de passage dans cette région, relate avoir croisé un batab issu de cette «race dégradée». Il vante les mérites de ce chef maya, propriétaire de vastes terres et entouré de plusieurs serviteurs, aussi mayas[2]. Le reste du territoire au sud est principalement couvert par la forêt tropicale, un océan vert où la population maya échappe au joug des autorités.

En plus des frictions avec México et Campeche, le Yucatán doit composer avec de nouvelles conditions commerciales. La fin du régime colonial signifie la fermeture des marchés de Cuba et de l'Espagne. Pour remplacer le sucre cubain, les Yucatèques développent la culture de la canne à sucre sur les terres plus fertiles et mieux arrosées du sud[3]. L'expansion des plantations de canne à sucre est si fulgurante qu'en 1844 le Yucatán compte environ 4 000 hectares de canne à sucre et 89 distilleries[4].

De passage dans le sud du Yucatán (1841-1842), John Lloyd Stephens s'émerveille tellement de tout ce qu'il découvre qu'il ne pressent rien des terribles événements qui se préparent. Ses écrits illustrent l'essor économique de la région sud : « […] nous nous trouvons dans cette partie de l'État, la plus riche et renommée pour ses plantations de canne à sucre. Nous croisons plusieurs voitures lourdes, tirées par des bœufs et des chevaux, qui transportent le sucre des haciendas[5]. »

Le district de Tekax, qui comprend Akil, est le plus grand producteur de canne à sucre de l'État, avec une superficie de 2 830 ha plantés en canne à sucre. En 1846, Akil, qui participe au boom de la canne à sucre, compte quatre haciendas, chacune avec quelque 80 personnes. Environ 35 % des habitants sont alors rattachés à des exploitations privées. Akil, considéré comme un village annexe de Pencuyut, regroupe 2 060 habitants[6].

La prospérité aidant, les législateurs de Mérida votent pour la sécession du Mexique en 1846. Les *Campechanos* s'allient aux troupes fédérales contre les séparatistes de Mérida. La Fédération du Yucatán doit se battre sur deux fronts : contre le Mexique et contre la ville de Campeche. Pour se défendre, les Yucatèques engagent des bateaux patrouilleurs du Texas. En cas de crise, l'élite de Mérida a recours à ses anciens amis, qui s'opposent eux aussi au Mexique centralisateur. Les Yucatèques réussissent à repousser les attaques des centralistes.

Le Yucatán se déclare neutre dans le conflit qui oppose le Mexique aux États-Unis au sujet du Texas (1845-1848). Il adopte cette stratégie afin de conserver ses liens commerciaux avec le Texas et pour officialiser sa rupture d'avec le Mexique. Les *Campechanos* comme les *Yucatecos* enrôlent et arment les Mayas pour grossir leurs armées respectives. Dans cette lutte fratricide, les Mayas auraient servi de chair à canon. Sur le plan extérieur, la situation se révèle relativement favorable pour les dirigeants de Mérida mais, sur plan intérieur, elle se dégrade rapidement.

L'expansion des propriétés privées sucrières se fait au détriment des espaces de culture des paysans mayas. Le mécontentement s'intensifie chez les paysans surtaxés et progressivement évincés de leurs terres ancestrales. Les batab n'arrivent plus à remplir leur rôle d'intermédiaires entre les deux groupes, propriétaires contre paysans, qui s'opposent de plus en plus violemment.

Tandis que les Mayas du nord et de l'ouest s'entre-tuent au sein des armées du Yucatán ou de Campeche, d'autres Mayas, ceux du sud et de l'est, moins acculturés que leurs frères du nord, font face à la destruction de leur mode de vie. Les terres en friche sont accaparées par les Blancs pour la création ou l'agrandissement des plantations de canne à sucre. En 1845, les paysans de

Dzonotchel, tout comme ceux de nombreux autres villages, déposent une plainte pour empêcher un prêtre audacieux de privatiser les terres en jachère de la communauté[7]. Sans jachère en reboisement, les Mayas ne peuvent plus faire de milpa, cette culture itinérante sur brûlis. Pour aggraver une situation déjà tendue, les autorités votent une taxe sur les cultures de subsistance, dans le but de forcer les paysans à quitter leurs terres et à travailler dans les champs de canne à sucre. La réaction à cette nouvelle taxe est véhémente et immédiate. Les Mayas abandonnent leur réserve habituelle et déclarent la guerre aux autorités yucatèques, tant civiles que religieuses. Les armes fournies par les Yucatèques aux soldats mayas se seraient retournées contre eux.

La Guerre des castes

Les souvenirs les plus anciens que j'ai recueillis remontent à la fin de la Guerre des castes. Un vénérable vieillard m'a raconté être né par hasard à Dzonotchel, pendant la guerre. Sa mère, arrivant au terme de sa grossesse, tentait de fuir les combats, à bord d'une lourde charrette à fond de cuir, tirée par un mulet. La famille dut s'arrêter en catastrophe à Dzonotchel, afin que la mère puisse « donner le jour » (*dar luz*). On devine que l'angoisse et les cahots de la route n'avaient fait que précipiter l'accouchement. Il semble que le destin les ait fixés à Dzonotchel, puisque ce beau vieillard, sa fille, ses petits et arrière-petits-fils y vivaient encore en 1982.

La Guerre des castes aurait été fomentée par une clique de chefs paysans en réaction aux taxes imposées sur les cultures de subsistance et la privatisation des terres non cultivées. Les batab seraient à l'origine du déclenchement et du déroulement de la Guerre des castes, considérée comme la plus longue et la plus réussie des rébellions paysannes de l'histoire de l'Amérique latine. La population en rébellion aurait compté environ 85 000 personnes[8].

La guerre doit son nom à l'institution coloniale des castes. Les antagonistes ont des origines diverses, mais il faut remarquer, du côté du pouvoir en place, la présence majoritaire de Blancs et de Métis. Du côté des révoltés, au contraire, il y aurait surtout des Indiens mayas, qui se dénomment *Cruzob,* parce que adeptes de la Croix parlante[9]. *Cruz* « croix » est un mot espagnol et *ob* est la forme plurielle en langue maya. Ainsi Cruzob pourrait se traduire par « Croisés ». Les rebelles adoptent un symbole d'origine catholique, à la suite de plusieurs siècles de christianisation. Avec de l'imagination, on pourrait considérer la croix catholique comme le pendant des icônes mayas représentant le cosmos en forme de croix foliée[10]. La croix qui symbolise la lutte maya, sur laquelle n'apparaît pas de

Christ, est revêtue d'un *huipil*, cette robe sac imposée par les autorités religieuses aux femmes mayas et confectionnée dans un carré de coton, qu'elles brodent à l'encolure et au bas.

Les Cruzob créent le culte de la croix, au service d'une cause indienne et non métisse. La croix parlerait grâce aux bons offices d'un ventriloque. Les révoltés obéissent aux oracles de la Croix parlante, tout comme leurs ancêtres obéissaient aux idoles dotées de la parole, grâce au même subterfuge. Là où parle la croix, les Cruzob fondent leur capitale, qu'ils nomment Chan Santa Cruz, c'est-à-dire le lieu de la petite croix sainte (*chan* en langue maya signifie « petite »).

Le territoire qu'occupent les révoltés correspond à celui où les autorités coloniales espagnoles n'ont jamais réussi à imposer leur tutelle. La coupure territoriale persiste là où circulaient les trafiquants entre les ports anglais sur la côte caraïbe et Valladolid. L'Angleterre, qui veut consolider sa base commerciale en Amérique centrale, encourage ce conflit qui affaiblit la position des autorités mexicaines et yucatèques, en fournissant des armes aux Mayas insurgés[11].

L'avance des Cruzob, qui profitent d'un effet de surprise, est fulgurante. Les insurgés détruisent les plantations de canne et massacrent les populations de plusieurs villes du sud, dont celle de Valladolid. La ville de Bacalar est saccagée et incorporée au territoire des Mayas rebelles. Au début de 1848, les Yucatèques songent à évacuer la péninsule. En février 1848, dans l'affolement général, l'émissaire de Mérida va jusqu'à proposer au gouvernement des États-Unis l'annexion du Yucatán. La demande est rejetée, mais les Étasuniens acceptent de fournir des armes si, et seulement si, le Yucatán réintègre la République mexicaine. Les Yucatèques, qui se sont déclarés indépendants en 1847, année où éclate la Guerre des castes, sont ainsi une nouvelle fois forcés de s'unir aux Mexicains pour obtenir des renforts et tenter de repousser les Indiens rebelles[12].

Plusieurs habitants d'Akil et de Dzonotchel participent à la guerre du côté des insurgés cruzob. Sous la direction de Don Gregorio Ceh, 785 *Akileños* prennent part au soulèvement, ce qui illustre bien la faillite du processus d'assimilation coloniale. En 1848, la garnison d'Akil, qui comprend 650 soldats yucatèques, résiste à une attaque des Cruzob. La localité n'est pas saccagée, contrairement au village voisin de Pencuyut qui est rayé de la carte. Les derniers habitants d'Akil fuient le village et se dispersent.

La communauté de Dzonotchel prend aussi une part active à la Guerre des castes puisque 786 de ses habitants, sous la conduite de Don Crisanto Cob, se joignent aux révoltés[13]. Il semble, de façon générale, que les habitants des localités qui comptent beaucoup d'haciendas participent dans une moindre mesure à l'insurrection. À l'inverse, moins il y a de péons et plus on retrouverait de rebelles, ce qui corroborerait le fait que les batab perdent leur ascendant sur les paysans quand ces derniers sont engagés dans les haciendas. Il semble aussi que les villages qui épousent la cause rebelle soient ceux qui sont mobilisés entre 1837 et 1847 et qui se trouvent sur la route des trafiquants entre la colonie britannique et Valladolid[14].

Malgré l'appui du Mexique, les Yucatèques ne parviennent pas à anéantir les Cruzob. La guerre devient une guérilla d'usure et durera officiellement de 1847 à 1901. Les Yucatèques demeurent maîtres de la fraction nord de la péninsule. Les plantations de canne à sucre détruites, ils se tournent vers une nouvelle activité, la culture du *henequén*, un agave de la famille des amaryllidacées, dont la fibre est utilisée par les Mayas depuis des temps immémoriaux pour fabriquer des hamacs, des sacs et des cordages. Les hacendados consacrent des superficies de plus en plus grandes à cette plante de henequén dont les longues feuilles épineuses envahissent les terres plus arides du nord de la péninsule. Les Mayas rebelles occupent les forêts du sud. La guerre se poursuit ainsi au sud et à l'est de Peto, entre autres autour de Dzonotchel. Les Cruzob conservent leur croix parlante. Ils vivent dans leur capitale rebelle et en forêt. Ils lancent des attaques surprises contre les populations mal protégées par l'armée yucatèque et mexicaine. Le village de Dzonotchel est attaqué et détruit à deux reprises au cours de la guerre. Il est coupé du monde des Blancs pendant environ cinquante ans.

Dzonotchel souffre beaucoup plus de la guerre qu'Akil où des habitants reviennent, dès 1850, une fois les pires dangers écartés. Les incursions rebelles y sont beaucoup moins probables qu'à Dzonotchel, toujours compris dans le territoire insurgé. En 1851, Akil compte 197 habitants et un juge de paix[15]. On reprend la culture des milpas. Le village se repeuple lentement, malgré les aléas de la guerre.

À la suite de la guerre, le sud de la péninsule est ravagé. L'opposition entre Mérida et Campeche se solde par la partition de la péninsule. L'État du Campeche est formellement séparé du Yucatán en 1858[16]. Il ne reste à peu près rien des plantations de canne à sucre. Des villes entières sont saccagées. Le peuple maya est aussi déchiré par cette guerre, entre alliés et ennemis des Yucatèques.

L'intervention fédérale

Pendant que la Guerre des castes dévaste le Yucatán, le Mexique vit d'autres turbulences. La République émerge difficilement de la structure coloniale. Pendant que la guerre civile fait rage aux États-Unis, les Français installent Maximilien d'Autriche à la tête du Mexique en 1861. Son épouse, l'impératrice Charlotte a d'ailleurs le temps d'aller visiter Mérida à la fin de 1865. Quatorze jours de réceptions et de danses ; la haute société *merideña* exulte[17]. Maximilien reste au pouvoir jusqu'en 1867. Le nouveau président, Benito Juarez, le fait fusiller. Les lois de la Réforme (*Reforma*), adoptées entre 1856 et 1863, nationalisent les terres de l'Église et privatisent les terres communales des villages[18]. La protection des Indiens est abolie au nom de la liberté. En 1868, les Repúblicas de Indios disparaissent, les batab perdent leurs fonctions officielles. Le pays connaît enfin une période de calme relatif sous la présidence de Porfirio Díaz, de 1876 à 1910. Le président Díaz relance l'économie sur des bases libérales, il crée une bureaucratie d'État. Il entend diffuser l'ordre et le progrès dans le pays. L'ordre par la répression, si besoin est, et le progrès par les investissements étasuniens[19]. L'insubordination des Indiens mayas et l'indépendantisme des Yucatèques contrarient ses ambitions. La Guerre des castes fournit à Porfirio Díaz un prétexte pour écraser les deux groupes opposés.

Pour en finir avec les Indiens cruzob, Porfirio Díaz fait construire un chemin de fer qui pénètre profondément dans le centre de la péninsule. Il sera ainsi possible de transporter les soldats et les équipements militaires en toute sécurité, jusqu'à la limite de la zone insurgée. On installe aussi une ligne télégraphique entre les places fortifiées et Mérida. Le chemin de fer reliant Mérida à Peto est inauguré en septembre 1900[20]. La voie vers le sud est enfin ouverte.

En mai 1901, le général Bravo à la tête des troupes fédérales entre dans Chan Santa Cruz. Les insurgés préfèrent éviter l'affrontement. Ils s'enfuient dans la forêt avant l'arrivée des soldats. En apparence, le gouvernement fédéral est maître de la situation. À la suite de cette « victoire » fédérale, la ville est rebaptisée pour devenir Chan Santa Cruz de Bravo. La ville des Cruzob ne sera pas détruite. Elle devient une place fortifiée de 2 250 habitants, en majorité des soldats.

En 1902, après la reconquête du territoire insurgé, Porfirio Díaz divise le Yucatán et crée le Territoire fédéral du Quintana Roo[21]. Le dictateur veut affaiblir les richissimes planteurs de Mérida. Il prétend que les Yucatèques sont incapables de maintenir la paix dans ces espaces ravagés par la Guerre des castes. Il ampute ainsi l'État du Yucatán de toute sa portion caraïbe qu'il érige en un territoire qu'il peut gérer à sa guise, au grand dam de l'élite yucatèque.

Pour calmer les esprits, Porfirio Díaz accorde aux oligarques yucatèques et mexicains, financés par des banques anglaises et nord-américaines, des concessions d'exploitation forestière qui couvrent la quasi-totalité du territoire insurgé[22]. Les anciens rebelles, qualifiés d'*Indios bravos* (« Indiens agressifs »), et leurs descendants occupent une fraction de ces forêts, sans subir l'ingérence du gouvernement central. L'État mexicain se permet d'oublier ces Indiens qui ont osé résister à l'autorité centrale.

Le Territoire du Quintana Roo, dont on connaît mal la superficie et la population, est sommairement organisé en districts (*Distritos*), là où la population reconnaît l'autorité fédérale. Le Distrito del Norte «district du nord», dit aussi des Îles, regroupe Isla Mujeres, Cozumel et les terres continentales qui leur font face. Le Distrito Sur (Sud) a son siège dans la ville de Payo Obispo (aujourd'hui Chetumal). La zone du centre, associée aux insurgés, n'aurait pas alors de nom[23].

Les Mayas après la guerre : paysans ou Cruzob en cavale

La fin officielle de la Guerre des castes scelle le sort des Mayas pour plusieurs décennies. De quelque allégeance qu'ils aient pu être, les Mayas se retrouvent perdants. Tant ceux qui ont combattu aux côtés des Yucatèques contre leurs frères de sang que les paysans convertis par prudence aux mérites de la soumission ou que les Cruzob cachés dans les forêts du Quintana Roo. Tous vivent dans des conditions misérables.

Les Cruzob dépendent de la colonie du Honduras britannique pour leur approvisionnement en armes et en munitions. En 1867, ils demandent même l'annexion à l'Empire britannique[24]. Ainsi, une portion de la péninsule du Yucatán aurait pu être rattachée à la colonie anglaise ! Cependant l'Angleterre en décide autrement. La reprise des relations diplomatiques avec le Mexique entraîne la fin du trafic d'armes en 1897. Les Cruzob sont abandonnés à eux-mêmes face au Mexique triomphant du dictateur Porfirio Díaz. Ils souffrent de la faim et des épidémies, entre autres, du choléra. Leur nombre oscillerait autour de 10 000 personnes à la fin du XIXᵉ siècle[25]. La population insurgée diminue rapidement. Les Cruzob faits prisonniers sont envoyés dans les plantations de henequén pour y travailler comme esclaves.

Les troupes fédérales ne contrôlent que quelques points stratégiques du Territoire du Quintana Roo. Les soldats fédéraux se cantonnent dans les villes fortifiées. Les opposants, soldats et rebelles, habitent le même territoire mais s'évitent soigneusement. On franchit, aussi facilement qu'à l'époque coloniale, la frontière entre le Yucatán et le Territoire, couverte de forêt dense. Les insurgés, aussi appelés *Huites* (de « pagne », en maya) peuvent aller et venir à leur guise, pourvu qu'ils évitent les patrouilles militaires.

Les survivants cruzob abandonnent l'intérieur du territoire et se dispersent le long du littoral caraïbe. On imagine que les Huites pêchent et cultivent sur brûlis en forêt, tout comme les autres Mayas établis près des petites villes yucatèques. Ils commercent avec la colonie britannique. Cependant, ils vivent pauvrement et manquent de tout, surtout d'outils et de munitions.

Pendant les premières décennies du xxᵉ siècle, leurs problèmes d'approvisionnement sont résolus en partie par des vols perpétrés au cours de raids contre les populations du sud qui acceptent la domination blanche. Les anciens Cruzob terrorisent les paysans mayas. Les rebelles s'attaquent aux populations conquises, établies à proximité de la frontière actuelle de l'État du Yucatán. Ainsi, les deux groupes mayas en présence, les soumis et les insoumis, ne vivent pas en harmonie, loin de là. Voici comment un vieux paysan, né en 1913, témoin d'une de leurs incursions, décrit ces rebelles :

> Les Huites avaient des boucles d'oreilles. Et à peine une chemise. Ils portaient des pantalons courts, parfois en peaux de bête. Ils avaient des cheveux longs sur le dos qu'ils ne peignaient jamais. Quand ils arrivaient dans un village, ils tuaient le chef et mangeaient les porcs. Les gens du village avaient creusé des tranchées pour se défendre. Mais quand les Huites sont arrivés, tous se sont enfuis, même avec leur carabine.

Entre le Territoire du Quintana Roo mal pacifié et la prospère zone des plantations au nord se trouve une zone tampon que j'appelle la région maya, qui est aussi celle du maïs. Elle comprend une population paysanne qui subsiste par elle-même, contrairement à celle de la zone du henequén, cette enclave organisée en fonction de l'exportation. Dans la région maya, les paysans regroupés en communautés connaissent une paix et une autonomie très relatives. Ils pratiquent la culture itinérante du maïs sur brûlis, dans la forêt subtropicale. Des familles entières se cachent dans la nature, évitant les recensements et les impôts, comme leurs ancêtres qui avaient fui le pouvoir et les taxes coloniales.

La région maya, à cette époque, ne peut être délimitée de façon précise, car il faudrait pouvoir distinguer les communautés paysannes plus ou moins intégrées à la société yucatèque et les Mayas cruzob révoltés contre l'autorité. La seule donnée utilisable pour l'instant est la frontière tracée sous Porfirio Díaz entre le Territoire du Quintana Roo et l'État du Yucatán. Toutefois, cette ligne est tout à fait arbitraire et, de plus, elle est rarement tracée au même endroit sur les différentes cartes de la péninsule. Il n'existe donc pas de démarcation claire, surtout que les deux groupes jouissent d'une grande mobilité et qu'ils pratiquent les mêmes activités, à des endroits différents, chaque année. Les uns comme les autres se déplacent de part et d'autre de la frontière. Les ex-Cruzob vont au Yucatán assaillir les Mayas pacifiés, et les paysans yucatèques vont dans le Quintana Roo

faire leur milpa, attirés par la luxuriance des forêts. Tout comme à l'époque coloniale, le gouvernement ne réussit pas à maîtriser les mouvements de population.

Les anciens gardent le souvenir de certaines péripéties de leur jeunesse mou-
vementée. Une institutrice, née en 1916, fille d'un hacendado d'Akil, a fait le récit
suivant :

> Quand j'étais toute jeune, mon grand-père offrit une fête dans son ranch. Tous nos
> parents étaient venus pour aider à préparer le banquet. Mais, en même temps, les gens
> étaient prêts à fuir à la moindre alerte. Pendant qu'ils cuisinaient, quelqu'un demanda
> à un serviteur d'aller voir dans le chemin si les invités arrivaient. Mais cet homme ne
> connaissait pas ceux qui devaient venir. Il revint en criant : « Ha ! Il y a des hommes
> qui s'en viennent mais ils sont plusieurs et il n'y a que des hommes ! » Alors retentit un
> cri d'alarme : « Les révoltés du Territoire [du Quintana Roo] s'en viennent par ici.
> Sauvons-nous ! » Toutes les choses furent ramassées rapidement. Les marmites de
> nourriture furent renversées pour faire s'écouler la sauce et s'enfuir avec la viande
> seule. Tous se réfugièrent dans les bois et les grottes. Puis, le groupe arriva sur les lieux
> du festin. Comme il n'y avait personne, ils commencèrent à crier : « Vous nous avez
> invités. Nous avons faim et il n'y a rien à manger ? » Alors mes parents sortirent de leur
> cachette et se rendirent compte que ces gens étaient leurs invités !

Cette informatrice, issue de la classe des nantis, ne peut s'identifier aux insurgés qui ont ruiné la région et massacré une partie de la population blanche
établie dans les villes du centre et du sud. Elle désigne néanmoins les assaillants
potentiels comme les « révoltés du Territoire », un terme non discriminatoire. Les
qualificatifs les plus durs à l'endroit des insoumis sont employés par des paysans
mayas.

Les paysans interviewés, assez vieux pour se souvenir de la période ayant suivi
la Guerre des castes, refusent de s'identifier aux Cruzob. Ils se définissent en
opposition avec ceux qu'ils considèrent comme des Indiens, les Huites du Territoire. Eux-mêmes ne se voient pas comme des Indiens, terme discriminatoire,
mais plutôt comme des gens civilisés, dotés de raison et de sens civique.

Les deux groupes mayas ont pourtant une origine commune. Ils parlent la
même langue et pratiquent les mêmes cultures sur brûlis, en forêt. Cependant, la
guerre les a divisés. Les Mayas des villages du Yucatán actuel qui avaient participé au soulèvement sont morts ou disparus. Les villages se sont peu à peu
repeuplés de paysans mayas qui reconnaissent l'autorité yucatèque. Comme
durant la période coloniale, les indigènes stagnent dans la pauvreté, au bas de
l'échelle sociale. Leur situation n'est pas particulière au Yucatán et ressemble à
celle d'autres peuples indigènes habitant le pays et le continent latino-américain.

Il ne restera aux Indiens que cette alternative : soit les cultures de subsistance, soit le travail de péon dans les haciendas. Ils doivent choisir entre la faim saisonnière ou le servage pour dettes. Comme le souligne Robert Duclas, au sujet des Indiens de Tuxtla (État du Guerrero) au XIXe siècle, l'âme indienne est faite de résignation, de religiosité, d'impassibilité, d'anonymat[26]. Ces observations s'appliquent à n'importe lequel des groupes de Mayas identifiés à la fin de la Guerre des castes : les péons, les paysans ou les Cruzob en cavale.

L'accession du Mexique à l'indépendance et la fin de la Guerre des castes ne mettent pas un terme à la situation héritée de la colonie. Les Indiens mayas constituent toujours une main-d'œuvre à bon marché pour les élites blanches et métisses qui dirigent à la fois les propriétés terriennes et le commerce urbain. Les Mayas sont asservis dans les plantations. Sinon, ils vivent des cultures pratiquées en forêt et travaillent pour les Métis quand ils ont besoin d'argent pour des médicaments, un enterrement ou un mariage. La condition d'Indien des Mayas paraît immuable et ce, en dépit de la guerre et des déclarations d'indépendance. Les Mayas qui se sont battus pour conserver leurs terres ont en fait servi les intérêts du Mexique ou de l'Angleterre.

Le Mexique a rattaché définitivement la péninsule indépendantiste. Les Anglais ont pillé les forêts du territoire insurgé, en guise de remboursement des prêts accordés au Mexique[27]. La Guerre des castes aura eu des conséquences heureuses pour le Mexique et pour l'Angleterre, mais non pour les Yucatèques. Pour l'élite de Mérida, cette guerre implique des pertes énormes. La portion ouest de la péninsule lui a échappé pour devenir l'État du Campeche. La fraction à l'est, couverte de riches forêts, est passée sous la domination de l'État fédéral.

La ville de Mérida est l'une des plus belles et
des plus agréables de tout le Mexique et elle
possède des édifices, des parcs et des avenues
qui n'ont d'égal que ceux de México [...]
Environ 62 000 personnes vivent à Mérida, et
parmi elles, il serait difficile d'en trouver qui
soient vraiment pauvres.

PERCY F. MARTIN

Percy F. MARTIN, *Mexico of the Twentieth Century*,
Londres, Edward Arnold, 1907, p. 148-149. Traduction libre.

5 L'or vert

L A DESTRUCTION des plantations du sud, pendant la Guerre des castes, force l'élite yucatèque à réorienter ses investissements. Le henequén, dont on fabrique des cordages imputrescibles, gagne en popularité. La fibre est exportée depuis les débuts du XIXe siècle vers les États-Unis où l'on en fait de la corde de bonne qualité[1]. Le premier port d'expédition est ouvert à Sisal (Zizal sur les cartes anciennes), à l'ouest de Mérida, en 1811. L'ouverture de ce port est d'ailleurs à l'origine de la première querelle entre Campeche et Mérida car il ruine la situation privilégiée du port de Campeche. Le henequén porte d'ailleurs le nom du port, sisal. Plus tard, le port de Progreso, au nord de Mérida, prendra la relève.

Malgré leur rentabilité, les plantations ne s'étendent pas à l'ensemble de la péninsule. Les sols et les climats sont pourtant favorables à peu près partout. Des facteurs économiques en limiteraient l'expansion. La distance entre le port d'embarquement, les défibreuses et les plantations constituerait un facteur déterminant de la localisation des haciendas de henequén[2]. Les moins rentables seraient plus éloignées du port de mer et des défibreuses, alors que les plus riches haciendas seraient concentrées dans la région de Mérida, à proximité du port, car presque toute la fibre est destinée à l'exportation.

La voie ferrée, inaugurée en 1900, contribue au désenclavement d'Akil, car elle traverse le village. Auparavant, les paysans voyageaient surtout à pied. Il y a bien la route de terre qui se rend à Mérida, mais les paysans n'ont pas les moyens d'avoir un cheval ou un véhicule pour y circuler. Ils adoptent rapidement le transport ferroviaire, plus abordable que le transport routier. Les paysans l'utilisent pour se rendre à Mérida ou dans d'autres villes situées le long du parcours afin d'y vendre leurs produits et d'en obtenir de meilleurs prix. Des activités commerciales, même restreintes, se développent ainsi depuis le début du siècle entre Mérida et Peto.

Le nouveau réseau ferroviaire favorise d'ailleurs l'expansion de l'aire des plantations de henequén. L'engouement pour le henequén, appelé l'or vert à cause des richesses qu'il génère, s'étend vers le sud et s'empare d'Akil. Toutes les terres du village sont semées de henequén. La fibre est transportée par train jusqu'au port. En 1910, le village compte 602 habitants. Faute de terres, les paysans n'ont d'autre choix que de devenir des péons endettés. Même les prisonniers de guerre sont embrigadés dans les haciendas. Les souvenirs d'un paysan d'Akil, né en 1915, corroborent la pratique : « Mon grand-père faisait partie des révoltés. Quand il était enfant, il fut enlevé. Vers la fin de la guerre, il a été emmené à Akil et placé comme esclave dans l'hacienda San Bernardo. » Faute d'une organisation locale capable de freiner l'expansion des plantations, les paysans d'Akil deviennent des péons.

La croissance de la demande de fibre est reliée à l'invention étasunienne de la moissonneuse-batteuse qui utilise la corde de henequén. La production yucatèque peut répondre à la demande internationale grâce à l'invention locale, à la fin des années 1850, de la roue à défibrer Solis. Cette première défibreuse mécanique sépare la pulpe de la fibre de henequén. À partir de 1859, la roue à défibrer est équipée d'un moteur à vapeur. Tout est en place pour le boom de l'or vert. En 1883, le Yucatán compte 40 000 hectares plantés en henequén[3].

L'apogée

La période marquée par la guérilla des Cruzob correspond au début de l'apogée du henequén (de la fin du XIXᵉ siècle au début du XXᵉ). Les exportations sont d'abord dirigées vers Cuba, puis, à partir de 1835, vers les États-Unis. La quantité de fibre exportée augmente constamment, pour atteindre 216 000 tonnes en 1916, à la faveur de la Première Guerre mondiale[4].

De 300 à 400 familles propriétaires d'haciendas produisent du henequén. Elles dépendent d'un groupe réduit de 20 à 30 familles hégémoniques, dont les Molina-Montes, qui ont la haute main sur une large part du commerce. Étant donné l'importance des richesses accumulées, ces familles forment une classe à part, désignée comme la Caste divine[5]. La poursuite des hostilités, au sud, ne nuit pas à son enrichissement. Les planteurs profitent d'une situation de monopole, car le Yucatán est alors le seul à produire du henequén. Certains hacendados, parmi les plus influents, tissent des liens privilégiés avec le principal acheteur de fibre, la International Harvester Company[6].

Les hacendados vivent dans le luxe. Ils possèdent de nombreuses propriétés auxquelles sont attachées plusieurs communautés de travailleurs. Ils partagent leur temps entre leurs domaines en plantation et leurs somptueuses résidences de Mérida. Les planteurs les plus influents s'établissent dans l'avenue la plus élégante de la ville, qui se veut une réplique des Champs-Élysées, l'avenida de Montejo, ainsi nommée en l'honneur du conquérant du Yucatán. Ce nom rappelle l'origine coloniale des privilèges dont jouit la Caste divine. L'élite de Mérida s'identifie alors sans doute encore aux conquistadores.

Mérida vit alors sa période la plus faste, la plus extravagante. La ville de l'or vert restera d'ailleurs imprégnée des souvenirs de cette époque glorieuse durant presque tout le xxᵉ siècle. Pendant que les *Merideños* festoient, les Cruzob, acculés à la misère, assaillent les pauvres paysans mayas.

Les péons des haciendas

Les Mayas qui ont soutenu les Yucatèques pendant la Guerre reçoivent en guise de remerciement le titre d'*hidalgo* et rien d'autre. Ce titre leur vaut une certaine reconnaissance. Cependant, malgré leur participation à la guerre aux côtés des Blancs, les Mayas retournent travailler comme péons dans les plantations de la région Mérida-Izamal.

Les témoignages recueillis sont révélateurs des conditions de vie de l'époque. J'ai rencontré un homme âgé, fils d'un de ces péons rattachés à une hacienda de henequén. Il vivait dans une hutte plus que modeste, sans aucun meuble. Fier d'être interviewé, il a respectueusement sorti un papier jauni d'une vieille boîte de chaussures, entreposée sur une solive du toit de chaume. Le seul endroit sécuritaire de sa maison. La précieuse feuille constituait son unique héritage. Il s'agissait du contrat de péonage entre le propriétaire de l'hacienda et son père. La vie d'un homme y était résumée en deux colonnes manuscrites. Une somme négative était inscrite à la fin de la deuxième colonne, celle des jours de travail.

Le père avait commencé à travailler pour payer les dettes laissées par son propre père. Il avait vécu dans l'hacienda avec sa famille, sur un lopin de terre concédé par le propriétaire. Les denrées que la famille ne pouvait produire elle-même, comme les médicaments, les tissus ou le savon, étaient achetées à la boutique (*tienda de raya*) de l'hacienda gérée par le propriétaire. Les achats étaient consignés dans le contrat. Comme les péons ne sortaient pas de l'hacienda, ils constituaient une clientèle captive. De plus, chaque hacienda frappait sa propre monnaie qui n'avait cours nulle part ailleurs.

Régulièrement, on faisait les comptes. La valeur des produits achetés surpassait invariablement celle du travail fourni par le péon et sa famille. Les dettes s'accumulaient ainsi d'une génération à l'autre, générations d'ailleurs qui se succédaient rapidement, car la mort frappait tôt. Le contrat que j'avais sous les yeux s'arrêtait à la mort du péon à l'âge de 40 ans. Il avait succombé à une pneumonie non soignée. Ses enfants étaient tenus de rembourser la dette laissée en héritage.

Un autre fils de péon, né vers 1915, résume ainsi le fonctionnement du péonage dans les haciendas, au temps de ses parents :

> La terre appartenait aux riches. Les pauvres n'avaient pas le droit à la vie. Les riches rendirent esclaves tous ceux qui pouvaient travailler. Ils pesaient les repas et donnaient des vêtements comme des pères de famille. Mais ce n'était pas par amour, plutôt par trahison.
>
> Ils disaient qu'ils donnaient. Mais les riches tenaient deux types de comptes : un pour la grande dette et l'autre pour la petite. La grande dette avait trait aux dépenses occasionnées par le médecin et par les mariages. Les petites dettes se rapportaient aux dépenses domestiques courantes. Les riches profitaient ainsi des pauvres. Ils donnaient de l'argent. Puis ils le considéraient comme un prêt. Ainsi, ils pouvaient réclamer les produits des pauvres.

Un autre fils de péon, né lui en 1913 à Akil, raconte la domination subie par ses parents autrefois :

> Tout le village était semé de henequén. Les gens ne pouvaient pas cultiver de maïs pour manger. Les riches payaient les travailleurs et achetaient des esclaves. Ils ne voulaient pas que les pauvres s'acquittent de leurs dettes. Alors, quand on voulait payer la dette, les riches l'augmentaient. Ils donnaient des aliments, des vêtements. Ils organisaient les mariages. Ils agissaient comme les pères des esclaves.

Durant l'apogée de l'or vert, les hommes travaillent aux champs, du matin au soir, sous un soleil brûlant, avec des outils rudimentaires et pour des salaires dérisoires. Ils doivent transporter de lourdes charges sur leur dos. Si la transformation de la fibre est mécanisée, les méthodes de culture demeurent inchangées. Voilà pourquoi les planteurs ont besoin de si nombreux péons, qu'ils encouragent d'ailleurs à se marier au plus tôt, de préférence avec les femmes déjà établies dans l'hacienda. Les péons vont aux champs, souvent en compagnie de leurs femmes qui les aident à couper les longues feuilles rigides. Les épouses doivent aussi effectuer des tâches domestiques dans la maison du patron, sans recevoir de salaire[7]. Dans plusieurs haciendas, les péons sont passibles de châtiments corporels en tout temps. Les propriétaires doivent les nourrir et les loger, obligation qu'ils remplissent à moindres frais. La plupart des péons n'ont aucune instruction. Ils s'expriment surtout en langue maya et ne connaissent souvent pas l'espagnol. Les péons du nord vivent ainsi dans l'asservissement formel de la fin du XIXe au début du XXe siècle.

Le Territoire perdu du Quintana Roo

Pendant que l'enclave du henequén vibre d'une activité fébrile, le Territoire du Quintana Roo, toujours isolé du reste du pays, peu peuplé, tente de faire fructifier ses ressources. Ses vastes forêts regorgent de bois précieux, tels l'acajou et le cèdre rouge. On y trouve aussi des sapotilliers, qui fournissent une résine à valeur commerciale, le chiclé. Attirées par l'exploitation de ces ressources, des familles viennent dans le Territoire, qui se repeuple peu à peu au cours des trois premières décennies du XXe siècle.

Les Mexicains, pour réaffirmer leur souveraineté face aux Anglais établis sur l'autre rive du Río Hondo, reconstruisent la ville de Chetumal. Pour mettre un frein à la contrebande, le territoire est déclaré zone franche en 1905. Les Anglais continuent d'écouler leurs marchandises dans cette portion mal surveillée du Mexique. L'État y a peu d'autorité, ce sont surtout les concessionnaires forestiers qui appliquent leur loi. L'accès au Territoire reste malaisé, étant donné la mauvaise qualité des routes. Le transport se fait surtout par voie de mer ou le long du Río Hondo, ou encore à partir de Peto ou de Valladolid, à cheval ou à dos d'âne.

La poursuite des hostilités et la dispersion des Mayas en forêt rendent difficile l'évaluation de la population du Quintana Roo à cette époque. Le premier recensement réalisé après la guerre civile, soit en 1910, chiffre la population totale à 9 109 habitants, répartis dans trois districts. Les Mayas plus ou moins pacifiés, dont le nombre est estimé à 2 447, occupent l'intérieur (district central) des terres. Bien que ce district soit le plus vaste des trois, on y retrouve seulement 27 % de la population (tableau 3). Les non-Mayas sont concentrés le long des cours d'eau et de la côte. Pendant la guerre, les Blancs ont préféré quitter le continent pour se réfugier sur les îles de Cozumel et d'Isla Mujeres, lesquelles comptent en 1910 respectivement 822 et 651 habitants[8].

TABLEAU 3

Population du Territoire du Quintana Roo en 1910

District	Superficie (km²)	Capitale de district	Population totale
Nord	6 926	Isla Mujeres	3 354
Sud	13 483	Payo Obispo	3 308
Centre	29 505	Santa Cruz de Bravo	2 447
Total	49 914		9 109

Source: Salvador Echegaray, «Primeros datos sobre Quintana Roo en el censo de 1910», dans Lorena Careaga Viliesid, (dir.), *Quintana Roo. Textos de su historia*, t. II, p. 57.

Tout comme pour l'indépendance et la Guerre des castes, l'apogée du henequén modifie finalement assez peu la situation de l'Indien dans la société yucatèque. En fait, la période de l'or marque une détérioration des conditions de vie des indigènes. Qu'ils vivent asservis dans l'enclave du henequén ou isolés dans les forêts du Quintana Roo, les Mayas, plus ou moins indianisés, marqués par trois siècles de colonisation, sont toujours maintenus au bas de l'échelle sociale. Cette situation se perpétuera tout au long du xxᵉ siècle.

La dernière explosion, la plus puissante, fut
la Révolution mexicaine. Elle ébranla le tissu
social dans sa totalité et réussit, après les avoir
dispersés, à réunir tous les Mexicains dans une
société nouvelle.

OCTAVIO PAZ

Octavio PAZ, *Itinerario*, México, Fondo de cultura económica, 1993, p. 31-32. Traduction libre.

6 *Revolución, Libertad*

APRÈS LES LUTTES SANGLANTES de la Guerre des castes, les Mayas sont pour ainsi dire réduits au silence, asservis pour dettes ou par la misère. Le sursaut des démunis viendra d'ailleurs au Mexique. Au centre du pays, la révolution éclate contre la dictature. Les paysans et leurs caciques se lèvent contre les excès de la grande propriété latifundiaire.

L'étincelle de la *revolución* mexicaine jaillit, assez curieusement, au cœur de la région maya, dans une ville qui a été l'un des piliers de l'organisation coloniale dans le sud : Valladolid. Pourtant, au début du siècle, cette ville renaît péniblement de ses cendres après le saccage des Cruzob.

En réalité, c'est à Mérida que couve d'abord la révolution. Les élites de la ville, enrichies par l'essor économique sans précédent engendré par les exportations de henequén, s'instruisent, voyagent et s'initient aux idées nouvelles, tel le libéralisme. Un mouvement local d'opposition à Porfirio Díaz prend forme pour demander l'instauration de la démocratie et des élections. Le mouvement de protestation d'envergure provinciale établi à Mérida se propage par-delà les forêts, jusqu'à Valladolid, favorisé en cela par la voie ferrée qui relie les deux villes à compter de 1906. Cependant, Porfirio Díaz entend neutraliser l'opposition qui se dessine au Yucatán. En 1910, les conjurés libéraux complotent à Mérida pour renverser la dictature. Menacés, ils s'enfuient à Valladolid. Leur mouvement y est étouffé dans le sang par l'armée fédérale. La *revolución* se poursuit, mais hors de la péninsule.

La puissante Caste divine garde sa mainmise sur les richesses locales : les terres, les exportations et la main-d'œuvre[1]. Des situations semblables existent un peu partout au pays. À cette époque, 276 grands propriétaires possèdent environ 48 millions d'hectares. Le pays compte 12 millions de paysans, dont 3 millions de péons, sur une population totale de 15 millions d'habitants. Comme ailleurs au Mexique, les économies péninsulaires reposent sur l'exportation de matières premières, tels le henequén, le chiclé ou le bois. Dans l'enclave *henequenera*, les défibreuses se multiplient. La main-d'œuvre est presque invariablement indienne et sous-payée. Quand ils ne travaillent pas en tant que péons, bûcherons ou *chicleros*, les Mayas demeurent des paysans, à la merci des élites locales. Au sommet de ces élites, les Blancs de Mérida dominent la vie politique et économique régionale. Mérida, la principale ville de la péninsule, vit son apogée.

Dans la foulée de la révolution, la réforme agraire est décrétée dans tout le pays en 1915. Elle impose le fractionnement des grandes propriétés et la répartition des *ejidos*, c'est-à-dire le retour des terres collectives aux communautés paysannes. L'*ejidatario* est celui qui a le droit d'usage d'une parcelle dans les terres communales. Le principe de l'éjido a été importé d'Espagne où, depuis le XIVe siècle, un ensemble de terres sont mises à la disposition des communautés villageoises. Durant la période coloniale, il était coutume de réserver, en vertu de ce principe, les terres entourant les villages à des usages communautaires. Cette protection des terres communales a par la suite peu à peu disparu, à mesure que le libéralisme se consolidait. La terre a été progressivement privatisée. La *revolución* et la réforme agraire qu'elle instaure doivent en théorie redonner les terres usurpées aux communautés paysannes. Cependant, la réforme agraire est appliquée de façon irrégulière, selon les présidents et les régions[2].

Avec la loi sur la réforme agraire, l'État s'érige en propriétaire de l'ensemble des éjidos du pays. Il accorde seulement le droit d'usage de la terre. Les communautés paysannes ne deviennent pas propriétaires du sol en recevant le titre de l'éjido. Les paysans ne peuvent ni vendre, ni louer, ni hypothéquer ces terres. Ils ne peuvent même pas, en vertu de la loi agraire, employer des ouvriers pour les travailler.

Dans certaines régions, on entreprend de redistribuer les terres, mais le Yucatán demeure le fief de la Caste divine[3]. Un journaliste étasunien, John Turner, de passage au Yucatán est si scandalisé par les conditions de vie des travailleurs du henequén qu'il publie aux États-Unis un ouvrage, *Barbarous Mexico*, pour dénoncer leur situation[4]. Ses révélations font scandale dans l'opinion publique qui s'indigne des mauvais traitements infligés aux péons. Malgré ces hauts cris, la pratique du péonage se poursuit. Les abus dénoncés ne caractérisent toutefois que l'enclave du henequén ; ailleurs, les Mayas ne sont pas toujours formellement asservis, mais plusieurs vivent encore dans la crainte, souvent dispersés en forêt.

Une révolution édulcorée : la *Libertad* et rien d'autre

La *revolución* mexicaine se matérialise dans la péninsule en 1914, avec l'arrivée du général Alvarado, représentant du nouveau gouvernement mexicain dirigé par Venustiano Carranza. L'envoyé du gouvernement révolutionnaire impose au Yucatán de la Caste divine une version adoucie de la révolution, afin de ménager les riches planteurs, et les revenus en impôts qu'ils génèrent pour le Mexique. En 1915, le général Alvarado proclame la *Libertad* : les dettes héréditaires sont abolies. Environ 100 000 péons recouvrent leur liberté… mais rien d'autre. Plusieurs quittent leur hacienda les mains à peu près vides.

Au Yucatán, la réforme agraire imposée par le gouvernement central n'accorde généralement pas de dédommagement ni de parcelle de terre aux péons libérés. La loi du 6 janvier 1915 prescrit que les communautés paysannes soient dotées d'éjidos, mais elle ne sera pas appliquée à court terme au Yucatán et au Quintana Roo. Les riches hacendados conservent leurs propriétés intactes. La nouvelle *Libertad* ne freine en rien la production : en 1916, la plus abondante récolte de henequén jamais obtenue dépasse les 200 000 tonnes[5]. Il faut remarquer que la Première Guerre mondiale contribue à maintenir à la hausse la demande de câbles et cordages.

La proclamation de la liberté cause un certain émoi chez les travailleurs asservis d'Akil. Les témoignages de deux paysans font état des problèmes survenus après la promulgation de la *Libertad*. Il apparaît que les mauvais traitements, dénoncés par le journaliste John Turner, n'ont pas été infligés partout, comme l'indique ce propos d'un informateur né en 1909 :

> Les gens vivaient dans les haciendas, ils y avaient leur petite maison. On leur a dit de partir, de s'en aller au village. Mais il n'y avait pas de travail là non plus ! Bien sûr, ils étaient esclaves dans les haciendas, mais ils étaient assurés de manger. La *Libertad* les a forcés à aller vivre au village. Ils y sont allés mais ils ne connaissaient personne. Qui pouvait leur donner du travail ? Ils étaient plus en sécurité dans l'hacienda, car, à chaque matin, il y avait du travail. Et de la nourriture.

Un autre paysan d'Akil, né en 1913, raconte que des péons refusent d'abord la *Libertad* :

Même que plusieurs voulaient retourner dans les haciendas parce qu'ils étaient habitués à être assujettis. Ils y étaient maintenus. Ils avaient coutume d'être traités comme des oiseaux ou des animaux domestiques. Ils ne voulaient pas partir. Par la force, ils ont été évacués. Même que les hacendados couraient après eux avec des armes. Ils ne savaient pas comment survivre.

Les ex-péons, souvent désemparés par la perte de leur protecteur, deviennent des ouvriers libres. Cette transformation ne s'opère pas sans difficulté. Plusieurs quittent les terres de l'hacienda pour aller s'établir dans des villages où ils ne sont pas toujours les bienvenus. D'autres forment des villages sur les terres des haciendas. Les ex-péons s'habituent lentement à ne plus dépendre d'un protecteur. Hésitants, ils apprennent à survivre par eux-mêmes. Voici les commentaires de deux anciens péons, respectivement nés en 1909 et 1902, qui ont vu leurs parents accéder à la liberté et qui s'en souviennent avec philosophie :

> À la fin, les choses sont revenues à la normale. Les gens se sont habitués. Ils ont simplement fait leur milpa et la situation s'est normalisée.

> Ceux qui avaient travaillé au henequén se sont consacrés à autre chose. Ils sont devenus agriculteurs, se sont occupés des milpas. Ils coupaient du bois pour le chemin de fer.

La déclaration de la liberté n'entraîne pas une diminution de la production de henequén, mais elle menace la rentabilité des plantations éloignées. De plus, la fin de la Première Guerre mondiale (1918) provoque une diminution de la demande de corde. La compétition mondiale devient aussi plus vive qu'auparavant. Les prix du sisal s'effondrent. Les haciendas périphériques, où les frais d'exploitation sont plus élevés qu'au centre, doivent diversifier leur production. La grande époque de l'or vert tire à sa fin.

Le déclin ne fait qu'aggraver la situation des anciens péons. Ces derniers, sans instruction ni autre expérience que celle acquise dans les plantations, entrent en compétition directe avec les villageois pour l'obtention de travail. La plupart continuent à travailler en tant qu'ouvriers endettés. La principale différence est que les dettes ne sont plus héréditaires. Les ex-péons retournent aussi aux pratiques agricoles de leurs ancêtres, c'est-à-dire à la culture de différents types de maïs, associée à celle des courges et des haricots, pour alimenter leur famille. Plusieurs combinent les tâches agricoles avec d'autres occupations, telles que le commerce ambulant, la vente de bois pour cuisiner, la coupe de bois pour le chemin de fer, etc. Ils ne s'organisent pas en communautés paysannes relativement autonomes, comme il en existe alors dans le sud de l'État et dans le Quintana Roo. Ils passent des tâches de paysan à celles d'ouvrier, selon les offres d'emploi du moment. Un vieux paysan né en 1903 et vivant à Tixhualatum, à 4 km au nord de Peto, explique en entrevue, comment il se débrouillait alors :

> J'ai travaillé 40 ans dans l'hacienda Catmis [de 1921 à 1961]. J'ai commencé à 18 ans. Je coupais la canne à sucre ou du bois pour le chauffage. Je défrichais la forêt.
>
> Nous étions bien heureux quand le patron nous donnait un peu de maïs. Parce que le travail était très mal payé.
>
> Il nous traitait bien au travail. Mais nous étions tellement pauvres. Il nous donnait un peu de sucre. Lorsque nous avions travaillé quinze jours sans arrêt, il nous donnait un kilo de viande à manger, le dimanche. La *tienda de raya* [boutique de l'hacienda] nous faisait crédit toute la semaine pour que nous puissions manger.
>
> Je demeurais à Catmis. Tous les huit jours, je venais voir ma famille à Tixhualatum. Je devais voyager à pied de Catmis à mon village [environ 32 km].

D'autres paysans racontent avoir travaillé dans des haciendas de canne à sucre. C'est dire qu'en dépit des atrocités de la Guerre des Castes, les Blancs et les Métis persistent à vouloir produire du sucre. Les ouvriers sont payés aux deux semaines en or sonnant, salaire qu'ils remettent à la boutique de l'hacienda pour rembourser les dépenses faites au cours de cette période de travail. De toute évidence, la liberté n'a pas amélioré les conditions de vie des travailleurs d'origine maya qui demeurent endettés, sans aucun capital, ni crédit, ni régime de pension.

Toujours en 1915, le général Alvarado préside à la fondation du Parti socialiste ouvrier (PSO). En contrepartie, les propriétaires et la classe moyenne émergente se regroupent pour former le Parti libéral[6]. Ces deux partis aux intérêts divergents s'opposent sans que les Mayas prennent une part vraiment active dans leurs luttes. Les ex-péons et les paysans se sentent peu concernés par la politique. Le PSO essaie de les embrigader dans des organisations socialistes locales, les Ligues de résistance, pour consolider la base du parti. Les paysans y adhèrent, surtout pour recevoir les directives du PSO et du gouvernement.

Pour les communautés paysannes de la région maya, la liberté et le socialisme prônés par le général Alvarado impliquent peu de changement. Les paysans n'ont toujours pas accès à l'instruction. Ils vivent pauvrement, isolés en forêt, sans autre moyen de transport que leurs pieds. La plupart ne parlent que la langue maya. Ils ont généralement des dettes auprès des commerçants des petites villes, blancs ou métis, lesquels sont aussi des propriétaires terriens et les représentants des autorités de l'État et du pays. Les dettes contractées pour payer les coûts des médicaments, des mariages ou des enterrements sont garanties par les récoltes, ce qui assure la soumission des paysans mayas envers les commerçants.

À la faveur de la révolution, le pays redivise son territoire. Les États adoptent une division administrative reposant sur le *municipio* (municipe), la plus petite unité territoriale du pays. L'État du Yucatán compte 78 municipes en 1910 et 86 en 1921[7].

Dans le Territoire, la population affaiblie survit tant bien que mal.

La pacification par le chiclé

Le général Bravo, gouverneur du Territoire du Quintana Roo depuis sa conquête de Chan Santa Cruz, reconnaît, en 1912, l'autorité du représentant du gouvernement révolutionnaire. Imbu d'idéaux novateurs, le nouveau gouverneur, le général Sanchez Rivera, tente d'instaurer une paix véritable avec les Mayas, mais il manquera de temps. La révolution chancelle au centre du pays et les gouverneurs se succèdent à la tête du Territoire. Il semble que le Quintana Roo devienne alors une « colonie pénale » où sont envoyés les prisonniers capturés au cours des affrontements révolutionnaires ailleurs au pays. Le Territoire du Quintana Roo est rattaché au Yucatán en 1913. L'annexion sera brève ; il redeviendra territoire autonome en 1915[8].

La révolution qui fait rage ailleurs au Mexique ne provoque pas de conflit dans l'ex-Territoire du Quintana Roo, encore isolé par son écran de végétation subtropicale. Pendant la courte annexion du Territoire, le général Alvarado restitue Santa Cruz (de Bravo) aux Mayas. Il ordonne aux soldats et à la population blanche d'évacuer la ville. Santa Cruz est presque désertée. Les Mayas refusent en général d'y retourner. Une épidémie de variole les décime. Ils ne sont plus qu'environ 5 000 en 1915. Les calamités culminent avec un cyclone qui dévaste le Quintana Roo en 1916. Certains survivants, plus conciliants envers les Blancs, retournent à Chan Santa Cruz sous la direction de Francisco May. D'autres, dits les *separados*, refusent la paix et vont s'établir dans de nouveaux villages où ils conservent vivants les pratiques de la lutte maya, tels la milice et le culte de la croix parlante[9].

Dans le Quintana Roo, la proclamation de la liberté n'a aucun effet, faute de plantations et, donc, de péons. Il n'y a que des Indiens, plus ou moins soumis, qui vivent dans les forêts. Justement, ces forêts recèlent une résine de plus en plus en vogue aux États-Unies : le *chicle*, extrait du sapotillier (ou *zapote*) et avec lequel on fabrique la gomme à mâcher. Les Mayas connaissaient cette gomme qu'ils nomment *sicté* (ou *tzictli* en nahualt, langue des Toltèques, des Aztèques).

Pendant la guerre entre le Mexique et les États-Unis (1845-1848), l'interprète étasunien du général López de Santa Anna, James Adams, s'intéresse à la substance que mastiquent les soldats mexicains. Il a l'idée d'y ajouter du sucre. Dans les années 1860, il fonde la Maison Adams, avec un capital initial de 50 $, pour commercialiser sa gomme à mâcher, à base de chiclé. Le chiclé est recommandé aux soldats pour calmer les nerfs, la soif et comme substitut au tabac[10]. L'importance croissante du chiclé aura des répercussions considérables parmi les habitants du Territoire dont les forêts regorgent de ces grands sapotilliers.

Les concessions d'exploitation du chiclé sont d'abord accordées par le gouvernement fédéral. Après avoir reçu l'autorisation, les concessionnaires doivent s'entendre pour payer une commission à ceux qui contrôlent les forêts, c'est-à-dire aux Mayas rebelles. Au début, les ententes entre les Cruzob et les Métis n'offrent aucune garantie véritable. Les premiers *chicleros*, ces hommes qui extraient la sève des sapotilliers, risquent leur vie dans les forêts du Territoire.

Cependant, les Cruzob ne tardent pas à comprendre qu'ils peuvent eux-mêmes retirer de nombreux bénéfices de ce nouveau négoce. Les rebelles ont besoin d'argent pour acheter des munitions. Ils acceptent donc, moyennant une généreuse commission, de laisser travailler les chicleros et même de les faire pénétrer dans leurs communautés. En 1917, Francisco May, le dernier chef cruzob, exige une prime en or sonnant de la part des chicleros. Il les autorise à se rendre jusqu'à Chan Santa Cruz, redevenue la capitale cruzob. Le nouveau commerce permet aux Mayas de réaliser des revenus appréciables sans avoir à sortir de la forêt.

Pour l'extraction du chiclé, des campements sont établis dans la forêt pendant plusieurs mois. Les chefs d'équipe organisent le ravitaillement de ces camps à partir des villes situées à la frontière du Yucatán, comme Valladolid ou Peto. Des convois de nourriture et d'équipement sont acheminés vers la zone cruzob. Ces villes connaissent alors une période agitée, marquée par les passages d'équipes indisciplinées de chicleros aux allures redoutables. Un ancien chef de police de Peto, né en 1897 et accoutumé aux turbulences sociales, raconte comment il traitait les agitateurs :

> Avant, beaucoup de chicleros venaient par ici. C'était leur époque. Il y avait souvent des coups de fusil, des batailles de machettes et tout le reste. Il y avait beaucoup de travail pour les policiers. J'ordonnais à ceux qui s'étaient battus de venir au poste de police. Je les mettais en prison pour la nuit. Le lendemain, si le délit était grave, je leur faisais payer l'amende ou faire des travaux dans le parc. Sinon, je les relâchais. Je décidais des châtiments à imposer.

La réduction des attaques menées par les Cruzob correspond au premier apogée du chiclé au Quintana Roo (1916-1930). En 1918, Francisco May est promu général par le gouvernement mexicain qui lui accorde une concession de 20 000 ha en forêt. Le nouveau général organise et dirige la production de chiclé dans la zone maya. La Cooperativa maya commercialise la production locale. Les rebelles se font chicleros, activité qui convient à leur style de vie très rude, marqué de longs mois d'isolement en forêt. Les anciens Cruzob s'intègrent ainsi partiellement à l'économie nationale.

La production de chiclé atteint un sommet en 1928, avec une récolte de 2 879 tonnes. Les compagnies ferroviaires étasuniennes, propriété de M. Turton au sud et de la United Fruit, au nord, sont les grandes bénéficiaires de ce négoce. Elles transportent le chiclé à partir des campements de l'intérieur jusqu'aux ports de mer de Cozumel ou du Honduras britannique. De plus, elles commercialisent le chiclé à l'échelle internationale[11].

Malgré le dynamisme de l'économie *chiclera*, la population du Territoire reste faible : en 1921, elle se chiffre à 6 966 habitants[12]. L'exploitation du chiclé n'encourage pas un peuplement stable, surtout que, même convertis en chicleros, les Cruzob constituent toujours une menace pour les populations pacifiées.

La Caste divine règne sur le Yucatán comme, en d'autres temps, l'élite espagnole sur un territoire maya et paysan. La révolution mexicaine n'a pas su ou pas voulu déloger les riches planteurs de henequén. Au Quintana Roo, des trois : la révolution, la *Libertad* et le chiclé, c'est finalement le troisième qui a le plus d'effet sur la vie des communautés mayas, affaiblies, dispersées, sans autre moyen de subsistance que l'aléatoire milpa.

Les riches voulaient détruire la réforme parce qu'ils n'appréciaient pas que les paysans progressent. Alors ils s'y sont opposés. Parfois, à cause des menaces, un paysan s'associait avec un riche pour avoir droit à une terre.

Les riches ont contesté la réforme agraire. Trois frères dont les terres devaient être expropriées sont allés à Mérida pour porter plainte en vue de conserver leurs terres. Puis, plus personne ne les a menacés. Ils n'ont plus été tracassés parce qu'ils ont donné des terres aux fonctionnaires chargés d'appliquer la réforme agraire.

Paysan éjidataire de Peto, témoin des aléas de la réforme agraire

7 Le socialisme yucatèque

FORT DE SON OR VERT, l'État du Yucatán conserve une certaine indépendance et une originalité évidente face au Mexique en phase révolutionnaire. La Caste divine voit d'un mauvais œil ce socialisme que tente de lui imposer le Mexique central. De plus, le Yucatán et le Quintana Roo portent encore les blessures laissées par la Guerre des castes.

Le Parti socialiste ouvrier (PSO) désigne Felipe Carrillo Puerto comme candidat au poste de gouverneur de l'État du Yucatán. Le Parti tente de recruter des membres dans le secteur agricole, mais la dispersion des Mayas en forêt rend difficile leur affiliation à la cause du socialisme. L'aspirant gouverneur réussit à acheter la paix en négociant avec les disciples du général May. Un paysan né en 1909 a assisté à cette réconciliation entre les groupes mayas sous les auspices du gouvernement socialiste du Yucatán :

> Don Felipe a rétabli la paix entre le Yucatán et le Quintana Roo. Il a invité les gens du Territoire à sortir des forêts pour qu'ils se rendent à Mérida. Mais ces hommes ne voulaient pas y aller. Ils étaient vêtus de pantalons courts et de peaux de bête. Ils ne pouvaient rien acheter. Ce sont des Indiens comme nous, qui habitent le Quintana Roo, bien qu'ils soient plus ignorants. Nous venons de la même semence.
>
> Don Felipe a voulu civiliser le Quintana Roo. Un groupe de Huites se sont finalement décidé à se rendre à Peto où on leur a donné de la nourriture. À Mérida, ils ont reçu des vêtements. Et ainsi sont nées la paix et l'amitié entre le Yucatán et le Quintana Roo.

Une fois la paix rétablie, il faut reconstruire les villages abandonnés du sud. Felipe Carrillo Puerto sent l'urgence de rallier la paysannerie à ses idéaux socialistes, car le PSO a un grand besoin de militants pour faire face à la redoutable Caste divine et au Parti libéral. Il visite lui-même les familles paysannes pour les encourager à se regrouper dans des villages. Cependant, celles-ci persistent à vivre dispersées en forêt, par crainte des Huites. Pour vaincre cette résistance, il offre une récompense à ceux qui acceptent de s'installer près des puits importants. Il faut se rappeler que, dans la péninsule, la présence de puits est un facteur déterminant de la localisation des villes et des villages.

Un paysan né en 1905 s'est souvenu de cet événement extraordinaire que fut le passage de Felipe Carrillo Puerto dans le lieu qui verra renaître le village de Dzonotchel. Impressionné, ce modeste paysan a gravé à jamais dans sa mémoire l'image de ce *dzul* (homme blanc):

> C'était un homme gras, avec un chapeau à large bord, monté sur un cheval qui avait chaud.
>
> Carrillo Puerto et son équipe sont arrivés à la place centrale et ils n'ont vu que des mauvaises herbes. Nous avons nettoyé un peu. Carrillo Puerto nous a demandé pourquoi nous ne sortions pas de la forêt et nous a dit: «Je donne 50 pesos à chaque personne qui viendra vivre ici autour de cette place. C'est certain maintenant, les Huites ne vous attaqueront plus.» Mon père a alors choisi une ancienne maison que les soldats avaient construite. Nous avons refait le toit de chaume. Cinq familles sont venues vivre avec nous sur la place centrale.

La pacification définitive des Cruzob amène une amélioration des conditions de vie des Mayas. Ils peuvent emmagasiner leur maïs et élever des animaux domestiques. Les villages du sud reconstitués, le PSO embrigade les paysans dans les Ligues de résistance (*Ligas de resistencia*). Les paysans, souvent analphabètes et unilingues mayas, y adhèrent dans l'espoir d'obtenir des terres et d'être traités sur un pied d'égalité avec les élites métisses locales.

Pendant que les villages de la région maya se reforment lentement, de multiples affrontements soulignent les tensions entre les socialistes et les libéraux, entre les démunis et les possédants. Par exemple, en 1917, la ville de Peto est secouée par la révolte des socialistes qui expriment le mécontentement populaire. Les groupes socialistes organisés par le gouvernement s'opposent aux libéraux qui défendent le statu quo. Les socialistes, regroupés dans les Ligues de résistance que dirigent des chefs locaux, veulent mettre un terme à la domination des libéraux. Ce clivage rappelle celui qui a divisé les communautés pendant la Guerre des castes.

Un commerçant relativement aisé, soi-disant né en 1888, donne sa version de l'affrontement de 1917 :

> Les socialistes faisaient beaucoup de propagande. Ç'a été une lutte à mort. Une nuit, les socialistes ont saccagé et brûlé les boutiques. Quelque 600 hommes rebelles s'étaient regroupés sur la place centrale. Des passants ont été atteints par des balles. Voyant le désordre, nous avons pris le train pour aller demander des renforts de Mérida par le télégraphe de Tzucacab. Le gouvernement a répondu qu'il allait envoyer 100 hommes. À l'aube, je suis revenu à Peto et j'ai trouvé 80 hommes dans la prison. Les vieux de Peto les avaient maîtrisés, puis emprisonnés.

La révolte des socialistes témoigne de l'impuissance des paysans face à leurs créanciers. Elle indique l'absence de moyens légaux pour résoudre les conflits entre paysans et commerçants. Ralliés au Parti socialiste, les paysans donnent libre cours à leur colère. Heureusement pour les métis, le gouverneur de l'État est alors un libéral qui leur porte rapidement secours. La domination des commerçants en zone rurale remonte à l'époque coloniale et repose sur le contrôle de la circulation des biens de consommation. Des crises semblables éclatent ailleurs au Yucatán à la même époque[1].

En 1919, Akil se sépare du municipe de Tekax et accède au titre de *municipio libre* (municipe). Akil constitue l'un des plus petits municipes de l'État du Yucatán (48,54 km^2). En 1921, il compte 1 402 habitants[2]. La population a plus que doublé en 11 ans. Cette croissance rapide s'explique par le retour de la paix, par l'expansion des plantations de henequén et par l'arrivée de travailleurs.

Les généraux (Venustiano Carranza, Alvarado Obregón) et le chef de l'État (Elías Calles), qui se succèdent à la tête du Mexique au cours de cette période troublée, promettent, plus qu'ils ne la réalisent, l'intégration de l'Indien. Ils érigent les bases du Mexique contemporain en luttant contre le pouvoir de l'Église catholique et celui des grands propriétaires terriens. Ils tentent de structurer l'ensemble du pays autour d'un parti unique. La tension entre le pouvoir central et celui des États atteint un sommet durant le mandat de Felipe Carrillo Puerto.

La réforme agraire

Felipe Carrillo Puerto, à la tête du PSO, est élu gouverneur du Yucatán en 1922. Il envisage une réforme agraire beaucoup plus radicale que celle conçue par les autorités mexicaines et surtout plus menaçante pour les intérêts des riches propriétaires d'haciendas. Le gouverneur socialiste veut allouer des terres communales aux populations villageoises. Sachant sa position précaire, il tente de créer des éjidos dans tout le Yucatán. Mais, étant donné les difficultés de communication, la forêt omniprésente et le mauvais état des routes, les bureaucrates socialistes ne peuvent se rendre que dans les villages les plus facilement accessibles, situés le long de la voie ferrée et des routes principales. De plus, les propriétaires des plantations veillent jalousement sur leurs terres. La tension monte entre les socialistes et la Caste divine. Felipe Carrillo Puerto enrôle le plus grand nombre possible de communautés dans les rangs des socialistes. La réforme agraire est son cheval de bataille.

Entre 1922 et 1924, dans un climat d'effervescence sociale, Carrillo Puerto distribue provisoirement 438 000 ha à 23 000 paysans dans 78 villages (carte 6). Les propriétaires contestent les expropriations devant la justice. Ils réussissent à faire réduire les dotations éjidales (attributions de terres éjidales) à 100 000 hectares, surtout par des manœuvres douteuses[3], telles l'intimidation, la corruption et la falsification des relevés topographiques. La réforme agraire d'inspiration socialiste ne peut être appliquée que dans les communautés où la propriété du sol ne cause pas de conflit, c'est-à-dire les terres nationales. Les dotations éjidales octroyées sous Carrillo Puerto se trouvent presque toutes sur des terres nationales.

En février 1922, les villageois de Dzonotchel, guidés par des organisateurs socialistes, adressent une demande en dotation éjidale auprès du gouverneur. Comme la demande concerne des terres nationales, sans plantations ni propriétés privées, elle ne provoque aucun conflit. La dotation est accordée presque instantanément, soit en juillet 1922 mais à titre provisoire. Elle comprend 1 128 ha octroyés en faveur de 47 bénéficiaires, ce qui représente une superficie moyenne de 24 ha par bénéficiaire. La dotation provisoire est acceptée et accordée à titre définitif par l'État mexicain en juin 1925[4].

Les terres d'Akil sont, quant à elles, aux mains de riches planteurs qui n'entendent pas en être dépossédés par un socialiste. Les péons, fermement encadrés par les hacendados, ne déposent aucune requête en dotation, même provisoire. À l'opposé, dans le village voisin de Pencuyut où prédomine la milpa, les paysans obtiennent une dotation éjidale en novembre 1922. Leur démarche n'est pas entravée par les planteurs. En fait, comme la voie ferrée ne traverse pas le village, il n'y a aucune plantation, d'où le désintérêt des planteurs pour ces terres impossibles à mettre en valeur.

En 1924, peu après avoir annoncé l'expropriation prochaine des haciendas, Felipe Carrillo Puerto est assassiné[5]. Ses idéaux de justice sociale ne lui survivent pas. La réforme agraire s'enlise dans un bourbier bureaucratique. Les propriétaires terriens, tous libéraux, s'arrangent pour bloquer les travaux de répartition

CARTE 6

Réforme agraire socialiste au Yucatán en 1922-1923

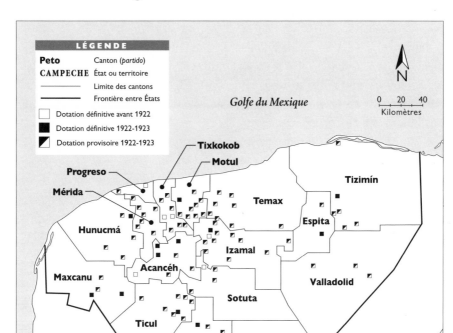

Source : Comisión Nacional Agraria, *Estadísticas* 1915-1927, México, 1928.

des terres. Ainsi, en dépit de la réforme, la majorité des plantations demeurent intactes. De plus, le gouvernement central tarde à reconnaître les dotations attribuées sous Carrillo Puerto. La Caste divine sort victorieuse de son affrontement avec les socialistes.

Plutarco Elías Calles accède à la tête du pays en 1924 pour y rester officiellement jusqu'en 1929, mais il veillera aux destinées du pays, par personnes interposées, jusqu'en 1934. Il poursuit la lutte contre l'Église et fonde le Parti national révolutionnaire en 1929, parti qui jouera un rôle déterminant dans l'histoire du Mexique au XXe siècle.

Réforme de papier dans le sud du Yucatán

En août 1924, après l'assassinat de Felipe Carrillo Puerto, les résidents d'Akil sollicitent un éjido en faveur de 151 bénéficiaires. La dotation provisoire est accordée rapidement, en mars 1925. Une partie des terres éjidales, 190 ha, proviennent des terres des haciendas San Bernardo et Santa Teresa. Il faut remarquer que l'hacienda San Bernardo n'est amputée que d'une fraction de ses terres qui s'étendent sur 690 ha. Akil se voit confirmer l'usufruit de 3 004 ha, superficie accordée lors de la fondation du municipe quelques années plus tôt. La dotation définitive, décrétée en 1928, maintient la superficie accordée lors de la dotation provisoire mais le nombre d'éjidataires passe à 250[6]. Chacun n'obtient donc qu'une parcelle moyenne de 12,44 ha alors que la loi prescrit des superficies individuelles de 20 ha. Le journal officiel publie l'avis de dotation définitive sans faire aucune mention du non-respect des dispositions de la loi agraire.

Le premier effort de réforme agraire n'a pas détruit la puissance des hacendados d'Akil. Avec une habileté politique remarquable, les planteurs manipulent le gouvernement municipal en ayant recours à la bannière socialiste ! Les témoignages de deux informateurs, nés en 1915 et 1913, illustrent cette situation paradoxale :

[…] les candidats qui appuyaient le peuple, l'ont parfois trahi. Ils ont été payés. Ils ont reçu de l'argent des autorités de México et de Mérida. Alors ils en ont profité, car cela leur convenait. Tout cela pour que l'autorité du village soit annulée, rendue inutile, sans force.

Oui, les socialistes étaient au pouvoir au commissariat d'Akil. À l'intérieur de leur propre organisation, les socialistes se nommaient présidents municipaux. Ils avaient beaucoup d'influence. Ils sont demeurés au pouvoir jusqu'à ce que Cárdenas soit élu président. Ensuite, a commencé ce qu'on appelle la démocratie.

Les terres demeurent en partie consacrées au henequén et ce, en dépit de la réforme agraire. Avec la crise économique de 1929, les profits des planteurs chutent et le chômage augmente. Malgré la fragilité de leur situation, les hacendados soi-disant « socialistes » d'Akil conservent leur emprise sur le conseil municipal.

Dans le contexte de la crise économique, les haciendas ne fonctionnent plus en tant que centres de population. Santa Teresa, recensée comme hacienda en 1921, n'est considérée que comme un hameau (*paraje*) en 1930. Étant donné la baisse des exportations, le henequén est brûlé et remplacé par la canne à sucre[7]. Les hacendados diversifient aussi leur production et se lancent dans l'élevage bovin. Un paysan né en 1909 raconte :

> Toutes les haciendas d'ici produisaient du henequén. Ensuite il y a eu l'élevage. D'un côté, le henequén, de l'autre, les animaux. Ceux-là mêmes qui cultivaient le henequén possédaient le bétail. Puisqu'ils étaient riches…

En 1930, le municipe d'Akil compte 1 412 habitants, pour une densité de 29,09 hab./km². La principale agglomération, du même nom, regroupe 1 303 personnes, soit 92,28 % de la population totale du municipe. La localité d'Akil, qui n'a pas le statut de ville mais seulement de village, est entourée de cinq haciendas comptant en tout 46 personnes, d'un *rancho* (petit village) de 27 habitants et de cinq hameaux réunissant 36 âmes. Toute la population est considérée comme rurale[8]. À cette date, Akil n'est toujours qu'un satellite de Tekax, une ville voisine beaucoup plus importante.

La quasi-totalité de la population active d'Akil travaille dans l'agriculture. Plusieurs des habitants sont employés dans les haciendas ou dans les raffineries de sucre de Catmis ou de Cacalná. La milpa ne constitue qu'un complément alimentaire à leurs maigres salaires. Il ne s'agit pas d'une activité essentielle à la survie. Les paysans gravissent les pentes de la Sierra pour aller y semer leur maïs, associé à d'autres plantes comestibles. Deux paysans, nés en 1907 et 1909, évoquent cette époque difficile :

> Le henequén se cultivait en même temps que le sucre. Catmis était une raffinerie très grande qui produisait beaucoup de sucre. Un grand nombre de travailleurs allaient y chercher du travail.

> Nous faisions la milpa. Cela nous aidait, parce que parfois le travail venait à manquer. La récolte était saisonnière. Quand […] il n'y avait plus rien à faire, on trouvait du travail. Ici, on travaillait à la journée. Le salaire était fixé par le *capataz* ou contremaître de l'hacienda. C'est lui qui décidait où nous allions travailler. À un prix fixe. Si ça convenait, on commençait à travailler.

Ces travailleurs et leur famille parlent la langue maya. Plusieurs des personnes de 5 ans et plus sont bilingues (41,58 %). Le municipe ne compte alors aucun unilingue espagnol. Dans les familles d'hacendados, on parle donc maya pour communiquer avec les employés. La population indigène a en quelque sorte réussi à imposer sa langue à l'élite. La langue des autorités espagnoles, puis métisses aurait subi certaines transformations dans la péninsule du Yucatán à la suite du contact prolongé avec le peuple maya[9].

Cependant, l'élite n'a pas réussi à étendre l'instruction. L'alphabétisation en est encore à ses débuts. Depuis septembre 1921, la loi sur la réforme agraire exige qu'une parcelle de terrain soit prise à même les terres éjidales pour une école. Tous les membres de l'éjido doivent participer à la construction des locaux scolaires. La première école d'Akil est bâtie en 1923. Un paysan né en 1913 a conservé le souvenir de l'événement :

> La première école a été ouverte durant le gouvernement de Carrillo Puerto. Elle porte d'ailleurs son nom. Une école primaire. Nous avions commencé à étudier dans des maisons privées, puis nous avons déménagé dans l'école qui venait d'être construite.

Dans les villages desservis par la voie ferrée, comme Akil, l'analphabétisme recule lentement, surtout chez les jeunes. En 1930, 50 % des jeunes savent lire et écrire, comparativement à 23 % des gens de 30 ans et plus. En moyenne, les analphabètes représentent 68,7 % de la population de 10 ans et plus[10].

Les milperos mayas et l'éjido

La majorité des bénéficiaires de la réforme acceptent plutôt bien l'idée des éjidos. Cependant, la dotation éjidale pose des problèmes aux paysans qui n'ont pas l'habitude des contraintes gouvernementales. Les communautés éjidales découvrent les exigences reliées à la nouvelle structure agraire. L'appartenance à un éjido oblige les villageois à fournir des jours de travail non payés, surtout pour délimiter les terres, construire l'école, désherber la place centrale. Pour les « bénéficiaires », cette nouvelle pratique s'apparente étrangement aux corvées imposées durant la colonie ou à celles reliées au péonage. Plusieurs paysans s'en plaignent. Un vieux paysan de Dzonotchel, né en 1918, habitué à courir par monts et par vaux, sans respecter de frontière, s'exclame : « L'éjido est très assommant ! Il faut faire des corvées, ouvrir des sentiers dans la forêt, sinon on vous envoie en prison. » D'autres déplorent les fréquentes collectes d'argent dont les fonds seraient utilisés sans discernement. Un paysan soi-disant né en 1885 (ce qui en ferait un centenaire à la date de l'entrevue, ce dont je doute fortement) fait cette remarque désabusée :

Il fallait faire beaucoup de corvées! Deux jours par semaine pour ouvrir des chemins. Jusqu'à ce qu'on se rende compte que l'éjido est comme l'esclavage; parce qu'il y a toujours des corvées. Nous devions travailler plus qu'auparavant.

Bref, les nouvelles obligations imposées par les autorités yucatèques et mexicaines déplaisent à de nombreux Mayas. En plus des corvées, l'éjido pose un autre problème aux paysans. Ceux-ci ne sont pas habitués à considérer la terre comme une parcelle délimitée par une clôture ou un sentier. Pour eux, la terre à cultiver est d'abord une portion de forêt. Ils changent l'emplacement des champs chaque année pour favoriser la reforestation. Les limites de l'éjido ne correspondent pas à la conception maya de la terre. Un paysan a remarqué avec à-propos qu'il n'aime pas l'éjido parce qu'il limite la terre. L'éjido constitue une sorte de prison dont les paysans ne peuvent sortir sans devenir une menace pour les éjidataires voisins.

Si l'on se plaint des obligations liées à la structure éjidale, les nouveaux éjidataires reconnaissent certains avantages à leur situation. Les soldats fédéraux qui interdisaient l'exploitation des terres nationales se retirent, laissant la voie libre aux paysans. Seuls les villageois dûment inscrits comme bénéficiaires de la réforme agraire peuvent cultiver les terres du village. Les Mayas sont reconnaissants à Don Felipe (Carrillo Puerto), le premier *dzul* (homme blanc) à leur avoir rendu justice. À Akil, on s'en souvient comme de celui qui a fondé l'école mais qui a été trahi par l'élite, tout comme l'ont été les péons mayas. La réforme agraire n'a pas effacé le clivage entre les paysans mayas, ex-péons, et l'élite qui possède les plantations, le bétail et les capitaux.

Malgré cette première réforme agraire, les Mayas ne sont pas encore intégrés à la société mexicaine. Les dotations de terre ne font que reconnaître une situation de fait. Les communautés paysannes reçoivent un titre certifiant leur droit d'exploiter la terre là où elles étaient implantées avant l'arrivée des Espagnols. De plus, la réforme n'introduit aucun changement dans le système d'exploitation des terres. Les Mayas continuent à cultiver le maïs au moyen d'un bâton à enfouir et d'une machette, en priant Chac d'envoyer sa pluie. La survie des paysans mayas dépend de la milpa. Les milperos dépendent des commerçants métis des petites villes pour s'approvisionner et obtenir du crédit.

Les commerçants installés à proximité de la voie ferrée accaparent le maïs local qui est acheminé par train vers les villes du nord où le maïs manque de façon chronique. La région du henequén, voisine de celle du maïs (carte 7), doit importer la quasi-totalité de son maïs. Il faut remarquer que, dans la carte 7, il aurait été plus juste d'étendre la zone du maïs au sud de celle du henequén. Un commerçant de Peto se rappelle qu'entre 1906 et 1934 il envoyait chaque semaine un ou deux wagons de train, pleins de maïs, soit de 13 à 26 tonnes, vers les villes d'Acanceh, Tecoh et Kanasin[11]. Les commerçants locaux jouissent ainsi d'une position sociale privilégiée. Comme eux seuls disposent de liquidités, ils sont aussi les seuls créanciers. Tous les paysans du municipe doivent, un jour ou l'autre, avoir recours à leur « générosité ».

Les communautés comme celle de Dzonotchel demeurent essentiellement agricoles et autosubsistantes. Elles produisent l'essentiel des biens dont elles ont besoin pour leur consommation et elles vendent leurs surplus en échange de biens qu'elles ne peuvent produire sur place. Les paysans, qui travaillent à l'occasion en tant que péons dans les exploitations privées ou éjidales, restent des unilingues, souvent analphabètes, bloqués au bas de l'échelle sociale. Ils travaillent pour une bouchée de tortilla.

Malgré l'absence apparente de possibilités d'enrichissement, quelques Mayas réussissent à accumuler un certain capital en faisant cultiver du maïs qu'ils vendent aux commerçants des petites villes, transgressant par là la loi agraire qui interdit d'employer des ouvriers sur les terres éjidales. Un de ces entrepreneurs en milpa de Peto, né en 1910, explique « sa manière de travailler » :

> Je faisais faire des milpas, jusqu'à 500 *mecates* (20 hectares) de superficie. Comme je récoltais beaucoup, j'ai pu prospérer. Je payais les péons deux pesos par jour. Même si le salaire était bas, beaucoup de gens venaient me demander du travail, parce qu'il y en avait peu.

Grâce à leur petit capital et à leur position d'employeur, ces Mayas un peu plus riches que la moyenne peuvent faire instruire leurs enfants, contrairement aux simples milperos. Alphabétisés, parlant espagnol et dotés d'une richesse toute relative, ces commerçants mayas servent d'intermédiaires entre les paysans et les commerçants métis. Ils agissent comme des Métis, tels les batab d'une autre époque. De tels cas demeurent toutefois rares. Les relations entre les Mayas et les élites urbaines restent marquées par l'exploitation économique. Un certain racisme exclut toujours les Indiens de la société métisse qui s'autodéfinit comme blanche. En général, le fossé reste infranchissable entre les « Indiens-paysans-péons-sans propriété et de langue maya » et les « Métis-propriétaires de langue espagnole ».

Le Quintana Roo, un sous-territoire

Là où il n'y a aucun moyen de transport ni ville à proximité, les paysans produisent pour eux-mêmes, comme dans le Territoire du Quintana Roo qui demeure mal relié au reste du pays. Il n'offre aucune perspective économique capable d'attirer des travailleurs et leur famille. Pendant que l'État du Yucatán vit sa période de réforme agraire « socialiste », seuls trois éjidos sont fondés au Quintana Roo entre 1928 et 1932[12]. En 1930, la population du Territoire n'est que de 10 660 habitants. La crise financière mondiale de 1929 paralyse l'économie du chiclé. Les exportations sont bloquées. Les chefs mayas voient leur autorité s'effriter.

En 1931, par décret présidentiel, le Territoire du Quintana Roo disparaît, divisé cette fois entre le Yucatán et le Campeche. Sans travail, ses habitants émigrent. Ceux qui restent sont fortement taxés, soit par l'État du Yucatán ou celui du Campeche, sans recevoir de services en retour. Le coût de la vie augmente démesurément. Les habitants de l'ex-Quintana Roo, surtout ceux de Chetumal, forment des comités pour exiger la réhabilitation du Territoire. « Ces années [1931-1934] constituent un moment crucial dans la conformation de l'identité sociale et la manifestation ouverte de l'unité entre les *Quintanaroenses*[13]. »

Le Quintana Roo est un territoire en gestation, avec ses quelques villes portuaires où se concentre la population blanche et métisse, ses quelques villages de pêcheurs, et ses vastes superficies boisées qui abritent de pauvres communautés de milperos mayas.

Le socialisme radical de Felipe Carrillo Puerto fait irruption dans la révolution mexicaine alors que des conservateurs se disputent le pouvoir au centre du pays, là où la révolution commence à s'institutionnaliser. Le socialisme régional est étouffé, avant de porter atteinte aux lucratives plantations de henequén.

La Crise des années trente paralyse les économies péninsulaires, exportatrices de matières premières. Au Yucatán, les plantations les moins rentables, donc les plus éloignées du port de Progreso, délaissent la culture intensive du henequén et se tournent vers l'élevage ou la canne à sucre. Leurs besoins en main-d'œuvre chutent, les haciendas réduisent leur personnel. Les ouvriers doivent multiplier les emplois et complètent le manque à gagner par des cultures vivrières. Les communautés mayas vivent maigrement de la milpa. Au Quintana Roo, les gens luttent pour leur survie politique et économique. La péninsule demeure un espace agricole, avec des produits d'exportation (henequén, chiclé et bois) et de consommation (maïs et viande).

CARTE 7

Les zones de production dans la péninsule en 1935

Source : Cesar A. DACHARY et Stella M. ARNAIZ BURNE, *Estudios socioeconómicos preliminares de Quintana Roo. Sector agropecuario y forestal (1902-1980)*, Puerto Morelos, Centro de Investigaciones de Quintana Roo, 1983, p. 217, carte éla-borée par la Secretaría de Agricultura y Fomento, Departamento de Colonización, VII Comisión colonizadora, juillet 1935.

Cárdenas et le cardénisme furent surtout une
utopie, l'apparition rapide et vertigineuse d'un
pays possible, attentif aux pulsations les plus
profondes de son histoire réelle et imaginaire […]

HECTOR AGUILAR CAMÍN

Hector AGUILAR CAMÍN, *Saldos de la revolución. Cultura y política de México, 1910-1980*,
México, Editorial Nueva Imagen, 1982, p. 273. Traduction libre.

8 La révolution s'institutionnalise

L A SITUATION DE LA PÉNINSULE, découpée entre hacendados, paysans et chicleros, en apparence immuable, sera bouleversée par l'arrivée du général Lázaro Cárdenas à la présidence du Mexique en 1934. Jusqu'à cette date, personne n'a encore réussi à ébranler la puissance des riches planteurs du Yucatán. Pendant l'épopée socialiste, le gouvernement local s'est opposé au gouvernement central et à la Caste divine. En vain, ou presque. Par la suite, le Yucatán perd progressivement son autonomie au profit du gouvernement central et de sa bureaucratie en expansion. Processus qui s'opère parallèlement à la chute des exportations de henequén, après la Première Guerre mondiale. México prend alors les grands moyens pour s'imposer à l'ensemble du pays. Avec l'incorporation des éjidos à la structure d'État, le sexennat de Cárdenas clôt la période dite de la révolution mexicaine (1910-1940)[1]. Le nombre d'éjidos passe de 7 049 en 1935 à 1 601 479 en 1940. Jamais dans l'histoire du Mexique il n'y eut de réforme aussi étendue. Le président Cárdenas (1934-1940) propulse l'indigénisme et la réforme agraire au premier rang des préoccupations nationales. Il radicalise la réforme agraire dans un pays agricole aux prises avec une grave crise économique.

Zizanie dans le henequén

Cárdenas s'attaque aux plantations qu'il songe à exproprier sans indemnité. Il veut mettre fin au règne de la Caste divine, mais sans abolir la propriété privée. Il lui faut faire disparaître les grands domaines qu'il juge improductifs.

Malgré la colère des planteurs, l'exploitation du henequén est restructurée en fonction des objectifs de Cárdenas. Les 300 hacendados de la péninsule sont touchés : 80 % des plantations sont distribuées sans compensation aux villageois et péons qui deviennent éjidataires. L'aire des plantations se rétrécit autour de Mérida. L'expansion tentaculaire du henequén est inversée.

L'État se substitue à la Caste divine pour acheter et exporter la fibre de henequén. Cependant, devant les coûts de la réforme, Cárdenas doit pactiser avec les hacendados. En 1938, ceux-ci taisent leur opposition à l'État en échange de la création du *Gran Ejido Henequenero*. Cette institution dirigée par les propriétaires privés regroupe 155 éjidos totalisant 31 029 membres, répartis sur 40 000 ha[2]. L'ampleur de l'organisation sera proportionnelle à son inefficacité à appliquer la réforme agraire.

La distribution des terres donne lieu à de nombreuses irrégularités, dont de multiples cas de favoritisme. Les plantations ne sont pas réparties de façon à créer de petites unités rentables, elles sont plutôt divisées en fonction de la superficie et de la proximité des localités à doter. Les dotations sont donc de valeur fort inégale. Certains éjidos sont constitués de terres en pleine production, d'autres de plantations en devenir, ou pire, de plantations improductives parce que trop vieilles.

C'est la pagaille totale ! D'une part, les héritiers de la Caste divine se battent contre le gouvernement pour conserver au moins une partie de leurs privilèges. Plusieurs abandonnent leurs terres et se recyclent dans la bureaucratie d'État. D'autre part, les Mayas s'opposent les uns aux autres. Les habitants des villages se battent contre les groupes qui habitent encore dans les haciendas et qui demandent eux aussi des terres éjidales. Les conflits sont la plupart du temps réglés en faveur des villageois, au détriment des ex-péons[3].

Dans l'application de la réforme, l'absence d'un cadre juridique pour délimiter les terres entraîne des conflits entre les communautés et les propriétaires privés. De nombreuses terres attribuées entre 1936 et 1939 ne sont pas cadastrées[4]. Les luttes perdurent. La bureaucratie d'État ne s'empresse pas de les régler. Au contraire, les fonctionnaires fédéraux les font durer et parfois même les enveniment. Les affrontements intercommunautaires empêchent les paysans de s'opposer au gouvernement. Les conflits s'aggravent pendant que les fonctionnaires et les plans mal conçus s'évaporent, passant d'une officine à l'autre, sans que personne n'arrive à dire à qui appartiennent les terres en litige. Les requêtes collectives deviennent un véritable rituel. L'arpentage n'est pas effectué de façon sérieuse avant 1982.

La terre n'est pas le seul sujet de conflit dans la région du henequén. Des troubles naissent quand l'État se substitue aux hacendados. Le ministère de l'Agriculture désigne un commissaire pour représenter l'État dans chaque éjido qui dépend des crédits de la banque gouvernementale et, donc, de la bonne ou de la mauvaise volonté des fonctionnaires en place. La Banque de crédit éjidal devient le véritable patron des éjidataires. Étant rattachés à un éjido précis, les éjidataires ne jouissent d'aucune autonomie[5]. Ils deviennent la clientèle captive de la banque. Les plaintes, les dénonciations pour corruption et disparition de fonds abondent. De plus, le manque chronique de travail rend la vie des ruraux difficile. Le mécontentement s'accroît dans la région du henequén.

La réforme cardéniste dans la Sierra Puuc

Comme ailleurs, les planteurs d'Akil résistent à la répartition de leurs terres. Ces socialistes de façade ont jusqu'alors réussi à mystifier et à museler l'ensemble de la population. Malgré la diminution à peu près constante des exportations, les terres d'Akil comportent encore des plantations de henequén. Comme la réforme de Cárdenas s'attaque d'abord aux haciendas du centre, le municipe d'Akil ne sera touché qu'à la fin de son mandat présidentiel de six ans, qu'on appelle un sexennat.

Cárdenas autorise la formation de syndicats, composés de travailleurs agricoles et de paysans favorables à la réforme agraire. Les syndicats s'opposent aux socialistes, défenseurs du statu quo. Les conflits dégénèrent. À Akil, deux témoins nés en 1915 et 1913 racontent l'un de ces affrontements violents :

> Nous étions 112 personnes syndiquées. Nous avons enlevé les fusils aux riches qui avaient leur propre personnel. Nous nous sommes rebellés pour prendre la terre aux riches et pour avoir à manger comme nous l'avait dit Cárdenas. Il nous a donné le droit d'enlever la terre aux riches. Avant, le majordome distribuait la terre comme il le voulait. Nous ne l'avons pas laissé faire.

> Le syndicat faisait les expropriations. Il enlevait la terre aux patrons. Le majordome [contremaître] des hacendados a été tué à coups de bâton et de fusil.

À l'extérieur de la région du henequén, Cárdenas tente de diversifier l'économie agricole. Le henequén doit être remplacé. Au pied de la Sierra Puuc, où les sols sont plus profonds et moins rocailleux qu'ailleurs, le ministère de l'Agriculture commence à dynamiter des puits afin d'irriguer les terres éjidales et d'en améliorer le rendement. Cette innovation, qui constitue une assurance contre les

PHOTO 6. Défibrage du *henequén* à Mérida. Le traitement industriel du sisal n'a pratiquement pas évolué depuis le début du siècle. (1989)

sécheresses fréquentes, fait dire à un paysan né en 1909 : « Avec Cárdenas, les gens se sont habitués à manger. » Un autre paysan né en 1915 raconte comment il a vécu cette innovation :

> Cárdenas nous a aidés pour que nous puissions manger. Il ne nous a pas donné d'argent mais des ingénieurs sont venus travailler dans l'éjido, sous les ordres de Cárdenas. Ils ont même payé les pauvres pour leur travail, à 30 centimes par jour. Ils ont commencé des puits. J'étais perforateur de puits. C'était l'aide du gouvernement après la destruction du henequén.

Plusieurs puits sont creusés mais sans provoquer de révolution verte, car ils ne sont pas équipés de pompes. Jusqu'en 1940, l'eau doit donc être puisée à la main. Comme la nappe phréatique se trouve à environ 30 mètres de profondeur, l'arrosage des champs s'avère ardu. De rares paysans entreprennent alors des cultures commerciales. La majorité d'entre eux continuent à cultiver le maïs comme les autres Mayas de la péninsule, puisqu'ils n'ont accès ni à d'autres technologies ni à de nouveaux crédits. Leurs conditions de vie s'améliorent toutefois par rapport à celles des autres communautés paysannes puisqu'ils ont tout de même des puits à proximité des cultures. En cas de sécheresse, ils peuvent toujours sauver une partie des récoltes grâce à l'arrosage manuel.

Malgré les difficultés techniques, quelques paysans commencent à produire pour le marché. Il faut préciser que, dans la Sierra Puuc, les terres éjidales ont été définitivement réparties en parcelles individuelles. Ailleurs, dans les éjidos attribués à des communautés milperas, la terre n'est pas divisée en lots individuels. Chaque année, les milperos doivent demander au commissaire éjidal l'autorisation d'exploiter une nouvelle parcelle de terre. Le fait que ces parcelles sont individuelles dans la Sierra favorise l'investissement de la part des propriétaires. Un informateur raconte que son père, qui avait été esclave, est le premier à cultiver des arbres fruitiers dans Akil. Ayant obtenu une parcelle de terre en 1939, il fait d'abord sa milpa, mais en y intercalant d'autres plantes, comme de la coriandre, des radis et des oignons verts qu'il vend à Tekax, la ville voisine. Puis, il plante des bananiers. Il aurait creusé le premier puits du village. Grâce à ses ventes, il réussit à économiser assez d'argent pour acheter un terrain de huit hectares à l'extérieur de l'éjido du village. Il y fait creuser un autre puits et cultive des melons, plante des *guanábanas* (corossoliers), des cerisiers et des manguiers. Avec l'argent qu'il obtient de la vente de ses fruits, il fait creuser d'autres puits. Cet ex-péon entreprenant engage alors jusqu'à 20 ouvriers. Tous les jours, il fait cueillir des bananes qu'il envoie à Mérida par le train.

Ce succès à l'échelle locale marque le début d'une nouvelle mentalité au sein des communautés paysannes de la Sierra Puuc. Auparavant, celles-ci étaient structurées de telle façon que toute richesse était répartie entre les membres, comme dans la majorité des communautés paysannes[6]. Cependant, le forage des puits et l'attribution des parcelles individuelles permettent l'enrichissement de quelques paysans plus dynamiques. Ce qui signifie, à plus ou moins long terme, l'abandon progressif des pratiques de redistribution de la richesse et la naissance de groupes sociaux aux intérêts divergents au sein de ces villages particuliers.

À l'exception de la Sierra Puuc et de la zone du henequén, le reste du Yucatán vit la réforme agraire de Cárdenas dans la torpeur. Dans cet ailleurs, la faim et de maigres ressources demeurent le triste lot des communautés milperas.

Le cardénisme sans douleur

L'implantation de la structure éjidale provoque peu de conflits dans le sud de l'État et au Quintana Roo. La lutte pour la terre y est moins vive que dans le nord, car la pression démographique y est moins forte et les groupes d'intérêts, moins puissants. En l'absence d'enjeux, les paysans continuent à vivre comme ils l'ont toujours fait. Ils brûlent un coin de forêt, y plantent des grains de maïs au moyen de leur bâton à enfouir et attendent les pluies.

Dans les communautés milperas du sud, récipiendaires des éjidos de la réforme agraire, le but de l'exploitation agricole demeure l'autosubsistance. Les surplus sont vendus en ville en échange de tissus, de souliers ou de médicaments. Les quelques produits destinés à la vente sont acheminés, le plus souvent à dos d'homme, par des sentiers de brousse. Il est donc impossible d'augmenter de façon notable la vente de maïs local. Pourtant, le nord yucatèque en manque de façon chronique.

La chute des exportations de henequén se poursuit. Il faut relocaliser une partie de la population de cette région en crise. Les terres peu peuplées du sud semblent porteuses d'une solution, car il faut mettre au travail et alimenter la population au chômage. Le gouvernement espère stimuler la production de maïs et d'autres denrées de base, sans investir de capitaux, simplement en déplaçant des travailleurs du henequén vers la zone du maïs, au sud. Les paysans évincés lors de la réforme agraire se dirigent ou sont dirigés vers les municipes où l'on peut encore vivre de la milpa. Dans le sud, la population s'accroît proportionnellement plus vite que dans la zone du henequén (carte 8). Selon le plan cardéniste, la région maya, qui est aussi celle du maïs, se voit attribuer une fonction semblable à celle prévue pour le Quintana Roo.

En janvier 1935, le président Cárdenas recrée le Territoire du Quintana Roo qui comprend quatre divisions administratives (*delegaciones*). Chacune conserve sensiblement les mêmes territoires qu'avant la dissolution, sauf le nord qui est subdivisé et Cozumel qui devient la capitale d'une délégation. Selon Cárdenas, les terres peu peuplées du Quintana Roo constituent un atout pour son programme agrariste. Tout comme les terres du sud du Yucatán, celles du Territoire doivent aussi jouer un rôle d'absorption des surplus de population paysanne, non seulement à l'échelle régionale mais aussi à l'échelle nationale.

Après la crise économique et la reconstitution du Quintana Roo, la production de chiclé reprend. Le président Cárdenas profite de cet essor pour amorcer la colonisation du Territoire. Afin de consolider la position mexicaine à la frontière du Río Hondo, il crée les « Nouveaux Centres de population éjidale » (*Nuevos Centros de Población ejidal*) sur la rive nord du fleuve. Les communautés, qui y sont déjà implantées et qui comprennent des gens originaires du Belize, se voient incorporées à ces centres. En tout, il établit 18 éjidos, dont quatre près de la frontière.

Le succès du chiclé et un début de colonisation des terres intérieures favorisent la croissance démographique au cours des années trente. En 1940, la population totale est de 18 752 habitants, ce qui représente une augmentation de presque 80 % par rapport à 1930[7]. Près de la moitié des habitants du Territoire s'installent dans le sud, autour de Chetumal. Le nord et les îles sont pratiquement déserts. La ville de Felipe Carrillo Puerto compte 8 300 habitants.

Cette dernière ville n'est nulle autre que Chan Santa Cruz, à laquelle on avait déjà ajouté le nom de Bravo, à la suite de la « victoire » du général éponyme. En 1934, la ville a été rebaptisée Felipe Carrillo Puerto, en l'honneur du héros socialiste yucatèque. On efface ainsi le souvenir pénible de la rébellion, de la résistance et de la conquête des Mayas par les Mexicains et, du même coup, on célèbre sans soulever de vagues un héros de la « révolution mexicaine », que le Mexique central a laissé assassiner en son temps, parce qu'il le jugeait trop radical.

Résultats du cardénisme

Cárdenas érige les bases du Mexique moderne. Il nationalise les compagnies de pétrole, de chemins de fer et d'électricité. Le Parti National révolutionnaire devient le Parti de la Révolution mexicaine en 1938. À partir de Cárdenas, les présidents successifs consolident leur inflence sur le Parti qui, lui, contrôlerait l'ensemble de la société. Le rôle du président devient ainsi prépondérant. Chaque sexennat réflète la personnalité du chef de l'État. Chaque président gère ainsi, à sa guise, le pays en entier[8]. Pour assurer la continuité, le président désigne lui-même son successeur, une tradition surnommée le *dedazo*, c'est-à-dire le doigt qui pointe vers le candidat. La même procédure est employée pour désigner les candidats au poste de gouverneur des États et ce, jusqu'en 1999.

La réforme agraire donne lieu à un mouvement de migration vers les terres moins densément peuplées. Cependant, cette réforme ne profite à aucun groupe de paysans mayas, sauf peut-être à ceux qui ont obtenu des parcelles de terre individuelles avec possibilité d'irrigation dans la zone de la Sierra Puuc. Ailleurs, la réforme agraire signifie la permanence du statu quo et de la milpa.

Au cœur de la région du henequén, qui s'étend entre Mérida et Izamal, la réforme agraire se bute à plusieurs obstacles, dont l'opposition des propriétaires privés, la désorganisation des paysans bénéficiaires et la chute de la demande de fibre. L'État mexicain s'entête à démanteler les grandes propriétés privées, à taxer la production et à gérer l'exportation de corde. Cet acharnement s'expliquerait plus par la volonté de réduire la puissance des hacendados que par le désir de créer une paysannerie prospère.

CARTE 8

Processus démographiques au Yucatán, 1930-1957

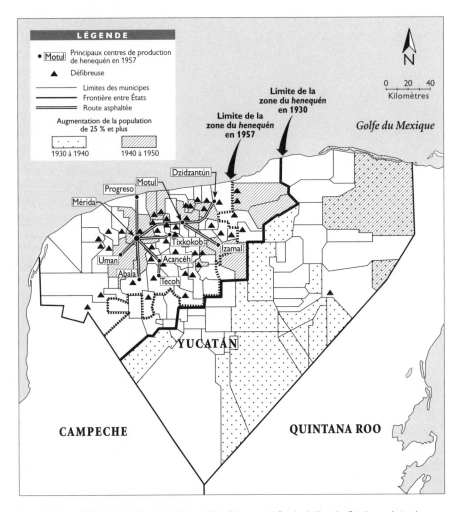

Sources : Regiones Económico Agrícolas de México, 1936. Gobierno del Estado de Yucatán, *Estudio económico de Yucatán, y programa de trabajo*, Mérida, 1961.

À l'extérieur de la zone du henequén, les fonctionnaires chargés de l'application de la Réforme agraire font preuve d'une tolérance remarquable à l'égard des grandes propriétés privées, qui, il est vrai, ne peuvent plus être qualifiées de «grandes» au terme de la réforme, mais plutôt de «petites». C'est ainsi que la notion de «petit propriétaire privé» fait partie de la terminologie officielle mexicaine. Comme la réforme agraire aurait éliminé tous les grands propriétaires terriens du pays, les propriétaires qui restent sont nécessairement des «petits propriétaires», même si les terres qu'ils possèdent peuvent atteindre plusieurs centaines d'hectares, comme, par exemple, l'hacienda Santa-Rosa, au sud de Peto et à la frontière du Quintana Roo. Le propriétaire de l'hacienda Santa-Rosa, que j'ai interviewé alors qu'il avait plus de 80 ans, affirme que Cárdenas l'a assuré personnellement, lors de son passage à Peto, que la réforme ne toucherait pas sa propriété[9]. En effet, les 14 000 ha de Santa-Rosa ne seront pas expropriés, alors que les paysans des alentours reçoivent des terres publiques, moins productives. Cárdenas accorde une protection légale contre les expropriations (*inafectabilidad*) à Santa-Rosa pour favoriser le développement de l'élevage. Le président aurait lui-même fourni quelques têtes de bétail. Cette mesure est applicable pendant 25 ans à l'ensemble de la propriété.

On peut conlure de ces différentes observations que l'objectif premier de la réforme agraire de Cárdenas est d'encadrer la population paysanne dans une structure d'État, de telle sorte que le pays ne connaisse plus de révolution. Au point que plusieurs villageois reconnaissent ne pas avoir sollicité d'éjido mais en avoir tout de même obtenu un, à la suite du recensement effectué par les autorités. À défaut de revendications populaires, le gouvernement impose un éjido à chaque communauté paysanne du pays, peu importe la quantité et la qualité des terres distribuées.

Les communautés paysannes sont ainsi embrigadées dans le système éjidal. Tous les éjidos participent à la *Confederación Nacional Campesina* (Confédération nationale paysanne, la CNC), créée en 1938. La fidélité des communautés éjidales est assurée par l'octroi de crédits fédéraux à l'agriculture dont les éjidataires deviennent dépendants. Les dirigeants locaux de la CNC, qui demeurent en poste aussi longtemps qu'ils le désirent, finissent par contrôler de vastes territoires. Ces dirigeants se transforment en agents de l'État, plutôt qu'en représentants des paysans. La situation s'apparente à celle de la période coloniale, pendant laquelle les représentants du peuple achetaient leur charge et protégeaient les intérêts de l'élite.

Pour leur part, les ouvriers sont organisés de façon semblable à l'intérieur de la *Confederación de trabajadores mexicanos* (Confédération des travailleurs mexicains, la CTM). Les travailleurs, qu'ils soient paysans ou ouvriers, sont ainsi divisés en fonction de leur occupation et rattachés à l'État par des syndicats particuliers. Pendant le sexennat de Cárdenas, l'État mexicain devient corporatiste[10] et étend son emprise jusque dans les coins les plus reculés de l'espace national. La bureaucratie du Parti devient hégémonique. La révolution mexicaine se termine ainsi par une réforme bureaucratique ; la période suivante en sera une de contre-réforme, plutôt que de contre-révolution.

En tant qu'assistante de recherche de Mme Marie Lapointe, professeure d'histoire à l'Université Laval, je passe une partie de l'été 1984 à Mérida dans le patio du ministère de la Réforme agraire, à copier des documents sur les conflits agraires dans la région du henequén. Les rapports qu'on me laisse complaisamment analyser sont révélateurs. Les mêmes querelles reviennent année après année, sans qu'on n'y apporte de solution. Un fonctionnaire est dépêché de temps en temps pour visiter les terres en litige, mais jamais rien n'est réglé. Les paysans doivent sans cesse redéposer des requêtes pour obtenir gain de cause.

Les piles de documents aux coins jaunis que je relis portent les empreintes du pouce de tous les paysans signataires des requêtes. Pendant que je copie ces histoires interminables, les paysans défilent devant mon pupitre, comme dans une reconstitution historique, pour illustrer à mon intention les étapes de ces requêtes collectives.

Il faut expliquer que les bureaux du ministère de la Réforme agraire se situent dans une vaste maison coloniale construite autour d'un patio central à ciel ouvert. J'occupe une petite table sur un côté, près de l'entrée. Invariablement, chaque matin, un groupe de paysans s'agglutine sous l'arche d'entrée. À mesure que la matinée avance, le groupe s'étend. Timides, les paysans n'osent d'abord pas bouger. Ils sont tous vêtus de blanc, chaussés de sandales de corde, à semelles de pneus recyclés. Ils portent des chapeaux de paille ou des casquettes. Ils ont tous un petit sac de plastique rigide pour ramener des provisions à la maison après la manifestation. Ils restent regroupés en silence et se répandent à petits pas autour du patio, à mesure que leur nombre augmente.

Quand tous sont réunis, leur chef commence à parler fort. Il demande à voir un responsable. Une ou deux secrétaires s'agitent et circulent sur leurs talons aiguilles autour du patio, le regard faussement inquiet. Elles entrent et ressortent par de hautes portes de bois foncé à la recherche d'une quelconque autorité qui veuille bien recevoir les requérants. Finalement, un sous-fifre, flanqué d'un garde portant képi et insignes, se pointe pour recevoir une nouvelle liasse de papiers tatoués des pouces noirs des requérants. Ceux-ci demandent que les terres en litige leur soient attribuées. Les paysans grognent en chœur, quelques poings se lèvent au-dessus des têtes. À midi, tout est terminé.

Un nouveau dossier s'ajoute aux piles de documents humides qui croupissent depuis longtemps sur des tablettes gondolées. Les après-midi sont plus calmes, les fonctionnaires et les paysans ayant déserté le ministère. Le lendemain, la même scène sera jouée encore une fois, par de nouveaux figurants. Cette situation persiste jusqu'à ce que le président Miguel de la Madrid (1982-1988) débloque les fonds pour faire arpenter les terres attribuées aux communautés.

Pourquoi instaurer une réforme agraire si elle ne profite pas aux gens qu'elle prétend aider? Parce que la réforme agraire permet à l'État mexicain d'enrôler les paysanneries du pays dans le système éjidal, pareil pour tous, et de mater du même coup les oligarchies, autrement peu enclines au respect de l'intérêt national. Le tout enrobé dans un discours progressiste.

La société mexicaine qui émerge de la révolution est définitivement embrigadée dans une structure pyramidale, contrôlée par un président tout-puissant qui trône au sommet du Parti national révolutionnaire (qui deviendra le PRI, *Partido revolucionario institucional*) et du pays. La «famille révolutionnaire» mexicaine, composée de réseaux d'influence hiérarchisés, tient bien en mains les destinées du pays. Les paysans mayas, «bénéficiaires» de la réforme agraire, subissent une double tutelle: celle des institutions fédérales et celle, plus ancienne, des élites métisses. Peu instruits, sans crédit ni technologie, ils se trouvent toujours à la base de la pyramide sociale.

La clameur de la République demande
maintenant la consolidation matérielle et
spirituelle de nos réalisations sociales, au
moyen d'une économie puissante et prospère.

PRÉSIDENT AVILA CAMACHO

Extrait du discours inaugural du président Avila Camacho, tiré de Hector AGUILAR CAMÍN et
Lorenzo MEYER, *In the Shadow of the Mexican Revolution. Contemporary Mexican History 1910-1989*,
Austin, University of Texas Press, 1993, p. 161. Traduction libre.

9 La contre-réforme

L A PÉRIODE 1940-1982 correspond à une ère de prospérité inégalée, accompagnée d'une démographie et d'une urbanisation galopantes. On se réfère souvent à ces années, de 1950 à 1970 en particulier, comme à celles du «miracle économique mexicain». Cette période, marquée par la prépondérance du parti officiel, peut se diviser, en fonction des sexennats, en deux temps qui feront chacun l'objet d'un chapitre : la contre-réforme (1940-1964) et le populisme priiste (1964-1982). La périodisation proposée ne doit pas occulter la caractéristique principale de ces années (1940-1982), c'est-à-dire la croissance du produit national, de la population et des villes.

Entre 1950 et 1982, le produit intérieur brut s'accroît à un rythme annuel moyen supérieur à 6 %[1]. Durant cette période, la croissance démographique ne sera jamais inférieure à 3 %, ce qui crée une pression très forte sur les systèmes de production et les réseaux de distribution[2]. Le dynamisme et la stabilité relative de la croissance bouleversent profondément les structures économiques et sociales du pays. Avec l'essor des villes et le développement rapide des industries de transformation, le changement structurel de la distribution de la population active s'accentue. L'industrie supplante l'agriculture comme principal secteur d'emploi. Ce déploiement d'activités touche les régions les plus urbanisées et industrialisées du pays, alors que les régions de peuplement paysan sont laissées à elles-mêmes. Les Mayas du Yucatán demeurent quant à eux des paysans plus ou moins autosuffisants dans un Mexique en plein «décollage» industriel. Pour comprendre leur situation, ainsi que le contexte dans lequel ils évoluent, notre analyse portera sur les politiques de l'État central et sur ses implications pour le monde péninsulaire.

La consolidation de l'État

Après le sexennat de Cárdenas, la réforme agraire perd son caractère prioritaire au profit de l'industrialisation. L'État devient le principal moteur de l'économie en investissant dans l'industrie et l'agriculture d'exportation, tout en se désintéressant de la paysannerie. L'intégration de l'Indien cesse d'être une des préoccupations nationales. La réforme agraire sombre dans un bourbier bureaucratique[3]. Quatre présidents se succèdent durant cette période : soit le général Manuel Ávila Camacho (1940-1946), Miguel Alemán (1946-1952), Ruis Cortínes (1952-1958) et López Mateos (1958-1964).

Deux forces divergentes s'affrontent au sein de l'État mexicain : d'une part, les industriels désireux de produire, vendre et exporter, et, d'autre part, les propriétaires terriens, habitués à vivre des rentes de leurs domaines. L'État passe par une phase transitoire. Il s'agit de satisfaire les deux groupes en finançant l'industrialisation et en soutenant les réseaux de corruption pour se maintenir au pouvoir. Pour ce faire, l'État s'endette massivement et adopte une politique de substitution des importations pour stimuler le développement de la base industrielle du pays. Le gouvernement érige des barrières protectionnistes afin d'encourager les productions nationales. On investit dans l'agriculture intensive, surtout dans le nord du pays. Entre 1939 et 1945, les superficies irriguées passent de 126 000 ha à 816 000 ha[4].

La réforme agraire, trop coûteuse, est oubliée pendant que l'indigénisme devient un thème électoral. L'Institut national indigéniste (INI), créé en 1948, coordonne l'ensemble des services gouvernementaux offerts aux communautés indigènes dans les domaines de l'éducation, de la santé, de l'agronomie et de la consultation juridique. Cependant, la question primordiale de la répartition des terres échappe à l'INI. Son mandat est d'intensifier le changement social pour former une classe d'ouvriers alphabétisés et hispanophones afin d'étendre le marché interne. Cette orientation restera sensiblement la même jusque dans les années soixante-dix[5]. Pendant que les paysans, indiens ou non, sont évacués des priorités de l'État, l'élite politique donne un rôle de plus en plus important au secteur public pour stimuler l'économie.

L'État devient omniprésent en même temps que le parti officiel élargit sa base et consolide ses positions. En 1946, le parti change de nom pour devenir le Parti révolutionnaire institutionnel (PRI). Ce parti-État des classes moyennes stimule la substitution des importations et hausse les droits de douane[6]. Les gens mis en place par le pouvoir travaillent à maintenir la stabilité du régime pour conserver leurs avantages sociaux. Ce mode de fonctionnement favorise la formation d'un réseau hiérarchisé de chefs qui monnayent leurs faveurs et font fructifier leurs privilèges à tous les échelons de la société. Les fonctionnaires en poste n'hésitent pas à faire appel à un cacique local comme intermédiaire entre le parti et la population. Les avantages que peuvent soutirer ces chefs vont de l'obtention de terres aux subventions ou aux postes dans la hiérarchie. Les caciques sont établis en réseaux informels en marge de la structure politique mexicaine. Ce type d'alliance freine le changement puisqu'il favorise l'émergence de petits groupes qui luttent entre eux pour être en faveur auprès de gens liés au pouvoir. L'État devient clientéliste[7].

La tendance des groupes à se faire compétition caractérise aussi les États et Territoires, de plus en plus dépendants à l'endroit du pouvoir central. Le poste de gouverneur est accordé par le président à des amis du régime. Le président conserve le contrôle de l'armée et de la police ainsi que des subventions aux États. L'autorité du gouverneur est restreinte par le président, par la machine locale du PRI et les groupes d'intérêts locaux liés au gouvernement fédéral. Un gouverneur est un administrateur au pouvoir décisionnel limité, mais qui peut toutefois instaurer ses propres pratiques de favoritisme et accorder des sinécures à ses parents, amis et protégés[8].

Comme le président exerce sa domination sur l'ensemble de la société et que les mouvements d'opposition sont le plus souvent cooptés et manipulés par le pouvoir, les paysans ne peuvent qu'obéir. Les éjidos et leurs bénéficiaires font partie intégrante d'un système social où prévalent les mécanismes de contrôle des clients de l'État[9]. Les éjidos sont modelés en fonction des besoins de la révolution institutionnalisée.

Migrations massives et urbanisation galopante

L'absence d'intérêt envers la paysannerie a pour corollaire l'appauvrissement des campagnes. Les paysans sont attirés vers les villes qui offrent de meilleures conditions en matière de travail, de santé, de logement et d'éducation. La combinaison des facteurs d'expulsion des campagnes et des facteurs d'attraction des villes engendre des mouvements massifs de migration interne, orientés surtout vers México, la principale ville du pays.

La croissance de la population urbaine atteint son maximum entre 1940 et 1950, avec un taux de 5,9 % par an. En 10 ans, 1,65 million de ruraux partent vivre en ville. La décennie suivante, le taux de croissance urbaine diminue légèrement à 5,4 %, bien que le nombre total de migrants augmente à 1,76 million. La majorité de ces migrants s'installent dans le district fédéral, soit la grande région de México[10]. En 1940, les ruraux (habitants des localités de moins de 2 500 âmes) forment les deux tiers de la population nationale, alors qu'en 1960, ils ne comptent déjà plus que pour la moitié.

Stagnation agricole au Yucatán

À la fin des années cinquante, la population agricole représente 59,1 % de la population active du Yucatán. Pourtant, la productivité du maïs, la principale denrée agricole après le henequén, reste l'une des plus faibles du pays, avec un rendement moyen de 664 kg/ha en 1957. Les rendements de maïs ont une importance capitale dans la péninsule, car cette céréale demeure à la base de l'alimentation, surtout de la population paysanne. L'agriculture est toujours la principale source d'emploi dans la péninsule et ce, jusque tard dans les années soixante-dix (tableau 4). Au cours de cette décennie, une rupture importante se produit, surtout au Quintana Roo et au Yucatán. La rupture est moins prononcée dans l'État du Campeche où l'agriculture occupe le plus fort pourcentage de la population active de la péninsule (34,3 % en 1990). Signalons en passant, que l'État du Campeche connaît des processus de colonisation semblables à ceux qui ont cours au Quintana Roo. On y exploite aussi le chiclé[11].

L'élevage connaît un essor considérable au cours des années cinquante, attribuable principalement aux exploitations privées. Dans l'État du Yucatán, le cheptel bovin passe de 352 198 têtes en 1950 à 452 928 en 1957. Dans le Territoire du Quintana Roo, le cheptel bovin passe de 3 891 têtes en 1950 à 7 237 en 1960[12]. Jusque dans les années soixante, personne n'est tenu de clôturer les pâturages. Les bêtes errent librement à travers bois et champs et envahissent souvent les appétissants champs de maïs, ce qui provoque invariablement la colère des paysans. Les affrontements entre les milperos et les éleveurs, qui datent de la période coloniale, ne se règlent qu'avec la proclamation de la Loi sur l'élevage (*Ley Ganadera*) par le gouverneur Lloret de Mola. La loi oblige tous les propriétaires de bovins à clôturer les pâturages de façon à garder les bêtes enfermées[13].

Dans les années cinquante et soixante, les États péninsulaires, contrairement à ceux du centre et du nord du pays, demeurent agricoles et éprouvent toujours de graves problèmes de productivité, d'exportation et de chômage. La stagnation des rendements s'explique par l'absence d'irrigation, de mécanisation et de fertilisation. Les conditions du sol empêchent la mécanisation. Seul un usage intensif

TABLEAU 4

Population agricole au Quintana Roo et au Yucatán, 1950-1990

Années	QUINTANA ROO (%)	YUCATÁN (%)
1950	63,9	59,1
1960	69,3	58,9
1970	62,3	55,0
1980	36,8	31,3
1990	19,6	27,0

Sources : Instituto nacional de estadistica geografía e informatica (INEGI), *XI Censo General de Población y Vivienda, 1990*, Aguascalientes, 1991, tableau 32 ; SPP, *MEBE de Yucatán*, México, 1982, p. 209 ; A. Cesar DACHARY et Stella M. ARNAIZ BURNE, *Estudios socioeconómicos preliminares de Quintana Roo. Sector agropecuario y forestal (1902-1980)*, Puerto Morelos, Centro de Investigaciones de Quintana Roo, 1983, p. 41-42.

d'engrais aurait permis d'améliorer la productivité. En outre, les paysans qui cultivent leur milpa ne reçoivent aucun subsisde. Les programmes de fertilisation ne viendront que beaucoup plus tard. La réforme agraire n'aura pas apporté de changement majeur dans l'économie paysanne. Déjà en 1942, un agronome yucatèque remarque que les paysans ne peuvent trouver de bonnes terres à cultiver et qu'ils doivent exploiter des terres qu'autrefois ils auraient négligées[14]. L'autosubsistance demeure le but de la production agricole pour au moins 35 % des exploitations du Yucatán en 1950. Cette proportion serait plus élevée dans certaines régions, telle, par exemple, la région maya[15]. Dans ce contexte d'autosubsistance et de faible productivité, lié à un régime de pluies instable, les pénuries de maïs sont fréquentes et on doit l'importer des autres États et des États-Unis.

La réforme agraire stagne. Le nombre officiel d'éjidataires varie peu tandis que le nombre de ceux qui espèrent obtenir l'usufruit des terres éjidales augmente. Sans être recensée officiellement, une nouvelle catégorie fait son apparition, les *derechos a salvo*, c'est-à-dire les ayants droit à la terre éjidale, laissés dans l'attente perpétuelle.

L'irrigation dans la Sierra Puuc

La détérioration des conditions de vie des paysans mayas dans la péninsule amène le gouvernement à mettre en chantier de grands projets d'irrigation pour améliorer et diversifier la production paysanne dans les lieux jugés les plus propices à l'agriculture intensive. L'idée sous-jacente est que l'industrialisation plafonne étant donné l'étroitesse du marché intérieur. Grâce à l'irrigation, l'État espère élever le niveau de vie de la population rurale, rendre une partie de la paysannerie plus productive et éliminer les disettes fréquentes provoquées par la rareté des pluies. Il s'agit aussi d'introduire une fraction de la paysannerie dans les réseaux commerciaux du pays. Le plan Chac, lancé en 1962 pour irriguer les terres au pied de la Sierra Puuc, fait partie de ces programmes.

Il s'agit du plus vaste projet d'irrigation jamais mis sur pied dans l'État du Yucatán. Le plan Chac est financé conjointement par le gouvernement fédéral et par la Banque interaméricaine de développement (BID). Le gouvernement fédéral couvre la majeure partie des coûts évalués à 45 millions de pesos. La BID fournit environ le quart des capitaux, soit 12,5 millions de pesos. Cet ambitieux projet vise à intégrer l'Indien aux circuits commerciaux du pays et à endiguer l'exode rural. Étant donné l'ampleur des travaux, le système d'irrigation ne sera pas opérationnel avant 1966.

Au départ, l'objectif du plan Chac est d'irriguer 5 000 ha de terre au profit de 1 667 éjidataires. Le système d'irrigation doit s'étendre sur 70 km et traverser sept municipes de la Sierra Puuc. Tous les éjidataires se voient offrir des parcelles de 3 hectares. Cependant, d'après des commentaires recueillis sur place, il appert que le processus de distribution des parcelles est entaché de pratiques douteuses. Un million d'orangers doivent être plantés et produire en théorie 174 000 tonnes d'oranges. Chaque producteur en aurait vendu pour 14 200 pesos, ce qui aurait permis d'atteindre l'autonomie économique[16]. Ce projet ambitieux, très optimiste, devait toutefois connaître des débuts décevants, comme on le verra plus loin.

La colonisation du Territoire

Le Quintana Roo demeure aussi un territoire agricole. La population active se cantonne majoritairement (70,1 % en 1940 à 69,3 % en 1960) dans le secteur primaire (agriculture et forêt). On y retrouve des méthodes de production et des rendements semblables à ceux du Yucatán. Les rendements y sont légèrement supérieurs étant donné une moindre pression démographique sur les ressources et des pluies plus abondantes. Les paysans *quintanaroenses* récoltent environ 868 kilos de maïs par hectare dans les années quarante et 835 kg/ha au cours de la décennie suivante. La production du chiclé connaît un nouvel essor. Le deuxième apogée chiclero s'étend de 1935 à 1950. La récolte de 1943 atteint un record avec une production de 3 282 tonnes[17].

Le président Manuel Avila Camacho (1940-1946) profite de cet essor et crée 13 nouveaux éjidos dans la zone frontalière adjacente au Honduras britannique, lequel prendra le nom de Belize en 1973 et deviendra indépendant en septembre 1981. Durant ces années, les colons arrivent surtout du centre du pays et de l'État de Veracruz, régions où le ministère de la Réforme agraire ne trouve plus de parcelles à distribuer aux paysans sans terre. On s'attend à ce que les colons et leurs familles, environ 25 000 personnes, vivent de l'exploitation forestière. Cependant, le potentiel forestier du Territoire est compromis par des déboisements excessifs. Le rythme de destruction des forêts est plus rapide que celui de leur reconstitution. Les colons doivent se tourner vers l'agriculture, et plus particulièrement la culture de cocotiers[18].

À l'épuisement du potentiel forestier s'ajoute le recul de l'industrie du chiclé. Après 1950, le chiclé naturel est progressivement remplacé par du chiclé synthétique. Les exportations chutent. Cependant, le Quintana Roo ne se dépeuple pas pour autant. Au contraire, pour les autorités fédérales, il constitue une réserve territoriale où établir les surplus de populations paysannes, surtout celles du centre du pays.

La colonisation se poursuit durant les années cinquante avec la création de huit éjidos à la frontière du Yucatán. Puis, le président López Mateos implante 38 autres éjidos en bordure du Yucatán, d'où provient la majorité des migrants, et dans le nord du Territoire, dans ce qui deviendra une importante zone touristique. Chaque famille qui s'installe au Quintana Roo reçoit 10 ha de terres à cultiver ou 50 ha de forêt à exploiter[19]. Les colons cultivent d'abord du maïs sans irrigation, tout comme le faisaient les anciens Mayas. L'État mexicain tente ainsi d'encadrer les migrations spontanées des paysans yucatèques à la recherche de terres boisées.

Parallèlement, le gouvernement entreprend la construction de routes dans le Territoire. Une première route relie Chetumal à Felipe Carrillo Puerto. Son prolongement jusqu'à Peto provoque presque une nouvelle explosion de violence. Les *separados* établis à Chumpón veulent alors prendre les armes pour empêcher l'avancée de la route sur ce qu'ils jugent être leurs terres. L'affrontement armé est évité de justesse grâce à l'intervention de missionnaires Maryknoll[20]. La route rejoint Peto en 1958. L'ouverture de cette première voie rompt l'isolement séculaire de la côte orientale. À partir de cette date, le Quintana Roo perdra progressivement son caractère de « monde perdu », tel que le décrit Michel Peissel, à la suite d'un voyage effectué en 1958 le long de la côte, après que les infrastructures côtières avaient été détruites en 1955 par l'ouragan Janet[21].

L'ouverture de la route diminue la dépendance du Territoire à l'égard du commerce étranger. Les produits peuvent maintenant circuler plus rapidement à partir de l'intérieur du pays, bien que l'éloignement de villes comme Mérida ou Campeche représente encore un obstacle difficile à vaincre. Le réseau électrique dessert les communautés implantées le long du Río Hondo. On installe un système d'éclairage public à Chetumal qui est en voie de reconstruction après le passage de l'ouragan Janet. On remplace le bois par de la pierre et du ciment pour la construction d'édifices publics, afin que ceux-ci résistent mieux aux prochaines tempêtes.

Au cours des années cinquante, les efforts de colonisation portent leurs fruits. Entre 1950 et 1960, la population du Territoire passe de 26 967 habitants à 50 169. Chetumal demeure la seule ville importante, avec près de 13 000 âmes. Le reste de la population est éparpillé dans de petites localités rurales, en général de 500 personnes et moins, réparties dans la région maya entre la ville de Felipe Carillo Puerto et la frontière du Yucatán[22].

Avec la colonisation, la rhétorique indigéniste refait surface. Le président López Mateos double le nombre de centres de l'INI. Il s'agit d'un nouvel indigénisme qui ne cherche plus à intégrer l'Indien, pratique alors assimilée à un génocide. Les politiques de l'État visent plutôt à valoriser la culture indigène, sans toutefois pourvoir aux besoins financiers d'un développement économique autocentré. Ce regain d'intérêt pour l'agrarisme et l'indigénisme annonce un tournant dans les politiques nationales. L'État reconnaît l'impossibilité de fournir du travail à tous ceux qui aspirent à la vie urbaine, il lui faut donc, inévitablement, revaloriser la vie rurale.

En 1959, le président López Mateos demande à des experts d'analyser la situation dans la péninsule du Yucatán. Alfonso Villa Rojas, qui fait partie de l'expédition, trace le « profil culturel » du Quintana Roo[23]. Selon lui, le Territoire peut être divisé en trois zones culturelles. Dans le nord, qui comprend Isla Mujeres et Cozumel, soit la deuxième et la quatrième délégations, vit une population mixte composée de bilingues (maya et espagnol) et d'unilingues espagnols. Ces terres assez fertiles attirent les migrants yucatèques qui arrivent en suivant la nouvelle route Valladolid-Puerto Juarez.

La deuxième zone correspond à la délégation de Felipe Carillo Puerto, au centre. D'après Villa Rojas, s'y trouvent « les groupes indigènes les plus arriérés de toute la péninsule[24] » : ils font preuve de conservatisme, d'hostilité et ils vivent retranchés, sans contact avec le monde extérieur. Ils demeurent étrangers au concept de nationalité mexicaine. Malgré tout, Villa Rojas remarque que la route civilise les indigènes, car ceux qui habitent près d'une voie de communication construisent des écoles et des commerces, ils ont parfois même des étals de Coca-Cola. Dans un même souffle, il fait état du peu d'attention que reçoivent les indigènes, même de la part des organismes créés pour s'en occuper.

La troisième zone couvre la délégation de Payo Obispo (Chetumal) où la présence indigène se fait moins sentir. La population présente un « mode de vie rural européen ». Chetumal, la seule ville, serait en voie de se convertir en un lieu bien aménagé, doté de tous les services d'un urbanisme moderne.

D'après cette analyse, il apparaît que le Quintana Roo présente des similitudes avec le Yucatán, telles des zones mayas contiguës et des villes où se concentrent les populations blanches et métisses. La principale différence tient peut-être à la densité de population. D'ailleurs, Villa Rojas recommande d'encourager la colonisation du Territoire afin de rééquilibrer les noyaux de population à l'intérieur de la péninsule. Le rééquilibrage qu'il souhaite se produira, mais à la fin du siècle seulement.

En définitive, la contre-réforme (1940-1964) s'articule autour de plusieurs processus simultanés et parfois contradictoires. L'État central se consolide aux dépens des États fédérés. Le pays, sous la houlette du PRI, amorce son décollage industriel, pendant que les populations paysannes vivotent, le plus souvent sans subvention ni soutien technique. Une observatrice des Nations unies, C. Hewitt de Alcantara remarque que, durant les trente premières années de l'industrialisation (1940-1970), la majorité de la paysannerie au sein de la nation est réduite à la simple subsistance[25]. Les villes se peuplent rapidement, sans que l'industrialisation ne puisse fournir du travail à l'ensemble des nouveaux citadins. Les mouvements de migration non régulés s'intensifient en direction du district fédéral, alors que le gouvernement encourage la colonisation du Quintana Roo. Les États péninsulaires demeurent essentiellement agricoles, même si les exportations de henequén et de chiclé chutent de façon irréversible.

Sans incidence sur le monde paysan maya, cette période figure comme un vide dans la mémoire collective. Aucun des informateurs rencontrés n'a de souvenirs s'y rattachant. Les paysans continuent à lutter à mains nues pour leur survie. Devant les dangers possibles d'explosion sociale, l'État doit revoir sa position au sujet de ces populations que le développement n'a pas encore rejointes.

Aujourd'hui, [...] il y a une liberté feinte. Une supposée liberté pour chaque citoyen. Chacun dépose son vote en faveur du parti qu'il choisit. Mais à l'heure de voir qui obtient la majorité, le PRI gagne toujours, parce que c'est lui qui domine. Les présidents municipaux sont toujours du PRI.

Ma femme est membre de l'Association des femmes. Elle appartient au PRI. Les femmes ont aussi reçu la liberté de voter[1]. Alors, quand un président municipal veut se faire élire, par exemple, ou qu'il fait sa tournée, il vient discuter avec elle. Elle essaie de convaincre les femmes de choisir le candidat le plus en vue. C'est ainsi que ça se passe. Là où elle va, le candidat gagne. Parce qu'elle attire la sympathie du peuple et qu'elle sait comment convaincre les femmes.

Éjidataire d'Akil, né en 1946, interviewé en 1984.

10 Le populisme priiste

'EXPRESSION « POPULISME PRIISTE » veut souligner l'importance du Parti révolutionnaire institutionnel (PRI). Le mot « priiste », au Mexique, renvoit au PRI, à ses adhérents et à ses politiques. Contrairement au populisme étasunien du XIXᵉ siècle qui exprimait les demandes des populations rurales, le populisme priiste est un style politique émanant de la *superioridad* mexicaine, qui produit des discours, parfois délirants, des slogans et des programmes en faveur du peuple, alors que les réalisations pour les démunis demeurent sans effets significatifs. Le priisme s'apparente à d'autres formes de populisme en Amérique latine vers la même époque. Ce style pourrait caractériser l'ensemble de la période du « miracle mexicain » (1940-1982), mais je l'associe à une période plus courte (1964-1982), pendant laquelle il semble avoir atteint des sommets d'éloquence.

Faisant suite à la contre-réforme, la période dite du populisme priiste indique un retour de balancier vers des politiques sociales qu'on voudrait d'apaisement face à la croissance de l'insatisfaction populaire. La répression sanglante de la manifestation étudiante en 1968, Place des trois cultures, à México aurait en partie forcé ce revirement. La période comprend les sexennats de Díaz Ordaz (1964-1970), Luis Echeverria (1970-1976) et José López Portillo (1976-1982). Pendant ces années, de nouvelles activités économiques apparaissent dans la péninsule du Yucatán, alors que, à l'échelle nationale, l'État priiste souverain entretient le mythe de la réforme agraire à coup de discours et de programmes agraristes.

La réforme agraire à bout de souffle

Le président Díaz Ordaz (1964-1970) relance la réforme agraire. Les bénéficiaires obtiennent des terres de qualité médiocre. Ils n'ont toujours pas accès au crédit ni aux innovations technologiques en matière agricole. Les éjidos ne peuvent concurrencer le secteur privé, étant donné l'insuffisance de l'investissement, de l'irrigation, de la fertilisation ou de la mécanisation. Cependant, la distribution de terres se poursuit. L'absence d'intérêt véritable pour la paysannerie en dépit du discours réformiste indique ainsi une certaine continuité entre le sexennat de Díaz Ordaz et ceux des ses prédécesseurs.

Les éjidos totalisent 149 577 millions d'hectares en 1970, comparativement à 96 107 millions en 1950. Cependant, cette hausse ne se traduit pas par une croissance de la production. En 1960, près de 70 % de la valeur des ventes agricoles au Mexique est attribuable à 2 % des exploitations[2]. La superficie cultivée par chaque éjidataire est en moyenne de 6,5 ha, ce qui fait d'eux des « minifundistes », c'est-à-dire des producteurs qui ne disposent pas d'une superficie assez grande pour garantir du travail toute l'année. De plus, le problème s'aggrave, car la parcelle éjidale moyenne est réduite de 6,5 ha en 1960 à 5,8 ha en 1970. Étant donné le manque de terre à cultiver, les éjidataires servent de main-d'œuvre saisonnière dans les grandes exploitations agricoles. Dès 1960, le problème du « minifundisme » éjidal semble insoluble. Près de 60 % des exploitations du pays sont jugées insuffisantes. L'agriculture dans son ensemble vit une période de stagnation caractérisée par une demande intérieure réduite, un fort sous-emploi et des revenus bien en dessous des moyennes nationales[3].

La distribution de terres ralentit de nouveau à la fin des années soixante. Plusieurs États estiment ne plus avoir de terres pour faire de nouvelles dotations. Il y a encore trois millions de paysans sans terre, et leur nombre ne cesse d'augmenter à cause d'un taux de natalité très élevé (45,8 ‰ en 1973). Les acquis de la réforme cardéniste sont doublement annihilés par le désintéressement de l'État central et par la croissance démographique accélérée.

Pourtant, le gouvernement ne bouge pas et conserve le système éjidal tel qu'il l'a hérité de la révolution. Malgré l'insatisfaction de la paysannerie, la structure éjidale est considérée comme un moindre mal. Elle garantit, à moyen terme, une paix sociale relative, bien qu'elle ne réussisse qu'à modérer l'exode rural. On estime que 2,75 millions de ruraux émigrent dans les villes entre 1960 et 1970. Les migrations accélèrent la croissance urbaine déjà alimentée par la forte croissance naturelle interne. En 1980, les deux tiers de la population nationale vivent en milieu urbain et ce, surtout dans le nord et le centre du pays.

Au Yucatán, l'agriculture d'exportation va de mal en pis. Cependant, l'État fédéral en pleine expansion prend progressivement le contrôle de la transformation de la fibre. Une société d'abord mixte, Cordemex, s'occupe de la transformation, de la vente et de l'exportation du henequén. Cordemex devient un monopole d'État en 1964. La mainmise de l'État fédéral est ainsi instituée sur les terres, la main-d'œuvre et la principale ressource du Yucatán[4]. Les exportations diminuent, de même que les jours de travail dans les champs. Là aussi, la structure éjidale permet d'éviter l'explosion sociale. Les éjidataires vivent pauvrement, mais reçoivent au moins un salaire régulier, versé par l'État. Le problème du « minifundisme » est encore plus grave au Yucatán qu'ailleurs au pays. La parcelle éjidale moyenne dans la région du henequén est de 3,44 ha. Les éjidataires doivent trouver du travail à l'extérieur des éjidos, mais la faiblesse du secteur industriel dans la péninsule ne permet pas de résorber le chômage.

Dans la région du maïs, la superficie moyenne d'une parcelle cultivée n'est que de 2,7 ha. Situation qu'imposent l'absence de mécanisation et l'incompressible durée des jachères. Il faut laisser la terre se reboiser pendant au moins 15 ans avant de brûler la forêt de nouveau, pour que le sol puisse s'enrichir d'humus. Cependant, étant donné l'accroissement du nombre de paysans et de milpas, les superficies de forêt à maturité diminuent et les sols s'appauvrissent.

L'agriculture périclite dans la péninsule alors qu'elle prospère dans le nord du pays, grâce à l'expansion des superficies nouvellement irriguées avec l'aide du gouvernement. Les communautés paysannes mayas s'appauvrissent ou stagnent sans recevoir d'aide pour sortir de la marginalité et s'intégrer à l'économie nationale[5].

Le président Díaz Ordaz poursuit le plan Chac entrepris sous López Mateos, en 1962. Les premières unités d'irrigation par aspersion commencent à fonctionner en 1966. Dès le début, plusieurs problèmes surgissent. La récolte de 1968 n'atteint que 30 000 tonnes. Le retard qu'accusent les travaux oblige à réduire la superficie irriguée à 3 147 hectares en 1969. Malgré cet ajustement, les coûts ne diminuent pas. Le nombre de bénéficiaires touchés correspond aux prévisions du plan initial, mais les parcelles irriguées ne sont que de 0,4 hectare par éjidataire. Du million d'arbres projeté, seulement 250 000 sont plantés, mais 60 % périssent faute d'eau.

L'irrigation demeure une pratique limitée dans la péninsule. En 1970, l'État du Yucatán ne compte en tout que 6 403 ha irrigués. Les « petits » propriétaires privés en possèdent 1 685, dont 850 appartiennent à la seule exploitation de Santa-Rosa, au sud de Peto. Il faut remarquer toutefois que la majeure partie des superficies irriguées se trouve dans le secteur éjidal, surtout dans sept municipes de la Sierra où 3 128 ha sont irrigués et répartis entre 6 792 éjidataires. On imagine facilement la lutte entre ces derniers pour obtenir une parcelle irriguée ! La superficie irriguée représente de 9 à 79 % des superficies cultivées dans chaque municipe. Ailleurs dans l'État, ce pourcentage est à peu près égal à zéro. D'après les statistiques officielles, il n'y a aucune culture irriguée d'orangers en 1974. Le rendement moyen des orangeraies sans irrigation serait de 18 t/ha. Les premières récoltes de superficies irriguées apparaissent dans les statistiques officielles en 1975. On découvre alors que 1 401 ha sont plantés d'orangers dans les municipes d'Akil, d'Oxkutzcab, de Tekax, de Dzan et de Ticul. Le rendement aurait été de 18 t/ha[6]. En 1979, la production totale d'agrumes du Yucatán se chiffre à 70 157 tonnes ; 13 ans après la mise en œuvre du Plan Chac, elle n'atteint pas encore la moitié de l'objectif fixé en 1966[7] !

Si la zone irriguée connaît des difficultés, la situation se détériore encore plus dans la zone du henequén. Le chercheur, Othón Baños Ramirez note l'aggravation des cas de malnutrition, le rôle de complément que joue l'agriculture et la croissance des migrations de travail entre Mérida et la zone du henequén[8]. Au cours des décennies 1970 et 1980, Mérida connaît une phase de croissance accélérée. Le secteur tertiaire, en plein développement, absorbe une partie des travailleurs expulsés de l'agriculture.

En général, les disparités s'accentuent entre le nord du pays, en voie d'industrialisation et d'urbanisation rapides, et le sud qui présente de bas niveaux d'investissement dans l'agriculture, des pourcentages élevés de ruraux, d'analphabètes et de gens qui marchent sans chaussures, caractéristiques associées au peuplement indigène. Dans les municipes où prédomine une langue indigène, les revenus et la production *per capita* sont du tiers à la moitié inférieurs à la moyenne nationale ; les dépenses fédérales *per capita* correspondent seulement au cinquième de la moyenne nationale[9]. Le Yucatán et le Territoire du Quintana Roo présentent justement de fortes proportions de population indigène.

Colonisation et innovation

Durant les années soixante, la colonisation se poursuit au Quintana Roo. À l'instar du président précédent, Díaz Ordaz y crée 35 nouveaux éjidos. Ces « centres de population éjidale » sont encore organisés selon le modèle des éjidos agricoles. La colonisation entreprise par l'État mexicain pour peupler le Quintana Roo au cours du XXᵉ siècle a toujours été axée sur l'exploitation forestière et l'agriculture. Cette politique s'avère destructrice pour la principale ressource, la forêt, qui s'appauvrit à mesure que la population augmente.

Les années soixante-dix sont marquées par un essor général de l'agriculture. La culture du riz se développe, de même que les cultures maraîchères, comme celles des tomates et des melons. L'irrigation s'étend dans le sud du Territoire et couvre 2 340 ha en 1976. Cette même année, la production de miel atteint 3 tonnes. L'élevage prend de l'expansion, surtout celui du porc et de la volaille (respectivement 54 000 et 300 000 bêtes en 1975). La production de chiclé connaît un processus inverse et dépasse à peine les 500 tonnes en 1975[10].

Les contraintes liées au potentiel agricole et forestier, de même que les crises du henequén et du chiclé, paralysent les sociétés péninsulaires, tant au Yucatán qu'au Quintana Roo. La situation est plus explosive au Yucatán, étant donné une population 10 fois plus dense qu'au Quintana Roo (17,6 hab./km^2 comparativement à 1,7hab./km^2 au Quintana Roo).

En 1969, à la fin de son sexennat, en même temps qu'il tente mollement de soutenir l'agriculture paysanne, le président Díaz Ordaz adopte une nouvelle stratégie de diversification des sources de revenus du pays. Le gouvernement fédéral autorise un projet de développement touristique dans lequel il investit massivement. L'industrie touristique est parachutée au Quintana Roo, plus précisément à Cancún. À l'échelle de la péninsule, les retombées du développement touristique seront marginales au cours des premières années, à cause des difficultés initiales du financement.

La région maya en 1970

Juste avant l'émergence de la nouvelle ville (Cancún) et la tertiarisation de l'économie, le recensement national de 1970 donne une dernière image de ces sociétés agricoles acculées à la destruction de leurs ressources. D'après ces données, le Territoire du Quintana Roo compte alors 88 150 habitants. Il possède une population assez nombreuse, plus de 80 000 personnes, pour prétendre au titre d'État[11]. Il se classe au deuxième rang quant au taux de croissance (6,03 %), après México, en voie de devenir elle-même une mégalopole. Très loin de cette hyper-concentration urbaine qui serait l'expression de la structure politique nationale[12], la délégation de la région maya et celle du sud conservent un paysage tropical, à caractère bucolique. À elles deux, ces délégations regroupent 75 % des localités du Territoire qui comprennent surtout des communautés éjidales de 100 à 1 000 membres. Chetumal reste la seule ville d'importance, avec 23 655 habitants. Le reste du Quintana Roo, encore couvert par la forêt tropicale, est habité par une population essentiellement agricole, vivant dans des villages dispersés.

Afin de comprendre les conséquences du développement de Cancún sur la population maya, il faut d'abord situer celle-ci dans l'espace péninsulaire, juste avant le déploiement du tourisme. Pour délimiter la région maya, je tiens compte de deux variables : l'usage de la langue maya et la culture du maïs sans irrigation. La carte 9 illustre la distribution de ces deux variables. Les municipes définis comme mayas sont : 1) ceux où, en 1970, la population comprend 10 % et plus d'unilingues mayas et 60 % et plus de bilingues (espagnol et maya) et 2) ceux où, en 1970, 40 % et plus des terres éjidales sont destinées au maïs *de temporal* (sans irrigation), ce qui en fait des municipes définis comme milperos aux fins de cette étude[13].

La combinaison de ces deux variables permet de déterminer la répartition spatiale de la région maya. Si les milperos se retrouvent sur l'ensemble du territoire péninsulaire, les unilingues mayas se concentrent principalement à l'intérieur des terres. Les Indiens, comme nous l'avons vu, ont été regroupés au centre de la péninsule par les autorités coloniales. En 1970, ils y sont encore. À cette date, la région maya compte 254 072 personnes réparties dans 2 municipes du Campeche, 33 municipes du Yucatán et une délégation du Quintana Roo.

La langue maya et la culture du maïs *de temporal* constituent des pratiques clairement repérables qui rattachent les Mayas à leurs ancêtres. On peut parler des Mayas en tant qu'ethnie puisqu'il existe un ensemble complet et identifiable, tels la langue, des éléments culturels et des pratiques reliées à des ensembles spécifiques, qui expriment une conscience historique[14] et un sentiment d'appartenance. Comme nous l'avons observé, les Mayas sont établis de longue date sur un territoire précis, habités par une volonté de vivre ensemble. On peut donc parler de peuple ou de nation maya.

Jusqu'à la fin des années soixante, des fractions de ce peuple, si ce n'est la majorité, vivent en marge de la nation mexicaine. À un point tel que certains mettent alors en doute des pans de son existence, comme l'illustre cette remarque du géographe Claude Bataillon :

> La région peuplée de la péninsule yucatèque — nord et nord-ouest — est isolée du reste du pays, mais aussi peu accessible par mer [...]. Vers l'intérieur des terres, la partie centrale du Campeche, le centre et le sud du Quintana Roo sont des régions couvertes de forêt dense actuellement à peu près dépourvues de population [...]. On ne peut guère prévoir quelle activité — hors d'un tourisme aux conséquences limitées — peut assurer la prospérité d'une population yucatèque fort attachée à sa terre[15].

CARTE 9

La région maya définie selon la langue en 1970

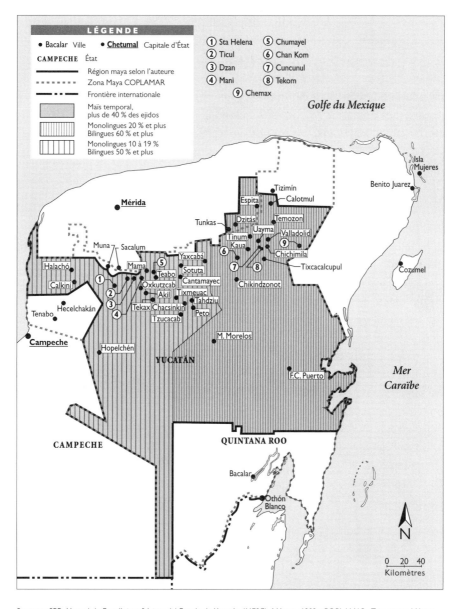

Sources : SPP, *Manual de Estadísticas Básicas del Estado de Yucatán (MEBE)*, México, 1982 ; COPLAMAR, *Zone maya*, México, Presidencia de la República, 1978 ; Salvador Rodriguez Losa, *La población de los municipios del Estado de Yucatán 1900-1970*, Mérida, Ediciones del Gobierno del Estado de Yucatán, 1977.

Les largesses et les calculs de l'État

En 1970, le président Echeverria hérite d'une situation agraire de plus en plus intenable. Durant son sexennat, l'emphase du discours en faveur des déshérités sera inversement proportionnelle aux réalisations dudit gouvernement à leur intention. Certains remarquent le goût prononcé du président pour les démonstrations folkloriques et pour les cadeaux (jouets et bonbons) offerts aux petits Indiens[16]. L'État cherche à endiguer les mouvements de protestation d'origine paysanne et à freiner l'exode rural par des investissements dans les communautés rurales. Les migrations massives donnent lieu à des concentrations humaines qui, affamées, au chômage et mal desservies, deviennent menaçantes pour l'État. Diverses mesures sont appliquées. Entre autres, le budget de l'Institut national indigéniste (INI) passe de 31 millions de pesos à 140 millions entre 1971 et 1975 (de 2 480 000 à 11 217 000 \$US), ce qui permettrait, en théorie, de rejoindre la moitié de la population indigène du pays. Plutôt que de se contenter de valoriser la culture indigène, il s'agit d'élaborer des programmes beaucoup plus ambitieux qui touchent à tous les aspects de la vie communautaire. La démesure de ces programmes laisse planer un doute quant à leur capacité réelle d'améliorer les conditions de vie des groupes indigènes. Surtout que les systèmes de contrôle mis en place par Cárdenas, telles la Confédération nationale paysanne et la réforme agraire, fonctionnent avec moins d'efficacité que durant les décennies précédentes[17].

Plusieurs intellectuels mexicains accusent le système capitaliste, avec lequel le Mexique entretiendrait des relations de dépendance, d'être à l'origine de la misère paysanne. Ce système profiterait de la main-d'œuvre paysanne sous-payée, sans pouvoir l'intégrer complètement[18]. Pour d'autres, des pragmatiques, les lois qui régissent le fonctionnement des éjidos seraient trop rigides. Certains, que l'on pourrait qualifier de visionnaires, osent même proposer que les parcelles éjidales puissent se vendre et s'acheter[19].

Le président proclame la « Loi fédérale de réforme agraire » (LFRA-71), animée par deux objectifs contradictoires, soit tenter d'enrayer le problème du « minifundisme » et conserver les acquis sociaux de la réforme agraire. Entre autres, cette loi doit faciliter l'accès au crédit pour les éjidos collectifs. La mesure vise à satisfaire la gauche mexicaine qui réclame des changements à la structure agraire. Cependant, les éjidos collectifs, tels qu'ils avaient été créés par le cardénisme, ont été éliminés par des coupes féroces. Ils sont devenus un phénomène fort rare en 1970. La LFRA-71 entraîne les bénéficiaires dans un labyrinthe bureaucratique qui se révèle plus efficace comme écran de fumée que comme moyen d'action pour dynamiser la population éjidale. L'assemblée des bénéficiaires est étouffée sous le poids des intervenants fédéraux.

La nouvelle loi perpétue en fait les problèmes des politiques précédentes. La seule différence est que les ruraux font plus souvent les manchettes des journaux, car il s'agit d'une vaste opération de relations publiques pour souligner la volonté politique de valoriser le monde rural, alors qu'en réalité celui-ci est paralysé par la bureaucratie.

Le dedazo du président Echeverria désigne José López Portillo comme successeur. Celui-ci, président de 1976 à 1982, hérite d'une situation économique favorable. Les revenus pétroliers financent la croissance économique qui se maintient autour de 7 et 8 % entre 1978 et 1981[20]. López Portillo s'emploiera à rétablir la confiance de la bourgeoisie nationale et des milieux d'affaires internationaux envers le système politique mexicain.

En dépit de la croissance économique, le président se trouve devant une situation agraire critique. Il rejette le thème des revendications sociales et déclare habilement, non pas la fin de la réforme agraire, mais plutôt celle de la distribution des terres :

> Le problème de la tenure a été résolu par notre révolution. D'une manière ou d'une autre, bien qu'il y ait encore certains aspects imparfaits mais fondamentalement résolus, le problème de la tenure, c'est déjà de l'histoire ancienne[21].

Le président tente de subordonner le secteur éjidal au secteur privé par une loi promulguée en 1980, dite de promotion agricole (*Ley de Fomento Agropecuario* ou LFA-80). L'intention est de former de nouvelles unités de production où seraient associés le capital privé, les terres et la main-d'œuvre éjidales. L'État avoue ainsi son incapacité à développer le secteur paysan. Le caractère antirévolutionnaire de cette loi est habilement camouflé par l'instauration simultanée du programme d'aide aux cultures de subsistance, le SAM (*Sistema Alimentario Mexicano*). Il faut souligner ici l'à-propos du PRI et de son président qui lancent ce programme fort populaire, juste à la fin d'un sexennat, comme pour garantir l'arrivée du président suivant.

Pour réduire les importations de produits alimentaires, près de 7 à 10 millions de tonnes en 1980, le SAM fait de l'autosuffisance alimentaire une priorité nationale. Le programme, mis en œuvre à grands renforts de publicité avec la collaboration des journaux du pays, tente de revitaliser l'alliance de l'État avec la paysannerie. Les denrées de première nécessité devraient abonder dans les campagnes grâce au réseau des succursales CONASUPO (Compagnie nationale de

PHOTO 7. Intérieur d'une maison maya. Murs de pisé, plancher de terre battue et des hamacs pour tout mobilier. (1982)

subsistance populaire), ces magasins d'État chargés de l'approvisionnement en zones populaires. Les magasins CONASUPO (*tiendas rurales*) sont disséminés aux quatre coins du pays. Leur mission est de fournir des denrées de base aux populations appauvries ou isolées et d'acheter les produits agricoles des paysans. La question essentielle de la tenure est évitée. Les grands éleveurs voient leurs propriétés échapper à un éventuel processus de redistribution des terres. La réforme agraire devient protectrice des intérêts privés[22].

Dans ce contexte, l'agriculture privée reçoit des appuis économiques substantiels, alors que la zone du henequén, sous contrôle étatique, vit une véritable crise. Les prix continuent de chuter, les rendements décroissent, mais le nombre d'éjidataires payés par la Banque d'État (*Fideicomiso Henequenero*) fluctue à la hausse pour atteindre le nombre record de 90 763 en 1977. La valeur du henequén ne peut plus couvrir les frais de fonctionnement[23].

Le gouvernement procède à l'épuration des listes de travailleurs du henequén, desquelles environ 33 000 noms sont rayés entre 1977 et 1980. Le déficit de la banque atteint 221,9 millions de pesos en 1979 (9 750 millions de dollars US valeur de 1979[24]). En 1981, année préélectorale, le gouvernement efface une dette des travailleurs marginaux d'une valeur de 10 millions de pesos[25] (408 500 $US). Les travailleurs expulsés de l'industrie du henequén se dirigeraient vers le secteur des services, le plus souvent en migrant vers Mérida ou le Quintana Roo.

Les avatars de l'indigénisme

L'Institut national indigéniste (INI) est incorporé à la COPLAMAR (*Coordinación General del Plan Nacional de Zonas Deprimidas y Grupos Marginados*), un nouvel organisme créé en 1977. Cette superstructure regroupe 13 organismes d'État et doit, en théorie, permettre au président d'agir directement dans les zones les plus pauvres du pays, qui sont souvent des régions de peuplement indigène. La COPLAMAR procède par entente signée (*convenio*) avec divers organismes afin d'harmoniser l'action gouvernementale dans les zones marginales. Un des premiers *convenios* est signé en mai 1979 entre la COPLAMAR et l'Institut mexicain de sécurité sociale (IMSS) et prévoit la mise en place de services de santé en milieu rural. Plusieurs autres ententes sont conclues au cours de la même année, dont une des dernières, en avril 1980, avec le ministère de l'agriculture (SARH) pour le développement agro-industriel, toujours dans les zones marginales.

Pour la COPLAMAR, indianité est synonyme de marginalité. Plus les gens sont pauvres, plus ils risquent d'être indiens. La *zona maya* comme la définit la COPLAMAR couvre tout le centre de la péninsule. Le super-organisme tente de faire passer sous sa juridiction le plus grand territoire possible. Il ne précise pas ses variables d'analyse. Il existe certaines similitudes entre la *zona maya* de la COPLAMAR et celle que j'ai délimitée (carte 9) en fonction de la langue et de la culture du maïs *de temporal* (la milpa), mais celle de la COPLAMAR couvre un territoire plus vaste. La différence entre les deux tracés montre que la COPLAMAR cherche à délimiter la pauvreté plutôt que l'indianité. Il n'empêche que la ressemblance entre les deux cartes prouve à quel point indianité rime avec pauvreté, ou avec marginalité (au sens de la COPLAMAR). Cependant, le fait demeure que, curieusement, la majorité de ces marginaux parle une langue autre que la langue dominante. La marginalité prendrait vraiment son origine dans l'exclusion culturelle.

Le diagnostic que la COPLAMAR pose en 1978 sur la *zona maya* tient de la vision apocalyptique. En effet, selon elle, l'activité économique y est passablement sous-développée avec 70 % de sa population active dans le secteur primaire, soit l'agriculture, le plus souvent d'autosubsistance, l'exploitation forestière et la pêche. Dans ce groupe, 80 % des travailleurs gagnent moins de 500 pesos par année (113,70 $US, valeur de 1978). Les paysans pratiquent une agriculture sèche, productrice des denrées de base, telles que maïs et haricots. Leur situation tend à s'aggraver au vu du processus d'atomisation des exploitations de moins de cinq hectares. Chaque personne cultive, en moyenne, un demi-hectare par année. Au chapitre de l'élevage, on observe une diminution du cheptel bovin, de la volaille et des ruches. Seule l'exploitation forestière présente un certain dynamisme, en particulier au Quintana Roo et au Campeche, bien que les méthodes de production et de commercialisation demeurent rudimentaires.

Des 402 éjidos de la zone maya, seulement une minorité d'exploitants ont accès au crédit (34,8 %) ou utilisent des fertilisants (15,7 %). Il n'y a aucun service d'assistance technique. Il est donc peu surprenant de constater que, de 1960 à 1970, la population active dans le secteur agricole n'a augmenté que de 0,10 % pour atteindre 65 487 personnes en 1970. On évoque un processus de déplacement de la main-d'œuvre vers le secteur tertiaire et un mouvement migratoire de la zone maya du Yucatán vers celle, moins densément peuplée, du Quintana Roo[26]. La question des migrations rurales est escamotée.

Les réalisations de la COPLAMAR n'atteignent aucun des objectifs visés. Le nombre trop élevé de fonctionnaires et d'organismes, les dédoublements de programmes, les conflits d'autorité et de juridiction, entre autres, expliqueraient en partie son inefficacité. Comme l'État manque de moyens pour intégrer l'Indien, on choisit de le valoriser dans sa marginalité en le réduisant au rôle d'agent de conservation du folklore. La création de la COPLAMAR s'accorde donc parfaitement avec le SAM et la loi agraire de 1980.

Les idées qui justifient l'action de la COPLAMAR sont contestées par l'anthropologue Judith Friedlander pour qui la culture indienne n'existe plus. Il n'en reste qu'un souvenir idéalisé par le pouvoir. Être indien se traduit par la négation des caractéristiques de l'élite métisse ou par la pauvreté. Il n'y aurait plus d'Indiens, mais des communautés très pauvres[27]. Paradoxalement, l'État reconnaît la nécessité de maintenir l'originalité culturelle des groupes marginaux afin de préserver des exemples vivants de la « richesse » ethnique mexicaine.

À la suite du diagnostic fort sombre de la COPLAMAR, un autre programme est instauré, le PIDER (*Programa Integral de Desarrollo Rural*), qui préconise des investissements dans l'élevage chez les communautés éjidales. Il s'agit d'implanter des « modules d'élevage » (*unidades ganaderas*) dans des éjidos sélectionnés. Trois cents hectares pris à même les terres éjidales sont réservés à cet usage. Le PIDER prévoit irriguer 40 hectares dans chaque module où il serait possible d'élever 200 têtes de bétail. Par exemple, dans sa zone n° 14, située dans la pointe sud de l'État du Yucatán et qui comprend huit municipes, le PIDER finance 41 de ces modules d'élevage.

Une série de problèmes freine l'expansion de cette activité. D'abord, il n'y a aucune tradition d'élevage chez les paysans. Puis, les éleveurs travaillent en qualité d'ouvriers supervisés par la banque et non pas en tant qu'entrepreneurs indépendants. Ils ne reçoivent en outre aucune assistance technique, en dépit de l'importance des investissements réalisés. Tout est ainsi en place pour une série de nouveaux échecs. La tentative pour implanter l'élevage échoue, pas tant à cause du dédain séculaire des Mayas pour le bétail, qu'à cause du favoritisme, de la corruption, du manque d'assistance technique et des rudes conditions locales. L'État démontre encore une fois l'impossibilité d'intégrer l'Indien. On examinera plus loin les aléas de l'implantation de l'élevage en milieu éjidal avec le cas de la communauté milpera de Dzonotchel. Pourtant, l'élevage se développe dans le sud du Yucatán et devient la principale activité dans l'est de l'État. Mes observations sur le terrain donnent à penser qu'il s'agit là d'élevage pratiqué dans des propriétés privées et non dans des éjidos sous la houlette de sociétés de crédit éjidal. Le problème, comme on le verra, n'est donc pas l'Indien, mais le cadre dans lequel on le force à travailler.

L'alibi des programmes de soutien aux populations marginales permet à l'État mexicain d'étendre ses tentacules jusque dans les coins les plus reculés du pays, sans que les destinataires notent nécessairement une amélioration de leurs conditions de vie. Les Mayas demeurent des marginaux, mais enrôlés dans des programmes fédéraux et donc obligés d'endosser la domination priiste. Il reste que les programmes sociaux qui se multiplient tout au long du XXᵉ siècle favorisent la stabilité du Mexique. Sans ces programmes, il aurait fallu que l'État devienne plus autoritaire et s'allie à l'extrême droite[28].

La crise économique qui s'installe à la fin du mandat de López Portillo, en 1981, étale au grand jour les déficiences dans la gestion du pays. La stratégie du développement fondée sur l'exploitation pétrolière s'avère un échec à la fin de 1981 à cause de la chute des prix du pétrole, qui provoque une crise financière profonde. Les revenus pétroliers ne peuvent plus masquer l'ampleur du déficit national qui atteint 11 milliards de dollars étasuniens en 1981. La croissance des importations alimentaires et de biens de production amplifie le déficit. Les présidents Echeverria et López Portillo ont tous deux emprunté à l'extérieur du pays pour financer leurs politiques intérieures. La dette publique extérieure passe de 11,5 milliards de dollars US en 1975 à 42 milliards en 1981[29]. Le « miracle mexicain » éclate comme la grenouille de la fable.

Nosotros progresamos juntos con el desarrollo del país. « Nous progressons en même temps que le développement du pays. » C'est d'une voix émue qu'un fonctionnaire prononce cette phrase, dans une allocution de bienvenue en mon honneur, devant les élèves du village, à l'occasion d'une de mes premières visites à Dzonotchel. Le brave homme, imbu d'idéaux priistes, discourt paisiblement sur la place centrale d'un village qui n'a ni eau courante, ni système d'égout, ni aucun dispensaire. À peine quelques ampoules électriques, une par hutte, et une vilaine route de terre, impraticable la moitié de l'année. Pour lui, la succursale d'approvisionnement populaire et l'auberge-école, toutes deux implantées au cours des années 1970, symbolisent la bienveillance du gouvernement fédéral. Il parle de progrès devant des enfants mayas en guenilles, pieds nus sur un sol jonché d'excréments. La majorité de ces enfants n'auront pas accès à l'instruction secondaire ou post-secondaire. Le progrès demeurera pour eux un mirage, un ailleurs lointain, hors de leur portée, visible seulement dans les journaux ou à la télévision.

Les changements qui se sont déroulés au Mexique
à partir de 1986 […] sont d'une telle ampleur que,
indépendamment des circonstances économiques
actuelles, il est évident que la restructuration vers
l'ouverture détermine en bonne partie les bases sur
lesquelles se cimente la réforme de l'État au Mexique.

TERESA GUTIÉRREZ-HACES

Teresa GUTIÉRREZ-HACES, « Tratado de libre comercio de America del Norte : una mirada a través de la crisis económica de 1995 », dans Henri FAVRE et Marie LAPOINTE (dir.), *Le Mexique de la réforme néolibérale à la contre-révolution*, Paris, L'Harmattan, 1997, p. 132. Traduction libre.

11 La crise et le néolibéralisme

APRÈS ENVIRON QUARANTE ANS de prospérité relative (1940-1982), l'économie du Mexique s'effondre. Il n'est pas le seul pays dans ce cas, mais sa situation est la plus médiatisée, étant donné la menace de déstabilisation que représente cette crise (et celle du Brésil) pour l'économie mondiale. L'Amérique latine connaît alors, en ce qui a trait à la croissance économique, une décennie perdue : les années quatre-vingt[1]. La crise impose une révision des grandes orientations de l'État mexicain. Après 1982, l'État doit renoncer progressivement à son rôle de moteur de l'économie et se désengager de nombreux programmes et institutions.

Deux présidents règnent sur ces années charnières, soit Miguel de la Madrid (1982-1988) et Carlos Salinas de Gortari (1988-1994). Je n'aborderai l'actuel sexennat d'Ernesto Zedillo (1994-2000) que par le biais d'informations journalistiques et des commentaires de personnes que j'ai interviewées. On remarque toutefois que le président Zedillo maintient les orientations mises de l'avant par ses deux prédécesseurs.

Le président Miguel de la Madrid hérite d'un pays en pleine crise. La dette nationale, privée et publique, atteint 77,9 milliards de dollars US en 1982[2]. La gravité de la crise financière menace d'entraîner le monde dans son sillage. Pendant ces mois critiques, le pays est forcé de se tourner vers l'aide internationale pour régler ses problèmes financiers.

Le président instaure des politiques d'austérité. Le peso est dévalué, les subventions coupées et les prix s'envolent. La moitié de la population active se retrouve au chômage. L'État doit se désengager des programmes d'aide aux populations marginales, dont les paysans. Les malheurs continuent à s'abattre sur le pays. Un violent séisme détruit une partie de la ville de México en 1985. Les prix du pétrole chutent encore en 1986.

Dans l'État du Yucatán, les travailleurs du henequén, soutenus faiblement par le gouvernement mexicain depuis des décennies, vivent une période de misère. La moitié des enfants de ces travailleurs agricoles présentent des signes de malnutrition légère ; de 3,5 à 7 % d'entre eux souffrent de malnutrition grave[3].

La même année, le pays adhère au GATT (*General Agreement on Tariffs and Trade*) et renégocie favorablement sa dette grâce aux plans Baker et Brady. L'État renonce au protectionnisme et adopte des mesures néolibérales fondées sur le libre-marché. À partir de 1987, les investissements industriels reprennent et les exportations sont à la hausse, surtout dans le nord du pays où les *maquiladoras* (entreprises de sous-traitance) se multiplient.

Le virage vers le néolibéralisme de l'État priiste suscite un fort mécontentement dans la population. La nomination et l'arrivée au pouvoir de Carlos Salinas de Gortari, artisan principal des politiques libérales sous le président précédent, sont ouvertement contestées. Partout, on crie à la fraude électorale.

Solidarité néolibérale

Le président Salinas de Gortari (1988-1994) accélère les réformes libérales. En décembre 1992, il ratifie l'Accord de libre-échange nord-américain (ALENA) dont le Canada et les États-Unis sont parties prenantes, (*North American Free-Trade Agreement* [NAFTA] pour les anglophones ; et *Tratado de Libre Comercio de América del Norte* [TLCAN] pour les hispanophones). En 1993, le traité est ratifié par le Congrès des États-Unis et par le gouvernement du Canada, et il entre en vigueur le premier janvier 1994. L'économie a déjà renoué avec la croissance (2,5 % en 1989 et 3,6 % en 1991). Des petites comme des grandes entreprises sont privatisées, entre autres le réseau téléphonique et les banques.

Les fonds que procurent les privatisations financent un nouveau programme, le PRONASOL (*Programa Nacional de Solidaridad*), aussi appelé *Solidaridad*, qui dispose de 3,8 milliards de dollars à investir dans l'infrastructure nationale. Ce programme vise à soulager les plus pauvres, qui subissent les effets néfastes de la libéralisation économique.

La principale innovation du PRONASOL consiste dans son application en fonction de la demande. Les gens doivent soumettre un projet au nom de la communauté. Ce type de programme a déjà été appliqué en Bolivie, par la Banque mondiale, au cours des années 1980. Ces programmes s'inscrivent dans le cadre des politiques d'ajustement instituées pour atténuer les pires conséquences sociales de l'introduction des mesures néolibérales. L'objectif n'est pas d'éradiquer la pauvreté, mais de soulager ceux qu'affecte la fin de l'État-providence[4]. Le PRONASOL, qui remplace la COPLAMAR, permet au président d'intervenir directement en faveur des classes les plus pauvres tout en évitant une plus grande démocratisation.

Face aux démunis, le président Salinas prêche la solidarité tandis qu'avec ses nouveaux partenaires commerciaux, il vante les mérites de la modernisation économique, dans le cadre de l'ALENA. La première année (1988-1989) le PRONASOL coûte 1,6 milliard de pesos (704 061 $US, valeur de 1988); la deuxième année (1989-1990), 3,1 milliards (1 259 282 $US, valeur de 1989); la troisième année (1990-1991), 5,1 milliards (1 977 779 $US, valeur de 1990). En 1992, les coûts du programme se chiffrent à presque 2 milliards de pesos (646 351 $US, valeur de 1992) et à 3,5 milliards en 1993 (1 125 763 $US, valeur de 1993). Si cette somme occupe un poste important du budget mexicain, elle ne fournit aux petits producteurs que 1,7 peso à l'hectare, par jour, ce qui est en deçà des coûts de production[5]. Un autre programme est lancé en 1993: PROCAMPO, qui vient soutenir les revenus des petits producteurs par des subventions directes, mais son impact sera tout aussi négligeable que le PRONASOL pour les paysans.

Les paysans de Dzonotchel ont eux aussi accès aux fonds du PRONASOL et du PROCAMPO, qui ont l'effet d'un feu d'artifice : agréable mais bref et sans conséquence. Les paysans mayas, maintenus sur place grâce aux programmes sociaux du PRI, fidèles à leur parti, devront s'adapter et produire pour le marché. « Après avoir été négligés par les institutions publiques pendant cinq décennies et après avoir subi deux décennies de protectionnisme et d'interventionnisme étatique, les petits producteurs de maïs doivent maintenant affronter une économie mondiale concurrentielle. Le programme de modernisation représente pour eux un réveil brutal[6]. »

Compte tenu de la conjoncture, les communautés indiennes, entre autres mayas, ne peuvent réclamer plus de capitaux pour assurer leur survie. Les projets communautaires, financés par le PRONASOL, ne durent que quelques mois et ne fournissent qu'un maigre complément de salaire aux gens qui y participent. Les communautés attendent toujours des actions émanant du haut de la pyramide bureaucratique. L'absence de démocratie fait ainsi obstacle à la naissance de mouvements populaires et ce, plus spécialement dans les régions rurales démunies, à cause de l'analphabétisme et de la précarité de l'existence.

En dépit du cataplasme de luxe qu'est le PRONASOL, le secteur agricole demeure en crise. Selon les États, jusqu'à 55 % des ruraux vivent sous le seuil de pauvreté. L'endettement extérieur passe de 95,1 milliards de dollars en 1989 à 124 milliards en 1993. À cette date, le pays compte 25 millions de personnes extrêmement pauvres[7].

La fin des éjidos, souhaitée par l'État

Le président Salinas de Gortari s'attaque au mythe le plus tenace de la révolution mexicaine. Il fait modifier l'article 27 de la Constitution, ce qui ouvre la voie à la privatisation des terres éjidales. Le démantèlement des éjidos ne peut toutefois s'amorcer qu'à la condition que les éjidataires réunis en assemblée générale acceptent de diviser leurs terres. Dans un premier temps, la majorité de ces assemblées refusent d'adhérer au projet de privatisation. Sauf autour des grandes villes, où l'expansion urbaine fait croître les besoins d'espace à urbaniser et, donc, la valeur des terres. Malgré le peu d'empressement des éjidataires, le nombre d'éjidos devrait maintenant osciller à la baisse, après avoir connu des augmentations constantes tout au long du siècle. Au Yucatán, le nombre d'éjidos est passé de 236 en 1935, à 352 en 1960 et à 727 en 1990. Au Quintana Roo, ce nombre passe de 231 en 1982 à 267 en 1990[8].

Certains craignent que l'entrée en vigueur de l'ALENA, ajoutée à la modification de l'article 27, ne provoque l'expulsion d'un million de familles paysannes mexicaines, étant donné la précarité de leur situation. La moitié des familles paysannes ne disposent pas de terres suffisantes pour les nourrir. Plusieurs de leurs membres, surtout les hommes, doivent aller travailler à l'extérieur[9]. Les appréhensions de la gauche mexicaine, les réticences de l'aile conservatrice du PRI, font que les statistiques au sujet du monde rural, et plus particulièrement du secteur éjidal, deviennent opaques.

Au début des années quatre-vingt-dix, à la suite de la modification apportée à la Constitution afin de permettre la privatisation des terres éjidales, il est pratiquement impossible d'obtenir des informations sur la participation au programme de privatisation des éjidos, programme appelé PROCEDE (*Programa de Certificación de Derechos ejidales*). Secret d'État.

En avril 1994, à Mérida, je demande au bureau des statistiques nationales des informations relativement au nombre d'éjidos en voie de privatisation dans l'État du Yucatán. Le fonctionnaire de service me répond d'abord qu'il n'existe aucune information à ce sujet. Puis, après un bref regard à la ronde, stoïque, il inscrit tout simplement au crayon, en silence et le plus sérieusement du monde, le nombre 263 sur un bout de papier qu'il glisse entre mes documents. Il a à peine cillé. Impossible de savoir s'il s'agit d'une mauvaise plaisanterie ou d'une donnée digne de foi ! Si nous tenons pour vrai ce nombre, sur les 727 éjidos que compte le Yucatán en 1990, 36 % auraient accepté de participer au PROCEDE, c'est-à-dire, contrairement à ce que sous-entend l'intitulé du programme, qu'ils auraient entrepris des démarches pour invalider les droits éjidaux et donc diviser la terre éjidale en lots individuels et privés. Ce pourcentage me paraît excessif. En 1998, je constate, lors d'une brève visite, que les données sur l'adhésion au PROCEDE semblent plus facilement accessibles, mais il demeure que les communautés paysannes optent le plus souvent pour le maintien de la structure éjidale ; ce qui ne les empêche pas de vendre des parcelles de l'éjido à des particuliers. Ainsi, près des centres urbains en expansion, les éjidos sont émiettés en fonction de la demande.

Dans le recensement de 1991, publié en 1994, le mot « ejido » est officiellement abandonné. L'éjido n'est plus traité comme une unité, mais plutôt comme un regroupement d'unités de production, définies de la même façon que les exploitations privées, celles de cinq hectares et moins et celles de plus de cinq hectares. Le comble de la ruse bureaucratique est la création d'une nouvelle catégorie, la « propriété mixte » où le propriétaire-éjidataire possède des parcelles privées et éjidales. De quoi confondre tous les néophytes des études mexicaines pour plusieurs années à venir ! Le secteur éjidal est traité à part dans une publication vraiment peu intéressante (*VII Censo ejidal*, 1994). Il apparaît clairement que les données officielles tentent de camoufler l'importance du secteur éjidal, comme ailleurs des données du même ordre tentent de minimiser le fait indien[10].

Les déracinés du néolibéralisme, indiens ou non, sont intégrés au secteur des maquiladoras, ces ateliers de sous-traitance, en pleine expansion, surtout dans le nord du pays. Maintenant associé aux États-Unis, le Mexique a cessé de se définir en opposition au géant du nord. Le succès commercial de l'ALENA incite les États-Unis à vouloir étendre ce type de libre-marché à l'ensemble de l'Amérique latine[11].

Résistances au néolibéralisme et fluctuations économiques

Comme pour célébrer le néolibéralisme, le premier janvier 1994, date d'entrée en vigueur de l'ALENA, éclate la rébellion de l'Armée zapatiste de libération nationale (*Ejército zapatista de liberación nacional*). Le gouvernement accepte d'entamer des négociations avec les rebelles dès le 12 janvier. Le bain de sang est évité, dans un premier temps. Les discussions, notamment au sujet de la répartition des terres et de la démocratisation, s'étaleront sur des années[12]. Il faut noter que les négociations entre l'Armée zapatiste et le gouvernement mexicain n'ont pas encore abouti à un accord en ce début d'année 1999. Au contraire, l'on observe plutôt une détérioration grave des relations entre les insurgés et les forces gouvernementales depuis le massacre d'Acteal de décembre 1997.

Malgré les difficultés, le pays continue sa marche vers une plus grande intégration au marché mondial. Toujours en 1994, le Mexique est admis à l'Organisation de coopération et de développement économique (OCDE). La même année, le candidat présidentiel et le secrétaire général du PRI sont assassinés. La corruption de la classe politique apparaît au grand jour.

Le pays replonge dans l'incertitude. Le président Salinas de Gortari refuse d'ajuster le peso pendant une campagne électorale jugée trop incertaine. Après «l'élection» d'Ernesto Zedillo à la présidence du pays, le peso chute de façon alarmante. Les États-Unis doivent investir d'urgence 50 milliards de dollars afin d'éviter une nouvelle crise financière[13]. L'ampleur de la dette est telle que les autorités doivent emprunter et, donc, négocier différentes ententes avec les institutions et les pays créanciers. Malgré différentes tentatives de sauvetage, tant étasunienne qu'internationale, le Mexique n'arrive pas à dynamiser son économie. Le salaire horaire moyen versé aux Mexicains dans le secteur manufacturier qui était de 1,59 $US en 1985 descend à 1,51 $US en 1995 (y compris les avantages sociaux)[14].

En juin et août 1996, un autre groupe armé, l'Armée révolutionnaire populaire (*Ejército popular revolucionario*, ERP), se déclare en guerre contre le centralisme de México. Il se manifeste d'abord par des attaques dans l'État du Guerrero.

Le pays amorce un virage libéral, ouvre ses frontières au commerce international, alors que le PRI conserve l'essentiel de son pouvoir sur la société mexicaine. Le néolibéralisme n'aurait pas provoqué la crise de 1995, il en serait plutôt une résultante. Les crises pourraient surgir de l'incompatibilité entre le néolibéralisme et le totalitarisme bureaucratique du PRI. En 1997-98, on remarque que la poursuite des efforts de démocratisation, le resserrement des liens avec les États-Unis, la croissance des exportations[15] indiqueraient l'homogénéisation des pratiques industrielles en Amérique du Nord.

Les soubresauts que connaît le pays, qu'ils soient liés au néolibéralisme, aux scandales politiques, à l'amorce de démocratisation ou aux politiques des gouvernements fédéraux successifs ont peu d'incidence sur le monde maya qui demeure majoritairement paysan et orienté vers l'autosubsistance. Seul le développement de l'irrigation dans la Sierra Puuc, à la faveur du plan Chac, contribue à l'amélioration des conditions de vie d'une partie de la population maya. Mais tout cela n'est qu'une partie de l'histoire. Son volet rural.

Avant que le pays n'entreprenne son virage néolibéral, les hauts fonctionnaires de l'État mexicain, encore tout-puissants à la fin des années soixante, veulent diversifier les sources de devises du pays et dynamiser l'économie d'une région en crise à la suite de la chute irréversible de ses principales exportations agricoles.

Pendant que l'agriculture n'en finit plus de péricliter dans la péninsule du Yucatán, se vit une épopée mise en scène dans les lointaines officines de la *superioridad*, à México. L'introduction d'une activité entièrement nouvelle, au début des années soixante-dix, sortira les sociétés péninsulaires de leur léthargie, changement perceptible dans les statistiques officielles à partir de 1980, comme on le voit dans le tableau 4. Pour une fois, les impératifs nationaux coïncideront avec les besoins régionaux.

DEUXIÈME PARTIE

LES MAYAS À L'HEURE DE CANCÚN

Je veux vivre ici à Cancún. Ça me plaît. J'aime le
bruit. Je ne crains pas d'être attaqué. C'était plus
difficile de faire la milpa. J'ai fait ma propre milpa
[à Dzonotchel] pendant deux ans […] Je vais
m'acheter un terrain ici. Je ne retournerais
[à la campagne] pour rien au monde.

Propos recueillis à Cancún en 1993 auprès d'un commis-comptable né à Peto en 1974.

PHOTO 8. Ouverture d'une avenue dans une *región* de Cancún. Les lots urbains ont été accordés
avant la construction du réseau routier pour les desservir.

12 Commotion dans la péninsule

Cancún. *Fantasía de banqueros*[1], « Cancún. Fantaisie de banquiers ». Le premier livre consacré à l'histoire de Cancún relie cette ville au rêve, au merveilleux. La naissance soudaine de cette ville, presque une apparition sur la côte déserte du Quintana Roo, a quelque chose de féerique. Dans le Guide de voyage Ulysse, on lit : « Tout le monde connaît l'histoire de cet ordinateur mexicain qui, en 1967, a choisi une bande de terre marécageuse d'une région isolée de la côte des Caraïbes comme site désigné pour l'érection d'un centre de villégiature. C'est ainsi que naquit Cancún[2] ! » On insinue que l'ordinateur, qui ne peut se tromper, a bien sûr choisi l'endroit le plus merveilleux du pays. Cancún combine le mystère maya, le carnaval caraïbe, le confort moderne, et les plages de sable blanc baignées par une mer turquoise douillettement tiède.

Derrière ce mythe s'agitent ceux qui le construisent : les dirigeants de la puissante Banque du Mexique, qui cherchent à augmenter l'entrée de devises étrangères au pays. Ils ne rêvent pas, ils comptent. L'étude de faisabilité dure deux ans (de 1966 à 1968) et compare six lieux potentiels du Mexique. En plus des calculs et des statistiques informatisées, l'île de Cancún séduit les banquiers. En 1969, le dedazo présidentiel pointe aussi vers Cancún. Il faut résorber le chômage devenu inquiétant dans la péninsule.

Certains prétendent que l'ordinateur a décidé, d'autres disent que ce sont des rêves de banquiers. On pourrait aussi imaginer qu'il s'agit de calculs présidentiels. Un programme mirobolant à jeter aux yeux des électeurs juste à la fin d'un sexennat.

Le Mexique ignore tout du potentiel touristique de la côte caraïbe jusqu'à la fin des années soixante. Le Quintana Roo est encore un Territoire. Cet espace lointain intéresse peu les élites de la capitale mexicaine. D'accès trop difficile, faiblement occupé par des communautés paysannes, souvent indiennes, couvert par la forêt tropicale et infesté de moustiques porteurs de malaria, le Territoire du Quintana Roo n'attise pas la convoitise des entrepreneurs ou des investisseurs.

Au cours des années soixante, le développement du potentiel touristique dans d'autres pays de la Caraïbe suscite l'intérêt des planificateurs mexicains. Le tourisme semble agir comme un aimant qui attire les dollars et autres devises fortes, européennes ou japonaise. Pendant le sexennat de Díaz Ordaz, il apparaît impérieux aux décideurs nationaux de développer les capacités touristiques du pays et de rattraper le retard du Mexique dans ce domaine face aux autres pays latino-américains et caraïbes qui profitent déjà de la manne du tourisme. Le Mexique cherche où investir les bénéfices tirés de l'exploitation pétrolière. L'histoire de Cancún, aujourd'hui encore très brève, sera celle d'un immense succès économique à moyen terme. Sans aucun lien réel avec le passé et les mythes nationaux, mayas, coloniaux ou révolutionnaires, Cancún apparaît comme l'incarnation de la ville modèle et moderne, une illusion créée dans un site enchanteur. Voici comment le rêve prend forme.

La planification d'une zone dorée

Avant 1970, le tourisme s'est quelque peu développé dans la péninsule. Les ruines des cités mayas, la ville coloniale de Mérida et les plages de Cozumel attirent déjà des touristes, en dépit de la rareté des infrastructures d'accueil. Les hôtels de Cozumel reçoivent des visiteurs depuis 1928, mais les difficultés de transport et le prix élevé des produits freinent l'expansion de l'industrie touristique. En 1967, par exemple, Cozumel et Isla Mujeres accueillent environ 50 000 touristes, en grande majorité des Mexicains. C'est bien peu, à côté des autres destinations caraïbes et d'Acapulco qui, la même année, attire 906 000 visiteurs, dont près de la moitié viennent de l'étranger[3].

Les fonctionnaires fédéraux cherchent de nouveaux sites propices au tourisme. Ils comparent les avantages et les contraintes de différents endroits. Cancún et Ixtapa sont finalement choisis. L'île de Cancún est d'abord désignée pour son exceptionnelle beauté. Le cordon littoral que baigne une eau turquoise paraît un endroit de rêve propre à attirer les vacanciers à la recherche de plages tropicales.

De plus, sa localisation par rapport aux autres infrastructures régionales, c'est-à-dire la proximité relative des grands aéroports étasuniens, constitue un atout important. La présence de ruines et de communautés de culture maya ajoute un attrait supplémentaire. On espère de plus qu'un tel centre aura un effet d'entraînement qui revitalisera une économie régionale en faillite.

Au début de 1969, le président Díaz Ordaz entérine donc le projet de développement touristique dans l'île de Cancún. L'idée de la création, de l'organisation et du financement initial de Cancún revient ainsi exclusivement aux fonctionnaires fédéraux, plus particulièrement aux cadres supérieurs du *Banco de México*. La Banque Interaméricaine de développement (BID) participe aussi au projet et investit 21 millions de dollars en 1971. Le Territoire du Quintana Roo est déclaré zone franche en 1972 ; l'État mexicain renonce ainsi à percevoir des impôts afin de stimuler la croissance économique régionale.

Un premier organisme, l'INFRATUR (*Fondo Nacional de Infraestructura Turística*) est fondé en 1969. Il a pour mission d'établir les plans de construction et les budgets de la future ville. En avril 1972, il est remplacé par un deuxième organisme, le FONATUR (*Fondo Nacional de Fomento al Turismo*), dont le mandat plus large inclut la gestion de la zone touristique. L'organisme doit établir les plans de la ville, veiller à l'aménagement des routes et des services publics, dont l'aqueduc, le système d'égout, etc. Il doit aussi trouver des sources de financement et lancer une campagne de publicité à l'échelle internationale[4].

Le FONATUR se voit attribuer des terres, constituées en réserve territoriale (*fundo legal*) et regroupant tous les espaces à vocation touristique. Ce fonds comprend l'île de Cancún, les rives de la lagune Nichupté jusqu'à la limite de l'éjido Alfredo V. Bonfil et le centre-ville de Cancún jusqu'à l'avenue Chichén Itza. Au nord, le fonds jouxte les terres d'un village, Puerto Juarez, une localité de 117 habitants en 1970, en majorité des pêcheurs et des cueilleurs de chiclé et de noix de coco (carte 10). Au centre-ville, à proximité de la zone touristique, le FONATUR fait construire de confortables quartiers résidentiels autour de l'hôtel de ville. Du coup, l'organisme introduit une ségrégation dans l'espace à urbaniser. Il se réserve la clientèle aisée pour rejeter, hors de sa juridiction, la masse des travailleurs. Les ouvriers, les petits employés, les pauvres du secteur informel ne pourront jamais habiter les terres gérées par le FONATUR.

L'entreprise monumentale et ses conséquences

La phase I de la construction de la ville s'étend de 1970 à 1976. L'île naturelle, trop étroite pour contenir ces ambitieux projets de développement, est d'abord élargie par l'ajout de tonnes de terre arrachées au continent. La lagune rétrécit à mesure que l'île s'agrandit. Deux ponts la relient à la terre ferme.

Le vaste chantier autour de l'île se transforme rapidement en une ville moderne. Le premier grand hôtel (Playa blanca) ouvre ses portes en 1974 et l'aéroport international est inauguré en 1975. Au cours de ces deux années, huit autres hôtels sont construits, pour un total de 1 897 chambres, dont 600 au Club Méditerranée. Un centre des congrès, terminé la même année, peut accueillir jusqu'à 2 000 invités. Le FONATUR prévoit que, vers 1986, soit dix ans plus tard, Cancún pourra voir défiler jusqu'à un million de touristes. Ces projections se révèlent assez près de la réalité. En 1986, Cancún reçoit 861 718 touristes[5].

La taille de la population, ajoutée à l'importance croissante de l'économie régionale dans le produit national brut, permet au Territoire du Quintana Roo d'accéder au rang d'État en 1974[6]. L'année suivante, les quatre délégations sont découpées en sept municipes. Chetumal conserve son titre de capitale de l'État et du municipe, rebaptisé Othón Blanco. La partie nord de l'État est divisée en municipes plus petits, dans la perspective d'une possible occupation municipale plus dense (Isla Mujeres, Benito Juarez, Lázaro Cárdenas, Cozumel). L'ancienne délégation du centre, la zone maya du nouvel État, est scindée en deux municipes, José María Morelos et Felipe Carrillo Puerto.

En plus de procéder à une division de nature administrative, on établit une régionalisation en fonction du type de population. On définit, sans les délimiter, deux zones différentes. La zone maya désigne l'espace où vivent les descendants « des anciens Indiens mayas » alors que la zone de colonisation, non indigène et de peuplement récent, comprend la côte, les îles et le municipe Othón P. Blanco. Au point de vue économique, la zone maya constitue un espace marginal parce qu'il présente les plus bas niveaux en matière de nutrition, d'équipements et de services. On remarque que, depuis les observations d'Alfonso Villa Rojas en 1959, la situation ne semble pas avoir évolué en faveur de la population maya qui demeure miséreuse. La zone de colonisation devient un territoire de développement, caractérisé par l'agriculture commerciale et l'expansion du tourisme. Cancún représente le fer de lance de cette expansion[7].

Les besoins croissants en main-d'œuvre engendrent des courants migratoires à l'origine d'une spectaculaire poussée démographique au cours des années soixante-dix et quatre-vingt. En 1983, la population de l'État se chiffre à 330 813 habitants et à presque un demi-million (493 277 habitants) en 1990[8]. Pour la première fois, le municipe de Benito Juarez dépasse celui d'Othón Blanco, avec respectivement 176 765 et 172 563 habitants. Il enregistre les taux de croissance annuelle les plus élevés, soit 11,0 % au cours des années 1970 et 17,3 % au cours des années 1980, comparativement au reste de l'État pour ces deux décennies (9,5 et 8,3 %)[9]. La ville de Cancún regroupe 94,9 % de la population du municipe de Benito Juarez. Chetumal, capitale de l'État et traditionnellement le principal centre urbain du Quintana Roo, passe au deuxième rang, avec une population de 94 158 personnes, derrière Cancún qui en compte 167 730[10].

En 1993, on trouve à Cancún 18 913 chambres d'hôtel; la ville reçoit un peu plus de deux millions de visiteurs, ce qui en fait le centre par excellence du tourisme de masse au pays[11]. Au cours des années quatre-vingt-dix, la croissance se poursuit. En 1997, le nombre de visiteurs atteint 2 720 000 et les hôtels (environ 114), qui totalisent 22 855 chambres, présentent un taux d'occupation moyen de 81 %[12]. Face au gigantisme du projet et de son succès, les autorités municipales, celles du FONATUR et de l'État, tentent de gérer et de stimuler la croissance du tourisme, tout en préservant les ressources naturelles locales et en contrôlant l'expansion urbaine. Un défi fort risqué.

La ville à trois visages

La structure de Cancún repose sur la division relativement étanche de deux types d'espace: l'espace réservé au tourisme et celui destiné à la population mexicaine[13]. L'espace des Mexicains est à son tour subdivisé; le centre-ville aux notables, les *regiones* au peuple.

L'île de Cancún, surnommée la *zona dorada*, est assignée au tourisme. Cette bande de terre, d'une longueur de 21 km et d'une largeur de 200 à 800 mètres, parallèle à la côte dans un axe nord-sud, est rattachée au continent par deux ponts, construits à chaque extrémité (carte 10). Le pont sud, qui enjambe la Boca Nizuc, est situé à proximité de l'aéroport international. Les voyageurs peuvent ainsi transiter directement de l'avion à leur coin de paradis, sans devoir passer par le centre-ville. Le littoral caraïbe, où se trouvent les plus belles plages, constitue le domaine des grands hôtels de luxe. La rive qui donne sur la lagune Nichupté est, dans un premier temps, réservée à des complexes hôteliers plus modestes, tels des ensembles d'appartements. On y aménage aussi deux terrains de golf.

La zone touristique est construite de façon à inviter au rêve. Elle est une illusion de paradis offerte aux visiteurs venus se reposer ou s'amuser. Dans cette ville moderne par excellence, tout est neuf et pensé en vue du plaisir et de la détente. Pour attirer la clientèle, les hôtels rivalisent d'évocations exotiques. Leur architecture rappelle souvent les pyramides mayas, sinon des huttes champêtres avec confort ultramoderne, etc. Des jardins luxuriants, constellés de piscines et de fontaines, mènent à la plage. L'édification du paradis *cancunense* n'est pas encore terminée.

Dans le Plan directeur de développement du tourisme (1990-1993), la municipalité, de concert avec le FONATUR, prévoit aménager des lots vacants dans la zone hôtelière, mais le principal projet est d'ouvrir Cancún au tourisme maritime. Ce mégaprojet porte le nom de Puerto Cancún. Il s'agit d'élargir la lagune Morales, au sud de Puerto Juarez (carte 10) pour en faire un port de mer qui couvrirait 343 ha et pourrait accueillir 1 800 embarcations. Le projet comprend des lots pour des hôtels, des immeubles à appartements et des commerces, un terrain de golf. Le tout aménagé avec des canaux pour que les embarcations puissent circuler entre les îlots résidentiels. On espère ainsi attirer une clientèle fortunée. Le projet date de 1990 mais aucune construction n'a encore été entreprise en cette fin d'année 1998. D'après un responsable du FONATUR, il semble que les plans de Puerto Cancún doivent être modifiés, étant donné une conjoncture internationale défavorable aux investisseurs. Le FONATUR renoncerait aux canaux et à la marina, qui exigent des investissements colossaux, pour se concentrer sur des travaux de remblaiement, de division des lots et de vente de terrains dans ce secteur[14].

Dans un autre projet conjoint avec le FONATUR, la municipalité prévoit de construire une zone urbaine donnant sur la lagune Nichupté. Le projet, nommé San Buenaventura (ou Malecón Cancún), s'étend sur 93 ha, entre le centre-ville et la lagune. Son attrait principal est une jetée (*malecón*) longeant la lagune sur 1 200 mètres, avec un vaste espace piétonnier en son centre. Ces projets permettraient au centre-ville d'avoir deux zones de contact, de « niveau touristique », avec la mer.

De son côté, le FONATUR prévoit urbaniser 110 ha au centre de la ville en offrant des terrains à vocation commerciale ou résidentielle. Cinq mille maisons pourraient y être construites[15]. Ce projet ne s'adresse pas à la population ouvrière mais plutôt aux membres des professions libérales.

Le FONATUR a des projets à plus long terme que ces trois derniers cités. Il s'agit pour cet organisme de diversifier sa clientèle et d'attirer les riches rentiers étrangers en leur offrant des appartements luxueux, des terrains de golf et une clinique de santé moderne. Dans cette optique, le FONATUR planifie la construction de deux quartiers avec une occupation à basse densité, sur 314 ha, entre le bord de la mer, à proximité de la Boca Nizuc, et le boulevard Kukulkán et son prolongement, au sud de l'aéroport. Devant l'affluence touristique et ses débordements, les autorités ont élaboré un plan d'occupation du corridor Cancún-Tulum, affublé depuis peu du nom de *Riviera maya*[16].

CARTE 10

La ville de Cancún

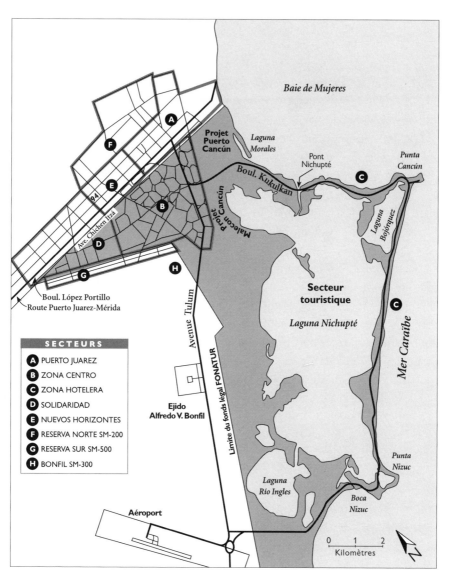

Les touristes

Le nombre de touristes et de chambres d'hôtel ne cesse d'augmenter depuis la fondation de la ville. À la fin de 1983, sur les 744 451 touristes qui séjournent à Cancún, 32 % sont originaires du pays et 68 % viennent de l'étranger. La présence des non-Mexicains s'accroît au cours de la décennie. En 1992, les non-Mexicains constituent 77 % de la clientèle de Cancún. Cette proportion d'un quart de touristes nationaux pour trois quarts d'étrangers se maintient jusqu'à la fin des années quatre-vingt (figure 1). D'après les chiffres du FONATUR, en 1992, les touristes nationaux ne représentent plus que 15 % de la clientèle[17].

Les touristes mexicains fréquentent Cancún surtout durant les mois d'été, soit juillet et août, alors que la présence des touristes étrangers culmine au cours de l'hiver, entre décembre et mars, soit pendant la saison sèche. En 1992, par exemple, Cancún reçoit 201 000 touristes durant les mois de mars et de juillet. En mars, les non-Mexicains représentent 84 % des touristes et, en juillet, 65 %. Les touristes étrangers vont ainsi à Cancún durant toute l'année mais leur présence est prépondérante pendant les mois d'hiver.

Une telle distribution des touristes en fonction de leur provenance se répercute sur les finances publiques, car les touristes étrangers dépensent beaucoup plus que les touristes mexicains. De 1983 à 1991, près de 80 % des dépenses effectuées par l'ensemble des touristes sont attribuables aux touristes étrangers[18]. Pour l'année 1992, le tourisme non mexicain génère des revenus bruts de 1,2 milliard de dollars US alors que les touristes nationaux ne dépensent que 143,5 millions. La dépense moyenne par visiteur étranger est de 680 $US alors que celle des Mexicains atteindrait 1 694 pesos (544 $US, valeur de 1993[19]). On voit donc que l'argent des touristes étrangers est essentiel à Cancún qui se classe au premier rang des centres touristiques du pays, quant à l'afflux de devises étrangères.

Si l'on observe deux hautes saisons touristiques à Cancún, il ne faut pas en conclure qu'il y a une importante saison morte. Au contraire, les taux d'occupation hôtelière se maintiennent au moins autour de 70 % toute l'année, sauf en septembre, mois des ouragans, où le taux d'occupation descend à 50 % en 1990 et en 1992[20]. Il y a ainsi un étalement de l'achalandage touristique tout au long de l'année, avec un maximum d'occupation entre décembre et février.

En 1992, 65,3 % des touristes non mexicains (1 018 064 personnes) logent dans les hôtels de grand tourisme ou les cinq étoiles qui abondent sur le littoral caraïbe *cancunense*. En 1993, un peu plus de 64 % des 18 913 chambres d'hôtel que compte Cancún appartiennent à des hôtels de catégorie grand tourisme

(6 417 chambres) ou cinq étoiles (5 777 chambres). Si les hôtels de luxe occupent la façade caraïbe, les hôtels plus modestes (quatre étoiles et moins) se trouvent presque tous dans le centre-ville de Cancún[21]. Les touristes étrangers se concentrent ainsi dans l'île de Cancún, alors que les touristes mexicains occupent le centre-ville, plus éloigné de la mer.

La majorité des étrangers en visite à Cancún sont originaires des États-Unis. Entre 1984 et 1991, les Étasuniens représentent de 76 à 89 % des touristes étrangers.

FIGURE 1

Évolution de l'affluence touristique à Cancún,
(en milliers de personnes), 1975-1998

années	touristes étrangers	touristes nationaux	total des touristes
1975	27,3	72,2	99,5
1976	67,0	113,5	180,5
1977	116,6	148,6	265,2
1978	149,5	160,3	309,8
1979	199,8	196,1	395,9
1980	241,6	218,4	460,0
1981	276,8	264,0	540,8
1982	336,4	307,4	643,8
1983	508,3	236,0	774,3
1984	496,5	201,5	698,0
1985	499,4	212,6	712,0
1986	638,6	213,9	852,5
1987	756,1	188,0	944,1
1988	654,7	175,2	829,9
1989	856,1	294,2	1150,3
1990	1 176,6	389,3	1565,9
1991	1 903,5	n. d.	n. d.
1992	1 704,0	262,1	1 966,1
1993			1 979,3
1994			n. d.
1995			2 163,7
1996			2 312,6
1997			2 600,0
1998			2 664,2

Sources : Données 1975-1982 : INEGI, *Quintana Roo. Cuaderno de Información para la Planeación*, p. 215 ; données 1983-1991 : H. Ayuntamiento de Benito Juarez, *Plan de gobierno 1990-1993*, anexos II ; données 1992-1997 : Municipio Benito Juarez, *Segundo informe municipal*, Cancún, 1995, annexe 7 ; Municipio Benito Juarez, *Primer informe 1996-1997*, Cancún 1997, p. 37 ; Municipio Benito Juarez, *Segundo informe 1996-1997*, Cancún 1998, p. 2.

Durant la même période, la proportion de Canadiens varie de 6 à 14 % et celle des Européens, de 3 à 12 %. Il faut remarquer qu'entre 1991 et 1992 les clientèles canadienne et européenne diminuent respectivement de 29 % et de 9 %. Cette désaffection est alors compensée par les Étasuniens dont le nombre augmente de presque 16 %[22].

La quasi-totalité des touristes voyagent par avion. La durée moyenne de leur séjour, qui était de 4,4 jours en 1978, passe à cinq jours en 1988, puis à 5,1 jours en 1997[23]. L'allongement de la durée du séjour moyen reflète la satisfaction des touristes par rapport à leur séjour caraïbe-mexicain au cours des années quatre-vingt. La stabilisation de cet indicateur durant la décennie suivante pourrait indiquer que Cancún a atteint un sommet quant à sa capacité de rétention des touristes.

Pour plaire à sa clientèle, Cancún propose de nombreux commerces et activités provenant des États-Unis (photo 9), ou des imitations d'allure mexicaine. Le style publicitaire caractéristique du géant du nord, surtout présent dans la *zona dorada,* côtoie les fréquentes évocations de la civilisation maya produites par les autorités mexicaines.

Le marketing du phénomène maya

Le FONATUR et le gouvernement mexicain ne ménagent aucun effort pour valoriser les richesses du patrimoine national. Les œuvres mayas des époques classique et postclassique figurent sur toutes les brochures publicitaires, et semblent devenues une obsession, une manie maya qui se manifeste partout. Il est vrai que ces trésors constituent un avantage de poids face aux autres destinations touristiques de la Caraïbe. Les richesses culturelles de l'État et de la péninsule intéressent de toute évidence les visiteurs. En 1983, quelque 55 % des non-Mexicains séjournant à l'hôtel dans la péninsule visitent les musées, les zones archéologiques ou d'autres sites d'intérêt culturel[24]. Aujourd'hui encore, les touristes fréquentent en masse les sites archéologiques mayas. Nombreux sont ceux qui consacreraient au moins une journée à visiter Chichén Itza, Uxmal ou Tulum. Plusieurs arriveraient déjà bien documentés sur la civilisation maya dans la péninsule du Yucatán. Cependant, très peu d'étrangers semblent savoir qu'il y existe des gens parlant encore une langue maya. Pour la plupart des visiteurs étrangers, le fait maya appartient au passé.

D'après des observations sommaires, il semblerait que les touristes méconnaissent la situation des Mayas contemporains. Certes, ils sont intrigués par les maisons aux toits de chaume vues le long de la route qui mène à Chichén Itza. Cette vision les étonne autant qu'elle les met mal à l'aise. Le dénuement des gens

PHOTO 9. Commerce dans la *zona dorada* de Cancún. Évocation de la culture sportive étasunienne. (1996)

qui vivent dans des demeures aussi rustiques les inquiète. Il est vrai que, contrairement au Guatemala qui étale son exotisme maya et semblerait attirer plutôt un tourisme d'aventure, l'État du Quintana Roo mise, non pas sur les Mayas contemporains, mais sur l'archéologie et le tourisme de luxe. La révolte des Zapatistes du Chiapas a fait plus pour divulguer la réalité maya actuelle que tous les dépliants publicitaires produits par les différents organismes gouvernementaux. Cependant, tout donne à penser que, pour les touristes, la rébellion zapatiste est bien loin et apparemment sans lien avec la population de Cancún.

La publicité insiste sur le mystère qui entoure la civilisation maya et s'en sert pour appâter les touristes à la recherche d'exotisme. Il est ainsi important d'occulter, à tout le moins de ne pas souligner, le lien entre les Mayas « archéologiques » et ceux d'aujourd'hui, car les Mayas mexicains en cette fin de XXe siècle n'ont rien de mystérieux ou d'attirant pour le touriste lambda. Ceux qui vivent à la campagne sont pauvres, démunis ; les enfants ont le ventre gonflé par les parasites. Ceux qui se sont implantés en ville sont encore moins exotiques. Pour les Étasuniens en vacances, les descendants des Mayas ressemblent à s'y méprendre à ces autres Mexicains qui traversent leur frontière et revendiquent une place de plus en plus grande dans la vie nationale étasunienne.

Les autorités locales préfèrent ne pas insister sur cet aspect de la réalité mexicaine, car il faudrait aborder les thèmes de la pauvreté, de la justice sociale ou, pire, de la démocratie. Pour la tranquillité du gouvernement comme pour celle des touristes qui ne désirent que se reposer et s'amuser, les Mayas font partie du passé et sont rattachés aux ruines. Il y a bien quelques manifestations folkloriques pour rappeler la présence maya actuelle. Comme ces serveuses vêtues du *huipil* dans les restaurants chic ou le groupe de danse folklorique de Cancún. Dans ce cas précis, il a d'ailleurs fallu inventer le passé pour concevoir des danses de style prétendument maya précolombien. La distinction qu'établissent les touristes entre les Mayas « archéologiques » et les Mayas contemporains serait ainsi entretenue ou encouragée par les autorités en place. Il faut préciser qu'aucune enquête systématique n'a été réalisée auprès des touristes à Cancún ; ces remarques découlent d'observations, au cours de mes séjours à Cancún et au Quintana Roo. Les perceptions mutuelles des Mayas et des touristes occidentaux constituent une question qui reste à explorer.

Ruta maya, puis *Mundo maya*

Voyant encore plus grand que le corridor Cancún-Tulum, les gouvernements de cinq pays (Belize, Salvador, Guatemala, Honduras, Mexique) se rencontrent en 1988 pour jeter les bases d'un nouveau projet touristique, celui de la *Ruta maya*. Ce projet vise à faire connaître les différents sites archéologiques mayas, de Palenque au Chiapas, en passant par le Guatemala et le Belize, et jusqu'au Honduras[25]. On insiste sur l'importance d'impliquer les populations locales dans le développement du tourisme et la conservation du patrimoine maya. En 1990, le nom du projet change pour devenir le *Mundo maya*. *Ruta* manquait sans doute de prestige, le mot aurait pu évoquer la fuite, ou simplement l'asphalte ou la poussière du chemin. *Mundo maya,* au contraire, évoque des cités, une civilisation, des paysages qui s'étendent au pied des statues de pierre. La Communauté économique européenne (CEE) fournit un million de dollars en assistance technique pour la réalisation du projet.

En 1992, on fonde une commission internationale regroupant les ministres du Tourisme des cinq pays concernés. L'industrie privée du tourisme est présente dans d'autres instances du projet. En 1993, les cinq présidents visitent ensemble un site archéologique de chacune des « nations mayas ». Ils signent la déclaration de Copán en vertu de laquelle ils s'engagent à travailler de concert au développement régional.

Il existe maintenant une organisation internationale, l'*Organización Mundo*

Maya (OMM), dont le rôle consiste à promouvoir l'ensemble de la région autrefois occupée par les clans mayas. L'organisation publie une revue semestrielle, *El Mundo Maya*, pour faire connaître les différents sites à visiter, les circuits et les services hôteliers disponibles dans chacun des cinq pays. L'OMM stimulerait aussi l'intérêt pour le fait maya à partir de son site Web.

À l'heure actuelle, l'OMM propose 93 sites archéologiques mayas, répartis dans les cinq pays. Si cette liste, non exhaustive, est impressionnante (tableaux 5 et 6), elle ne donne aucune indication quant à l'importance et à la valeur des différents sites. La richesse archéologique du « Monde maya » laisse supposer que plusieurs voyages seront nécessaires pour apprécier les multiples manifestations mayas.

Les sites archéologiques ne constituent pas le seul attrait du *Mundo maya*. L'architecture coloniale apparaît comme le deuxième élément d'intérêt touristique. Les édifices coloniaux sont encore plus nombreux que les ruines mayas. Ils se trouvent principalement dans les villes actuelles, alors que les sites mayas sont généralement situés en dehors des agglomérations. De nombreuses autres activités sont offertes, telles la pêche, l'exploration de grottes, la plongée en apnée ou avec des bonbonnes, la visite de sites naturels — plages, volcans, parcs naturels ou réserves de la biosphère.

Le principal problème du Monde maya est celui du transport entre les différents sites. Les vestiges se trouvent dans la jungle et sont souvent difficiles d'accès. Les routes qui relient ces sites, depuis le Honduras jusqu'à Cancún, sont de qualité fort variable et peuvent, selon la saison, s'avérer impraticables. Voilà pourquoi le *Mundo maya* favorise le transport aérien entre les principaux lieux. Il manque encore plusieurs routes et autoroutes pour que le *Mundo maya* devienne une entité réelle. Pour l'instant, il s'agit encore d'un projet, éclaté en une série de centres dont Cancún constitue le principal point d'entrée.

Le Monde maya n'a aucune dimension politique. Les « nations mayas » ne sont évoquées qu'à titre d'objet d'intérêt archéologique et touristique. Comme je l'ai déjà remarqué plus haut, d'après le site Web du *Mundo maya*, la civilisation maya se serait éteinte en 1521, donc, entraînant la disparition de tous les Mayas (ce qui indiquerait que ce site est géré depuis México). Il n'y aurait de civilisation maya que celle gravée dans les pierres. Et il n'y aurait plus de Mayas mais des populations locales qu'il s'agit d'intégrer à l'industrie touristique en tant que main-d'œuvre à bon marché et productrice, si possible, d'artisanat de style maya.

Cancún est le lieu de rencontre des Étasuniens, des Canadiens et des Européens qui occupent l'essentiel de la façade caraïbe. Il ne s'agit pas d'un lieu de contact entre Mexicains et autres Nord-Américains ou Européens, car les Mexicains qui

TABLEAU 5

Les sites archéologiques du *Mundo maya* au Mexique

CAMPECHE	CHIAPAS	QUINTANA ROO	TABASCO	YUCATÁN
Balankú	Arriaga	Cancún	Balancán	Chichén Itza
Becán	Bonampak	Cobá	Comalcalco	Dzibilchaltún
Calakmul	Chinkultic	Cozumel	Jonuta	Izamal
Chicanná	Ionala	Kinichná	Las Flores	Labná
Dzibalchen	Izapa	Kohunlich	La Venta	Mayapán
El Tigre	Mapastepec	La Laguna	Macyspana	Mérida
Edzná	Palenque	Muyil	Reforma	Oxkintok
Hochob	Pomoná	Oktankah		Sayil
Hopelchen	Toniná	Punta Laguna		Uxmal
Hormiguero	Yaxchilán	Tulum		Xlapak
Río Bec		Tzibanché		
Tabasqueño		Xcaret		
Xpuhil		Xel-Há		

TABLEAU 6

Les sites archéologiques dans les quatre autres pays du *Mundo maya*

BELIZE	GUATEMALA	SALVADOR	HONDURAS
Altun Há	Aguateca	Joya del Ceren	Copán
Cahal Pech	Altar de Sacrificios	Quelepa	Pulahpanzak
Caracol	Ceibal (ou Seibal)	San Andrés	
Cerros	Dos Pilas	Tazumal	
Corazal	El Mirador		
Cuello	El Tintal		
Lamanai	Huehuetenango		
Lubaantún	Hiximché		
Pusilha	La Democracia		
Xunantunich	La Florida		
	Mactún		
	Naachtún		
	Naranjo		
	Paso Caballos		
	Piedras Negras		
	Quiriguá		
	Río Azul		
	Río Pasión		
	Tamarindito		
	Tikal		
	Uaxactún		
	Yaxhá		
	Zaculeu		

Source : *El Mundo Maya*, printemps-été 1996, vol. 4, n° 2, p. 8-9.

peuvent se permettre un séjour sur le littoral caraïbe n'y vont pas en même temps que les Étasuniens. De plus, aucun contact n'est encouragé entre les subalternes mexicains et les touristes. Du point de vue économique, Cancún représente un immense succès, sans que l'on sache exactement qui des Mayas ou des plages en constituent l'attrait principal. Peu importe, les touristes en redemandent, les devises affluent. Cependant, derrière les dorures du site, s'accumulent des problèmes démographiques et écologiques pour lesquels personne n'a encore trouvé de solution.

Je n'ai pas peur du nouveau. Ici à Cancún, tout est plus facile. Il y a toujours du travail. J'aurais peur de retourner à Dzonotchel. Il n'y a pas d'eau, pas de télé. Ici, même juste en lavant du linge, on gagne de l'argent vite fait.

Propos recueillis à Cancún en 1993 auprès d'une commerçante du secteur informel, née en 1959 à Dzonotchel.

13 Cancún, centre et régions cachées

EN DEHORS DU CENTRE-VILLE et de la *zona dorada* existe un troisième Cancún, caché aux touristes: celui des quartiers d'ouvriers et de travailleurs, dont chacun porte le curieux nom de *región*.

Pour retrouver la première famille de migrants de Dzonotchel installée dans une de ces *regiones*, j'ai dû marcher pendant des heures, sous un soleil fou, avec, pour seule indication, un petit plan fait d'un vague quadrillé sur un papier froissé. Il est difficile de s'orienter puisqu'il n'y a aucune indication, ni sur le plan ni sur place. Les rues se ressemblent toutes, couvertes de fin sable blanc ou de boue. Aucun repère, tel un clocher ou un édifice particulier. Les maisons ne portent pas de numéro civique. Les gens n'ont donc pas d'adresse. Comme tous sont arrivés depuis peu, plusieurs ne connaissent pas leurs voisins. Face à l'inconnu, les résidants des *regiones* ont d'ailleurs adopté le terme *vecinos* (« voisins ») pour désigner ceux qui demeurent à proximité et avec qui ils entretiennent des relations au moins polies. Ils ont pour l'instant renoncé à apprendre tant de nouveaux noms, situation attribuable aux arrivées et aux départs constants des travailleurs plus ou moins temporaires. En plus de l'anonymat des rues et des gens, les maisons se ressemblent beaucoup. À force de patience, en fin de journée, alors que des nuages de plus en plus noirs menacent d'éclater, je retrouve enfin mes amis, au hasard des rencontres.

Au cours des visites suivantes, je me repère grâce aux couleurs des devantures. Les maisons peuvent paraître inachevées, mais souvent les façades brillent de

PHOTO 10. Maison avec un toit en palmes de style maya. Les blocs de béton ont remplacé le pisé dans la construction des murs. (1996)

façon saisissante, en rose saumon, vert printanier ou turquoise lagon. Le chemin à suivre se lit comme un damier de couleurs voyantes.

Le centre-ville, un lieu de convergence

Le pont au nord de l'île, appelé Nichupté comme la lagune, mène au centre-ville. Contrairement à la zone touristique, la ville mexicaine n'a pour l'instant pas de façade maritime, sauf à Puerto Juarez. La ville est installée sur le continent, derrière le port. Le centre de cet espace urbain est occupé par l'hôtel de ville de Cancún qui donne sur l'avenue Tulum, ce cordon routier qui relie la *zona dorada* au centre-ville. De chaque côté de l'avenue, se succèdent les commerces destinés aux touristes. Des restaurants *típicos*, des boutiques d'artisanat, de vêtements à la mode, des bijouteries rivalisent de lumière et de couleur pour attirer la clientèle. Des *mozos* ou garçons se tiennent sur les trottoirs pour inciter les clients à entrer. De petits hôtels occupent les rues transversales. Des autobus rapides, propres et silencieux, probablement le service d'autobus le plus diligent de tout le pays, charrient un flot continuel de touristes entre la *zona dorada* et l'avenue Tulum. Un autobus aux trois minutes ; comme un carrousel qui tourne sans fin.

Le centre-ville est structuré en *supermanzanas* (super-îlots) qui regroupent plusieurs îlots à vocation résidentielle et commerciale. On y retrouve de petits édifices à bureaux, des commerces, des appartements. Ces «super-îlots», de forme plus ou moins pentagonale, sont organisés de façon à décourager la circulation automobile et à créer un mouvement vers l'intérieur. Il y a ainsi peu de contacts entre les espaces résidentiels et touristiques[1]. Il s'agit de quartiers relativement aisés, quadrillés de rues bordées de palmiers, où vivent des commerçants, des fonctionnaires et des entrepreneurs locaux. Mais là ne vit pas la majorité des travailleurs mexicains.

La partie touristique de l'avenue Tulum se termine par un carrefour orné d'un monument à bas-reliefs en l'honneur des héros nationaux. Ce carrefour marque la fin du centre-ville et la limite de l'espace résidentiel des Mexicains aisés. Le monument constitue un point charnière entre le centre-ville et les régions populaires. Le terminus d'autobus se trouve justement à un angle du carrefour. L'autobus constitue le moyen de transport privilégié des Mexicains moins bien nantis. Ces derniers arrivent de partout, pour visiter ou travailler. Du terminus, les voyageurs se dirigent surtout vers les régions, à bord de vieux autobus municipaux qui empruntent en majorité ce carrefour avant de se disperser vers les régions.

Les travailleurs mexicains ne vont dans l'autre direction, soit la zone touristique, que pour y travailler. À l'inverse, peu de touristes s'aventurent au-delà de l'avenue Tulum. Malgré le caractère mexicain des régions, les touristes n'y ont pas facilement accès. Les obstacles aux échanges entre les espaces mexicains et non mexicains sont d'ordre psychologique plutôt que juridique. Les lignes de transport ne sont pas les mêmes pour les touristes que pour les travailleurs, du moins pour entrer et sortir des régions. Les rares étrangers qui tiennent à visiter les quartiers mexicains doivent, tout comme les travailleurs locaux, changer d'autobus au carrefour des «Héros de la nation» et opter pour l'un des nombreux véhicules vétustes dont les destinations sont mal indiquées.

Cancún, avec ses espaces différenciés, est ainsi une ville polycentrique (carte 10) où s'opère une forme de ségrégation de ses habitants. Les centres commerciaux de la *zona dorada* et le centre des congrès constituent le centre-ville des touristes, alors que celui des Mexicains se trouve autour de l'hôtel de ville. L'espace des uns et celui des autres se rejoignent le long de l'avenue Tulum, là où les touristes plus aventureux ou curieux ont l'impression de visiter une véritable ville mexicaine. Mexicains et touristes s'y croisent sans l'omniprésent protocole client-employé de la *zona dorada*. Les touristes déambulent nonchalamment entre les étals d'artisanat et les commerces, alors que les Mexicains, pressés par leur horaire, passent rapidement. Le stéréotype du Mexicain endormi sous son *sombrero* est ici inversé ; les *Gringos* à chapeau de paille flânent, pendant que les Mexicains, souliers lustrés, s'affairent au travail.

Le monument aux héros de la nation, et quelques autres du même genre, ainsi que les quartiers (*regiones*) construits par et pour les artisans mexicains, rappellent le style des autres villes du pays. Au Mexique, les dimensions monumentales et les formes rudimentaires constituent des éléments d'identification. Le gigantisme des œuvres, souvent commandées par l'État, et associé à des représentations du passé, caractérisent la production architecturale nationale[2]. On tente ainsi de compenser le manque de profondeur historique de la ville par le recours aux mythes nationaux, matérialisés sous la forme de sculptures qui évoquent l'histoire nationale. Les régions et les monuments financés par le gouvernement fédéral assurent la mexicanité de Cancún. Les touristes les plus curieux peuvent s'aventurer jusqu'au monument aux héros, cependant, très peu atteignent les *regiones,* les quartiers de travailleurs. Étant donné la « mexicanité » des régions, une visite de celles-ci pourrait être organisée pour un tourisme de type ethnologique !

Un des principaux objectifs de la planification de Cancún a ainsi été maintenu depuis les débuts de la ville : limiter les contacts entre les Mexicains et les étrangers aux seules relations commerçants-clients et employés-touristes. Le chercheur Pierre van den Berghe remarque d'ailleurs que plusieurs Étasuniens aiment aller dans des endroits comme la Baja California pour se sentir au Mexique mais sans les Mexicains[3]. Les derniers projets en matière de logement des travailleurs, envisagés pour Cancún, maintiennent cette orientation.

Formation de la tierce zone

Dès les premières années de la construction du centre touristique, les travailleurs affluent vers Cancún. Les plans d'urbanisation du FONATUR se révèlent vite insuffisants pour faire face à l'arrivée constante de ces migrants. Les travailleurs de la construction, bien qu'indispensables à la naissance de la ville, n'ont d'abord pas de place qui leur soit officiellement assignée. En marge de la ville planifiée par le FONATUR s'incruste une population croissante qui n'a pas les moyens d'occuper les espaces aménagés. La plupart des travailleurs de Cancún habitent la troisième zone de la ville, la partie la moins accessible aux touristes. Ce tiers monde à l'échelle de Cancún ne manque pourtant pas d'intérêt, mais il ne présente pas l'aspect paradisiaque de la zone touristique.

En janvier 1970, un premier campement de travailleurs est établi à Puerto Juarez. Deux ans plus tard, on évalue que déjà 5 000 ouvriers vivent en marge de la zone de construction. Les travailleurs doivent s'installer en dehors du fonds du FONATUR. Le « premier campement » s'étend ainsi le long de la route Mérida-Puerto Juarez, du côté nord, à mesure qu'augmente le nombre de travailleurs. Cette route, qui deviendra l'avenue López Portillo, trace la frontière entre les quartiers résidentiels du FONATUR et l'aire « d'habitat provisoire » qui s'avèrera permanent.

Aux premiers jours de la ville de rêve, les travailleurs, d'abord ceux de la construction puis de l'hôtellerie, vivent dans des conditions précaires, en bordure des terres réservées. Ceux qui arrivent avec leurs familles s'installent comme ils le peuvent. Ils bâtissent leurs demeures sur terre battue avec des matériaux recyclés. Les baraques, sans eau ni électricité, s'alignent depuis Puerto Juarez vers l'intérieur.

Les menuisiers (appelés *albañiles*) qui arrivent seuls vivent sur les chantiers. Ils accrochent leur hamac aux poutres des édifices en construction pour dormir ou s'étendent par terre. Ils ne disposent d'aucune installation pour leur hygiène personnelle[4]. Les migrants d'origine maya, venus de la campagne pour chercher du travail, sont moins bien traités que les autres travailleurs mexicains.

Leur travail, rémunéré dans le meilleur des cas au salaire minimum, constitue le fondement de la croissance de Cancún. La ville n'aurait pu naître et croître sans l'apport de ces ruraux affamés qui ont peiné dans des conditions souvent dangereuses, sans aucune compensation ni protection. La ville de rêve a pris forme rapidement et à bon marché pour les entrepreneurs et les compagnies hôtelières, grâce à la pénurie de travail dans l'ensemble de la péninsule.

En 1982, on dénombre dans la péninsule 370 300 personnes sous-employées, ce qui implique que 62,5 % de la population active manque de travail. Au Mexique, comme ailleurs en Amérique latine, le sous-emploi constitue une forme de chômage déguisé. La proportion de personnes sous-employées par rapport à la population totale demeure relativement stable dans la péninsule entre 1970 et 1988 et oscille entre 27,6 et 33,1 %[5]. La construction de Cancún ne réduit donc pas sensiblement le chômage régional mais en permet seulement la stabilisation. La forte croissance démographique et la crise des exportations agricoles expliquent la persistance du chômage et du sous-emploi, en dépit des investissements massifs du gouvernement fédéral.

Faute de travail dans le secteur agroforestier, les travailleurs affluent vers Cancún lors du grand boom de la construction (à partir de 1972). La majorité d'entre eux n'en sont jamais repartis par la suite. Dès 1973, le problème de la population précaire paraît déjà difficile à résoudre[6].

Face à l'afflux de travailleurs, les autorités municipales doivent aménager à la hâte l'infrastructure nécessaire, sans quoi elles risqueraient de voir proliférer les bidonvilles autour de leur cité d'or. Le lotissement et l'équipement des espaces occupés par les migrants se réalisent assez rapidement, justement pour éviter ce problème. Les occupations illégales de terre sont aussi légalisées de quelque façon. Il faut donc établir des quartiers, au nord du centre-ville, le plus loin possible de la *zona dorada*. Ces régions, au nord de l'avenue López Portillo, sont poétique-ment identifiées par un numéro qui commence à 75 pour atteindre 105, en 1996. De nouvelles régions s'ajoutent avec les années.

Le succès de Cancún se traduit par la construction de nouveaux hôtels, ce qui augmente les besoins en main-d'œuvre. L'administration locale a établi une cor-rélation entre l'augmentation du nombre de chambres d'hôtel et celle de la popu-lation. Chaque chambre d'hôtel (21 600 en 1997) permettrait de créer 1,4 emploi direct. L'addition de chaque chambre d'hôtel a signifié un accroissement de la population de 10 à 15 personnes entre 1982 et 1993[7]. En 1993, Cancún compte 283 500 habitants.

Au cours du sexennat de Salinas de Gortari (1988-1994), le conseil municipal présente certaines de ces régions comme le « secteur Solidaridad ». Cette déno-mination tente d'attirer l'attention des autorités nationales sur les problèmes d'isolement et de transport d'environ 60 000 *Cancunenses*, résidants de ces quar-tiers[8]. Les travailleurs installés dans les *regiones* doivent traverser toute la ville et nécessairement passer par le pont nord pour faire la navette entre leur demeure et leur lieu de travail dans la zone dorée. Malgré les problèmes d'infrastructure urbaine, Cancún continue de croître.

J'observe en septembre 1998, un vaste chantier, hérissé de dizaines de grues géantes, qui annonce l'ouverture prochaine d'un nouvel hôtel sur la portion sud de l'île. Il faut encore prévoir de nouveaux quartiers pour les travailleurs. Pour saisir l'ampleur des travaux, rappelons que, 23 ans auparavant, il n'y avait que 117 personnes à Puerto Juarez. Les autorités municipales s'attendent à ce que la population de la ville atteigne environ 500 000 habitants en 1999[9].

En 1998, je découvre également que, dans sa tentative désespérée de contrôler les afflux de migrants, le municipe ouvre de nouvelles séries de régions. Il offre maintenant des lots urbanisés avec électricité et aqueduc, ou en voie de l'être. Deux secteurs sont développés, l'un, à proximité du centre-ville, sur les terres de l'éjido Bonfil, dans un espace connu sous le nom de *Reserva Sur*, avec des super-

PHOTO 11. Vue d'une *región* de Cancún. Au premier plan, des constructions précaires et inachevées ;
à l'arrière, un immeuble érigé par les autorités. (1996)

îlots numérotées dans les 500 (carte 10), et l'autre, au-delà des régions 92 et 94
qui forme le secteur *Nuevos Horizontes*. Ce nouveau développement porte le
nom de *Reserva Norte*. Les super-îlots portent des numéros dans les 200. Ils
abriteraient des familles plus que modestes, étant donné leur éloignement encore
plus marqué du centre-ville et de la zone hôtelière.

Paysage de *región*

Dans les plans des régions fournis par le gouvernement municipal, on voit des
alignements réguliers d'îlots résidentiels, de forme rectangulaire, appelés *manzanas*. Les îlots sont eux-mêmes subdivisés en lots individuels, aussi rectangulaires.
Par exemple, la région 94 compte 88 de ces îlots résidentiels. Le gouvernement
municipal estime qu'en moyenne une famille de cinq personnes habite chacun
des lots. Un îlot comprendrait donc, en théorie, 160 personnes et l'ensemble des
manzanas regrouperait, selon ce calcul, 14 680 habitants. Comme la superficie de
la région 94 est d'environ un kilomètre carré, nous obtenons une densité de
population approximative de 15 000 hab./km², densité qui vaudrait pour l'ensemble des régions.

167

L'examen des plans des régions donne une impression d'ordre, de damier sagement aménagé, mais, comme c'est souvent le cas au Mexique, la réalité diffère de la théorie. Car ce qui semble si ordonné sur le papier peut s'avérer fort déroutant pour un non-initié, comme je l'ai découvert lors de ma première incursion dans une région.

En descendant de l'autobus, le visiteur est d'abord frappé par la clarté des rues. Plutôt que des ruelles sombres, des rues larges, rectilignes, luisent de toute la blancheur du sable de Cancún. Elles ont été recouvertes de bitume, il y a quelques années, mais d'une couche si mince qu'il n'en reste maintenant qu'une faible trace, apparente seulement par endroit. Les généreuses pluies d'été ont rongé l'asphalte et creusé des trous multiformes qui prennent parfois l'allure d'étangs boueux. Le blanc insolent des rues brille face à la machinerie défaillante du municipe qui reconnaît d'ailleurs l'insuffisance de son budget pour remédier à ce problème[10].

Les maisons construites par les familles propriétaires des lots n'ont généralement qu'un niveau, et jamais plus d'un étage. Si ces constructions présentent des formes variées, les matériaux sont passablement homogènes. Les murs sont le plus souvent en blocs de ciment (66 % des cas[11]). Les planchers sont aussi en ciment (54 %) ou recouverts de tuiles (33 %). Les toits sont plats, aussi en ciment (58 % des cas). On retrouve encore quelques toits de chaume, comme à la campagne. En règle générale, le chaume est remplacé par du carton goudronné, moins dispendieux. Les murs sont percés d'ouvertures géométriques, fermées de tiges de fer. Ces maisons paraissent souvent inachevées, avec des murs temporaires ou des armatures de métal qui pointent vers le ciel dans l'attente d'un éventuel étage supplémentaire.

En plus des lots individuels avec leur maison familiale, on retrouve dans chaque région, quelques îlots de petits édifices résidentiels construits par le gouvernement et cédés à bas prix aux travailleurs de la ville (photos 11 et 12).

Au cours des années quatre-vingt, les demeures deviennent plus confortables. Le nombre de maisons avec des planchers de terre, des murs ou des toits de carton diminue. Le système d'aqueduc dessert la plupart des lots individuels (95 % en 1990). Cependant, en général, les résidants n'ont pas les moyens de faire installer la tuyauterie à l'intérieur des maisons. Le plus souvent, ils disposent d'un robinet et d'un boyau à l'extérieur. Plusieurs *vecinos* installent des citernes de ciment devant ou sur leur maison afin d'emmagasiner l'eau en prévision des pénuries toujours possibles. Une solution semblable est adoptée quant au système d'égout qui relierait 72 % des demeures. Comme le raccordement au système urbain est

PHOTO 12. Logements à loyer modique construits par le gouvernement, accordés par tirage au sort parmi les employés du secteur hôtelier. (1992)

ou trop dispendieux ou non disponible, plusieurs ont fait construire des fosses septiques sous leur maison. Toutefois, aucune règlementation ne semble en vigueur quant à la construction et à la vidange de ces fosses. Étant donné la porosité du sol et la proximité de la nappe phréatique, les autorités ont raison de craindre le pire. La plupart des maisons (82 %) sont raccordées au système électrique[12]. Le réseau téléphonique ne dessert pas toutes les demeures, mais il est souvent disponible dans les principaux commerces.

Ces données sont valables pour l'ensemble du municipe Benito Juarez où se trouve Cancún. Elles ne permettent toutefois pas de caractériser avec précision les types d'espaces réservés aux Mexicains : le centre-ville, les *regiones* et les terres à vocation agricole.

Traitement différencié

Le clivage entre les espaces mexicains et touristique se répercute à différents niveaux. La municipalité se préoccupe beaucoup de la sécurité publique dans les endroits fréquentés par les touristes. Un corps de police a d'ailleurs été spécialement créé pour répondre aux besoins de la clientèle étrangère. Son quartier général est situé dans la zone touristique. Les policiers du tourisme sont en théorie bilingues et préparés à leur fonction principale qui est de maintenir l'image de sécurité et de confiance de la zone touristique. Un autre groupe policier, dit police auxiliaire, surveille le centre de la ville[13]. Ailleurs, c'est-à-dire dans la tierce zone, la sécurité est aux mains de la police ordinaire.

Un évènement particulier illustre l'importance que les autorités accordent à la population étrangère. En septembre 1988, l'ouragan Gilbert détruit une partie de Cancún. Cette catastrophe naturelle est d'ailleurs responsable d'une chute de l'affluence touristique internationale, comme l'indique la figure 1. Les autorités municipales décident d'évacuer d'abord les touristes. Plusieurs quittent la ville, d'autres se réfugient dans les hôtels les plus sécuritaires. Construits tels de véritables bunkers, ces édifices résistent aux vents, aux vagues et aux pluies torrentielles. Cependant, les grandes baies vitrées sont brisées et les pièces des rez-de-chaussée sont inondées.

La population mexicaine est ensuite évacuée, le plus souvent logée dans les écoles à proximité. Ces bâtisses construites de ciment et d'acier résistent aux vents, mais souffrent aussi des inondations. Les habitations des familles mexicaines subissent des dommages beaucoup plus graves que la majorité des hôtels. Dans les régions 95 et 96, près de 90 % des maisons sont détruites. Il faut tout nettoyer, refaire les rues, rebâtir les maisons, replanter des arbres. La reconstruction se fera dans le même ordre que l'évacuation. D'abord la zone hôtelière, puis les régions. Les habitants de la tierce zone devront surtout compter sur leur propre force pour reconstruire leur quartier[14].

Les *Cancunenses*

Les citoyens de Cancún, les *Cancunenses*, sont considérés comme un groupe homogène dans les statistiques officielles. Pourtant, ces citadins fraîchement installés représentent un microcosme du Mexique contemporain. Des migrants de tous les États du pays y ont élu domicile depuis le début des années soixante-dix. Les migrants du District fédéral (le fameux « D.F. », prononcer « Déeffé »), la mégalopole mexicaine, comptent pour 4 % de la population de Cancún. Il n'y a pas que de pauvres ruraux qui s'y établissent. Des cadres, des ouvriers spécialisés des grandes villes s'y installent, à la recherche d'une meilleure qualité de vie. La pollution et la criminalité y constituent des problèmes nettement moins graves qu'ailleurs au pays. Les *Cancunenses* jouissent d'un niveau de vie plus élevé que celui des autres habitants de la péninsule.

TABLEAU 7

La population de Cancún et des États du Quintana Roo et du Yucatán en 1990

	Population totale	Population de 15 ans et plus alphabétisée* (%)	Population de 15 ans et plus avec primaire terminé (%)	Population de 5 ans et plus unilingue maya (%)	Population de 5 ans et plus bilingue (%)	Population active (%)
Cancún	167 730	93,7	18,5	0, 12	22,1	37,6
Quintana Roo	493 277	87,4	17,4	2,7	28,9	33,0
Yucatán	1 362 940	84,0	15,4	3,43	40,0	29,9

Source: INEGI, *XI Censo general de población y vivienda, 1990, Yucatán, Quintana Roo*, Aguascalientes, 1991, *Tabulados básicos*, Tableau 6; *Datos por localidad*, Tableau 1, A, B, C, D.

* Ces pourcentages me paraissent passablement élevés. Tout dépend de la définition qu'on retient de l'alphabétisation. C'est pourquoi j'ai ajouté les pourcentages du nombre de personnes ayant terminé leur cours primaire.

D'après les données du recensement de 1990, les résidants de Cancún sont plus scolarisés et emploient moins fréquemment une langue indigène que ceux qui vivent ailleurs au Quintana Roo et au Yucatán (tableau 7). Ils enregistrent un plus fort taux de participation à l'économie, un faible pourcentage d'analphabètes (6,3 %) et ils ont également un meilleur taux de réussite aux études primaires. Les habitants du municipe Benito Juarez gagnent proportionnellement les meilleurs salaires de l'État. Ils sont plus nombreux à être propriétaires de leur maison (65 %) que les autres habitants du Quintana Roo[15].

À Cancún, les emplois se trouvent majoritairement dans les services où se concentre 64 % de la main-d'œuvre en 1985 et 67 % en 1988. En 1990, l'hôtellerie et le tourisme occupent 37,2 % de la population active, ce qui comprend 10 % de gens dans le transport et 15 272 employés dans les hôtels et les restaurants. Le commerce, surtout au détail, fournit du travail à 8 284 personnes. Les manufactures occupent 1 739 personnes[16].

Le fort pourcentage de population active à Cancún s'explique par la nouveauté de la ville. Cancún est peuplée de migrants, surtout jeunes, arrivés après 1970. Peu ont atteint l'âge de la retraite. Les personnes âgées migrent moins, sauf si elles accompagnent leur famille dans leur déplacement. Elles demeurent plus souvent dans les villages de l'intérieur. Cancún compte ainsi proportionnellement moins de personnes âgées que la population des deux États considérés. Le poids économique des personnes âgées repose tout de même sur les travailleurs de Cancún (entre autres), puisque ceux qui y travaillent pourvoient souvent à la subsistance de leurs parents, même si ceux-ci vivent à quelques centaines de kilomètres de la ville. D'après mes observations, il apparaît que, même disséminée dans plusieurs villes, la famille demeure une institution dynamique, un lien d'entraide entre les migrants et les non-migrants.

Dans les régions, on retrouve beaucoup de travailleurs autonomes qui fournissent des services aux employés du secteur tertiaire. Les petites entreprises familiales plus ou moins légales abondent. La publicité se fait de bouche à oreille bien qu'on y voie nombre d'affiches peintes à la main qui annoncent une foule de services, comme : *Aquí se lava la ropa* (« Ici on lave le linge »). Lors d'un de mes passages, une dame offrait ses services comme *rezadora*, c'est-à-dire comme prieuse. Elle s'occupe du rituel religieux pour ses clients, organise des sessions de prières à domicile et prépare des offrandes aux idoles car les gens employés à temps plein n'ont pas le temps de dresser des autels dans leur maison en l'honneur des saints. La majorité de ces activités ne sont pas déclarées. Elles échappent donc à toute forme de taxation mais sont réalisées dans un cadre légal[17]. Je n'ai entrepris aucune recherche sur les activités illégales à Cancún. Elles existent sûrement, là comme ailleurs, mais je n'ai pas tenté de percer le mur de silence qui les entoure.

L'agriculture dans le municipe

En plus de l'espace urbanisé, le municipe de Benito Juarez comprend des superficies agricoles, situées à l'ouest et au sud de la ville. L'agriculture régresse dans le municipe qui compte 566 éjidataires et aucune superficie irriguée. Les milpas occupent 641 ha en 1986 mais seulement 167 ha en 1992. En dépit de la valeur négligeable de leur production, les éjidataires disposent d'une grande richesse, soit de 93 600 ha de terres qui ceinturent la ville de Cancún en pleine expansion. La modification de l'article 27 de la Constitution, qui autorise la vente des terres éjidales, devrait encourager le transfert de ces terres vers le secteur privé et leur incorporation à la ville, comme dans le cas de la « réserve sud ».

Si les surfaces cultivées régressent, l'élevage, en revanche, prend de l'expansion. Par exemple, le nombre de volailles passe de 110 552 en 1986 à 927 790 en 1992. Cette hausse est attribuable à l'investissement du gouvernement fédéral dans une coopérative d'élevage de volailles dans l'éjido Alfredo Bonfil, situé entre le centre-ville et l'aéroport. Les élevages de bovins, de porcs et d'abeilles sont aussi à la hausse, bien que dans des proportions moindres. La production de bois tropical augmente depuis 1986, avec une production de 1 720 m³ en 1992. Le secteur de la pêche profite aussi du boom touristique, les prises totalisent environ 1 700 tonnes en 1992[18]. L'élevage, la pêche et la coupe de bois sont stimulés par la hausse du nombre de touristes et l'accroissement conséquent de la population urbaine. Les activités agricoles, localisées à la périphérie de l'espace urbanisé, se développent parallèlement aux autres activités urbaines.

La main-d'œuvre circulerait avec une certaine fluidité entre les secteurs de l'agriculture, de la construction et des services. Mise à part la question du transport entre les lieux de résidence et de travail, il ne semble pas y avoir de différence entre, par exemple, les habitants de l'éjido Bonfil, et ceux de Leona Vicario ou des régions de Cancún. Les travailleurs mexicains, qu'ils aient une origine maya ou non, s'adaptent en fonction des emplois disponibles. Les jeunes surtout sont à l'affût d'emplois hors du monde rural.

Les succès du tourisme, ses besoins en main-d'œuvre, créent des espoirs au sein de la population. L'arrivée des migrants à Cancún dépasse la capacité d'absorption du secteur tertiaire, pourtant en expansion. On remarque que, dans le municipe de Benito Juarez, il existe un phénomène de distribution inégale des revenus, à cause de l'excès de main-d'œuvre et de l'absence de qualification. D'après les autorités municipales, en 1990, 14 % de la population de Cancún vit dans la pauvreté (avec 285 000 pesos de revenus annuels, 110 $US) et 23 % dans la « survivance » (avec de 286 000 à 570 000 pesos de revenus annuels, de 111 à 221 $US)[19].

L'avenir de Cancún et du tourisme

Avec l'Accord de libre-échange nord-américain, la péninsule du Yucatán ne peut plus être considérée comme périphérique par rapport à la capitale nationale. D'abord grâce au tourisme, la péninsule participe à l'économie nord-américaine. Avec l'ALENA, les sociétés péninsulaires pourraient profiter d'un développement plus diversifié si les échanges avec le nord continuaient à s'intensifier. La localité de Leona Vicario, éjido compris dans le municipe de Benito Juarez, est d'ailleurs désignée comme zone industrielle. L'État du Quintana Roo a acheté de la publicité dans les revues internationales afin d'attirer des investisseurs et d'y développer des maquiladoras. Cependant, il appert qu'aucune entreprise ne s'y est encore installée, après vérification sur place, en septembre 1998. L'agriculture et le travail à Cancún demeurent les principales sources d'emploi. Malgré cet échec, la logique de la concentration métropolitaine au Mexique, telle que vécue au cours des décennies précédentes, ne tient plus, en partie à cause des mécanismes de mondialisation de l'économie et de la tendance à la dispersion des opérations indus-trielles en général.

La croissance de Cancún s'insère dans le cadre d'une déconcentration du développement urbain. Si les changements qui s'opèrent dans les années quatre-vingt stimulent l'urbanisation, le virage néolibéral provoque aussi, par la réduc-tion des programmes sociaux, l'augmentation des coûts des services dans les grandes villes, d'où la croissance des villes intermédiaires. On note une diminu-tion des migrations rurales-urbaines en direction de la capitale fédérale et des grandes villes du pays. Les migrants se dirigent plutôt vers des villes de moindre importance. Le Mexique vit la décentralisation de la croissance urbaine. Le mou-vement migratoire s'inverse et les migrants quittent la ville de México[20]. Cancún se définit justement comme une ville intermédiaire (entre 100 000 et un million d'habitants), vu la taille de sa population et son rôle entre les localités rurales de l'intérieur et les métropoles du pays[21].

Les remarques formulées jusqu'ici projettent une image fort optimiste du développement de Cancún. La nouvelle crise qui frappe l'économie mexicaine depuis 1994 a pour conséquence une diminution du nombre de touristes natio-naux. Toutefois, elle semble nuire moins à l'économie de Cancún qu'à celle des autres villes du pays. L'économie *cancunense* dépend en premier lieu des tou-ristes étasuniens qui, eux, possèdent une monnaie forte et relativement stable. Cancún demeurera florissante tant que se maintiendra l'affluence étrangère.

Cependant, l'accroissement du tourisme et son corollaire, le développement urbain, constituent des menaces sérieuses pour le fondement même de la richesse de Cancún, c'est-à-dire sa beauté naturelle. Certaines autorités munici-pales s'inquiètent d'ailleurs des problèmes de pollution, entre autres de la conta-mination croissante de la lagune Nichupté. Elles reconnaissent le danger que constitue l'absence de systèmes d'égout sur 70 % du territoire municipal[22]. On redoute une prolifération d'algues à la suite de l'augmentation des sédiments et de la charge organique.

En 1992, les autorités municipales adoptent trois plans dans le but de conser-ver les attraits de la ville. Le Plan du développement touristique, le Plan d'amé-nagement écologique et le Plan de développement urbain sont élaborés parallèlement, de façon à présenter un cadre général pour régir le développe-ment de Cancún. En dépit de leurs objectifs louables, ces plans se contredisent l'un l'autre. Ainsi, le Plan de développement touristique présente le projet San Buenaventura pour mettre en valeur les rives de la lagune, tandis que le Plan d'aménagement écologique dénonce les risques possibles de ce projet.

Comme il arrive souvent au Mexique, les autorités municipales sont impuissantes face à certaines institutions fédérales. Dans le cas de Cancún, le FONATUR gère les terres de la zone hôtelière, alors que l'*Instituto de Vivienda de Quintana Roo* (INVIQROO) attribue et vend les lots urbains aux migrants et que le municipe doit leur fournir services et entretien[23]. Il faut aussi noter que, dans la foulée d'une plus grande démocratisation du pays, la pression augmente sur les politiciens, tentés de faciliter l'accès à la vie urbaine pour le plus grand nombre possible de gens, d'où l'accroissement rapide des régions depuis 1996. Face à la divergence des intérêts, il est à craindre que le succès même de Cancún ne devienne une menace écologique pour la ville.

Les projets de développement à Cancún ne doivent pas occulter le fait que la ville aurait peut-être atteint sa capacité maximale de touristes et de migrants. Les problèmes écologiques constituent d'ailleurs une indication en ce sens. Les dangers associés à l'affluence touristique sont réels. Il semble exister une certaine incompatibilité entre le développement du tourisme et la conservation des ressources du littoral. La création des parcs naturels et des réserves de la biosphère par le gouvernement fédéral (Celestún et Río Lagartos sur le golfe du Mexique, et Sian Ka'an sur la mer Caraïbe — voir carte 2, en introduction) pourrait s'avérer insuffisante pour protéger des systèmes aussi fragiles que les plages, les dunes et les barrières de corail de la péninsule du Yucatán. Peu d'études analysent l'impact de l'affluence touristique sur les écosystèmes du littoral, mais il semble que le tourisme, même écologique, peut avoir des effets désastreux sur les systèmes biologiques locaux[24].

La lagune de Cancún (Nichupté) est désignée comme une zone de haute vulnérabilité environnementale et la zone terrestre comme moyennement vulnérable. Cancún semble être le cas le plus problématique du pays en ce qui a trait à la conservation du milieu lagunaire. D'abord parce qu'il s'agit du centre touristique où passent le plus grand nombre de visiteurs ; ensuite à cause de la nature de la roche calcaire qui, poreuse, laisse filtrer les déchets liquides vers la lagune ; enfin, parce que la nappe phréatique est peu profonde et donc plus susceptible de contamination[25]. Il faut remarquer que si les lois pour lutter contre la pollution s'avèrent inefficaces, les autorités de Cancún pourront toujours s'inspirer de la solution adoptée pour la lagune de Venise. Plutôt que de combattre la pollution, les Vénitiens ont mis au point une machinerie pour arracher et recueillir les algues et ainsi éviter leur multiplication qui enlaidirait le paysage.

Il ne s'agit pas d'un mauvais rêve mais d'une calamité éminente, car la municipalité construit de nouveaux quartiers, numérotées de 500 à 521, au sud de l'avenue López Portillo. Lorsque les premières régions furent implantées au nord de cette avenue, il ne s'agissait pas d'un choix fait au hasard mais d'une décision éclairée de la part des autorités. Les eaux souterraines, dans cette fraction du territoire, se dirigent vers la baie de Mujeres, juste au nord de la lagune. Les responsables connaissent bien les faiblesses du système d'égout et ils savent que les fosses septiques, lorsqu'il y en a, sont souvent mal construites et qu'elles polluent les eaux souterraines. Le problème de la pollution de la lagune Nichupté a pu être évité jusqu'à aujourd'hui grâce à l'écoulement, vers le nord-est, des eaux souterraines. Maintenant, la situation change. Les terres de l'éjido Bonfil sont progressivement cédées à des particuliers qui y érigent leur demeure. De plus, la municipalité implante de nombreuses régions sur des sols drainés directement vers la lagune. Le pire est à craindre. Un responsable du FONATUR a eu cette boutade : « Les écologistes veulent sauver la lagune ! Mais elle est déjà morte ! Il y a tellement de monde sur l'île et sur la rive, en face, qu'il est impossible de conserver cet écosystème. Cancún est consacré au tourisme de masse, il est trop tard pour revenir en arrière. Le mal est déjà fait. Il faut plutôt préserver les écosystèmes en dehors de Cancún et y créer un tourisme de luxe, avec une moindre densité démographique[26]. » Malgré la fragilité des écosystèmes, le développement touristique se poursuit. Il déborde des limites de la ville pour se répandre vers le sud.

L'occupation plus dense de la bande littorale et la consolidation de nouveaux groupes d'intérêts liés à l'essor touristique ont d'ailleurs donné lieu à un redécoupage administratif. Un nouveau municipe est né de la division de celui de Cozumel. La ville de Playa del Carmen, qui connaîtrait maintenant une expansion semblable à celle qui a marqué Cancún dans les années soixante-dix, est devenue la capitale d'un municipe récemment fondé, Solidaridad[27]. Cette ville est en pleine effervescence. En 1996, de nombreux chantiers d'hôtels en construction s'élèvent le long du littoral. Il s'agit, en général, d'édifices moins colossaux que ceux que l'on peut retrouver à Cancún. La clientèle comprend plus de jeunes, d'amateurs de camping et de randonnée pédestre. On parle déjà d'agrandir le port afin d'augmenter la capacité d'accueil des bateaux.

La création d'un pôle aussi dynamique que Cancún et le développement fulgurant du tourisme jusqu'à aujourd'hui bouleversent l'ensemble des relations socio-économiques régionales, telles que structurées depuis la période coloniale.

Le caractère essentiellement rural des États de la péninsule se métamorphose rapidement à partir des années 1970.

L'« opération Cancún » s'avère un succès économique. L'affluence touristique est telle qu'elle déborde le cadre initial de la ville et rayonne en direction sud, bien au-delà de Tulum, pour rejoindre le Belize et le Guatemala. Les villes à vocation touristique s'étendent, pendant que les campagnes, mais surtout la région maya, se vident de leur population.

La multiplication des emplois et l'environnement urbain favorable de Cancún entraînent une polarisation des flux migratoires en direction de la zone touristique du Quintana Roo. Si des travailleurs arrivent de tous les États du pays, les plus forts contingents de migrants viennent de l'État voisin, du Yucatán. Les migrants s'entassent dans les régions qui atteignent fort probablement les plus hautes densités démographiques de toute la péninsule. Cette concentration humaine représente un danger évident pour un milieu aussi fragile.

Dans les régions, il semble possible de trouver des gens de tous les États du pays ; car, si les étrangers se mêlent peu aux Mexicains, en revanche Cancún favorise le brassage des populations mexicaines. Cancún donne, pour la première fois, l'occasion aux Mayas de côtoyer et même d'épouser des compatriotes d'une autre origine ethnique.

Toutefois, le développement n'atteint pas tous les espaces de la péninsule de la même façon ni en même temps. L'évolution des communautés d'Akil et de Dzonotchel illustrera, dans les prochains chapitres, la façon dont les Mayas réagissent et participent à la tertiarisation de l'économie péninsulaire. Nous examinerons d'abord le cas de la communauté d'Akil qui, bien qu'elle soit plus éloignée de Cancún que Dzonotchel, profite néanmoins du boom touristique, car les hôteliers de Cancún sont d'importants acheteurs de fruits et légumes produits dans la Sierra. Nous suivrons ainsi l'évolution d'une communauté paysanne selon un processus qui ne doit plus rien à la milpa et au dieu Chac.

Escucho el cantar de los artistas.
Me apasiona la oratoria y la poesía,
y al mirar la mesa llena de trofeos, medallas y diplomas,
en mi corazón siento el entusiasmo de los triunfadores,
que ansiosos esperan que una autoridad
les entregue ante una cámara que filma
el símbolo de lo que han logrado con su esfuerzo.

J'écoute le chant des artistes.
L'éloquence et la poésie me passionnent,
et à regarder la table pleine de trophées, médailles et diplômes,
dans mon cœur je sens l'enthousiasme des vainqueurs,
qui attendent, anxieux, qu'une autorité
leur remette devant une foule qui filme
le symbole de ce qu'ils ont accompli par leur effort.

CARLOS MANUEL MAGAÑA REYES

Carlos Manuel MAGAÑA REYES, producteur agricole d'Akil, extrait du poème « *Los juegos de mi pueblo* », document inédit, Akil, 1992. Traduction libre.

14 L'irrigation remplace Chac :
le cas d'Akil

APRÈS LA RÉVOLUTION, l'État mexicain se désintéresse de l'agriculture paysanne, sauf dans certaines zones privilégiées où l'on investit dans l'infrastructure d'irrigation. Quelques communautés, choyées, échappent ainsi aux disettes chroniques. Bien que les cultures irriguées constituent encore l'exception au Yucatán, il est important de considérer cet aspect de la réalité maya. Il s'agit peut-être d'une des meilleures façons de préserver la vitalité des communautés mayas. Le cas d'Akil servira ici à illustrer le processus d'implantation de l'irrigation et son incidence sur la population locale et son économie ; comment les paysans ont vécu les aléas du développement de l'irrigation, y compris la prospérité des années quatre-vingt et les difficultés des années quatre-vingt-dix.

Il existe peu d'études sur l'introduction et la consolidation de l'agriculture irriguée au Yucatán. De plus, les données gouvernementales ne permettent pas de se faire une idée complète du processus. Les *Akileños* eux-mêmes ont donc raconté comment ils ont vécu les débuts et la consolidation de l'irrigation. Ils parlent de leur village comme d'une terre aimée.

La majorité de mes informateurs ont une connaissance approfondie du territoire sur lequel ils vivent. Le nom de chaque puits, de chaque unité d'irrigation évoque des souvenirs. Une unité d'irrigation (*unidad de riego*) comprend des parcelles de terres individuelles organisées autour d'un puits principal. Les producteurs de chaque unité, appelés *usuarios* (« usagers ») dans les documents officiels, nomment un représentant qui possède une parcelle dans l'unité. Pour nous, la liste de ces unités constitue une énumération plutôt ennuyeuse ; pour eux, ces noms se rattachent à des faits vécus, à des personnes (tableau 8). Chaque unité d'irrigation a été développée à force d'acharnement à solliciter les fonctionnaires, à former des groupes solidaires de producteurs et à obliger la terre à produire davantage grâce à des technologies nouvelles pour l'époque. Il y a une différence énorme entre le Akil des années trente et celui des années quatre-vint-dix.

Rappelons que la réforme agraire a signifié la destruction des plantations de henequén et le forage de puits durant le sexennat de Cárdenas (1934-1940). La plupart des paysans sont alors retournés à la milpa, c'est-à-dire à la culture itinérante du maïs sur brûlis, associée à celle d'autres plantes, comme des courges et des haricots.

Pendant la Seconde Guerre mondiale, quelques-uns des puits creusés sous Cárdenas sont munis de pompes de quatre ou cinq chevaux-vapeur, fabriquées à Mérida. Cependant, celles-ci tombent fréquemment en panne. De plus, la canalisation ne permet pas d'irriguer toutes les terres[1]. Les femmes se servent toujours de cordes et de seaux pour puiser l'eau, surtout à des fins domestiques.

Le passage d'une agriculture de subsistance à une agriculture commerciale ne s'opère pas sans mal. Les paysans en voie de devenir des producteurs agricoles doivent investir beaucoup de temps, sans recevoir de rétribution pendant les premières années. Il leur faut alors défricher les parcelles, construire les canaux, le plus souvent par étapes, car les fonds pour acheter le ciment s'épuisent rapidement. L'alimentation en eau est également irrégulière. Parfois, l'eau arrive, mais en quantité insuffisante, d'autres fois, pas du tout. Les futurs producteurs implorent encore Chac, pour que les plantes ne sèchent pas au soleil.

Malgré les difficultés, la population d'Akil totalise 1 738 habitants en 1940, ce qui représente une croissance de 2,3 % par an de 1930 à 1940. Ce taux de croissance est supérieur à celui de l'ensemble du Yucatán (0,83 %) pour la même période. L'immigration explique en partie ce phénomène à l'échelle de l'État. Un paysan d'Akil, né en 1913, dont la famille est établie dans la localité depuis des générations, a fait une remarque étonnante :

Autrefois, la population était petite. Il n'y avait pas tant de gens. La population a augmenté avec le temps, avec les petits-fils et les arrière-petits-fils. Les gens sont aussi venus d'autres endroits. Plusieurs sont arrivés de Pencuyut ; d'autres, de Xul, de Teabo. Ils se prétendent des habitants d'Akil, mais ils ne sont pas originaires d'ici. Ils n'ont pas la nationalité.

TABLEAU 8

Unités d'irrigation dans Akil, 1984-1996

UNITÉ	Année inaugurale	Superficie (ha)		Nombre de producteurs		Tenure	Superficies non irriguées (en %, 1990)
		en 1984	en 1996	en 1984	en 1996		
Akil 1	1957	90	70	40		p. p.[3] +	n. d.
	réhab.[1] 1985	n. d.[2]	40	n. d.	55	éjid.[4]	20
Akil 2	1968	60	70	70	80	p. p. + éjid.	n. d.
	réhab.1993						50
Ox Ac 1	1962	50	50	47	n. d.	n. d.	n. d.
Ox Ac 2	1962	82	82	82	89	éjid.	75
Ox Ac 3	1962	53	53	75	80	éjid.	10
Ox Ac 4 A	1963	95	95	95	n. d.	n. d.	n. d.
Ox Ac 4 B	1976	65	65	65	n. d.	n. d.	n. d.
Pl. Chac 1	1966	87	87	65	55	p. p. + éjid.	n. d.
Pl. Chac 2	1966	100?	90	108	92	n. d.	6,5
Pl.Chac 3	1966	75	80	25	43	éjid.	39,5
Pl.Chac 4	1966	75	n. d.	25	n. d.	n. d.	n. d.
Pl.Chac 5	1966	54	57	18	25	éjid.	5,2
San Anastasio	1972	80	44	46	53	n. d.	37,5
San Victor 2	1976	39	40	15	30	p. p.	25
San Victor 1	1977	45	n. d.	26	n. d.	n. d.	n. d.
Chuntuk	1977	35	n. d.	39	n. d.	p. p. + éjid.	n. d.
Morelos	1977	46	n. d.	44	n. d.	p. p. + éjid.	n. d.
Echeverria	1982	n. d.	54	60	59	éjid.	16
Independencia	1986	128	n. d.	88	n. d.	p. p.	n. d.
Benito Juarez	1986	n. d.	60	n. d.	45	éjid.	5
San Mateo	1991	n. d.	53	n. d.	37	n. d.	75
G. Victoria	1991	n. d.	47	n. d.	57	p. p. + éjid.	10,6
Salinas de Gortari	1992	n. d.	30	n. d.	n. d.	p. p. + éjid.	n. d.
Kantunuk 1	1993	n. d.	70	n. d.	47	éjid.	30
Kantunuk 3	1993	n. d.	48	n. d.	34	p. p. + éjid.	n. d.
Hololi	1994	n. d.	46	n. d.	46	éjid.	50
5 de Mayo	1994	n. d.	40	n. d.	35	éjid.	100
El roble	1995	n. d.	35	n. d.	35	éjid.	n. d.
Niños heroes	1995	n. d.	75	n. d.	43	éjid.	100
San Juan	1995	n. d.	41	n. d.	31	p. p. + éjid.	50
Kanché	1995	n. d.	55	n. d.	40	éjid.	100

Sources : Enquêtes personnelles, 1982, 1984, 1986, 1996. — Toutes les unités d'irrigation ne figurent pas dans ce tableau.

1. réhab. : parcelle « réhabilitée », c'est-à-dire reconstruite. 2. n. d. : donnée non disponible.

3. p. p. : petits propriétaires privés. 4. éjid. : éjidataires.

D'autres innovations allaient favoriser l'immigration. En 1957, le gouvernement fait installer une pompe électrique au puits Akil 1. L'installation de la pompe et sa mise en marche supposent au préalable la structuration de l'unité d'irrigation. Il faut d'abord répartir les surfaces à irriguer entre les producteurs. Des murets de pierre séparent les lopins de terre. Puis, on aménage un réseau de canaux qui parcourent les parcelles et amènent l'eau en quantité égale partout. Il faut aussi implanter un réseau électrique pour alimenter le transformateur, essentiel au fonctionnement de la pompe. Au départ, l'unité Akil 1 comprend 90 ha, répartis entre 40 producteurs.

En 1962, des pompes sont installées aux puits Ox Ac 1 et 2. Deux autres unités entrent en service en 1963 (Ox Ac 3 et 4). Dans ces unités, l'irrigation se fait par gravité. Ces cinq premières unités se situent juste au pied de la Sierra, là où se trouvent les meilleures terres du municipe. Les dimensions des parcelles dans ces unités varient du simple au quadruple. Elles sont attribuées à des propriétaires privés et à des éjidataires, sans que l'on connaisse précisément les critères d'attribution.

Évidemment, les gens jasent encore beaucoup sur cette période charnière : qui a obtenu quoi et comment ? On cite, entre autres, le cas de ce coiffeur qui connaissait beaucoup de gens et qui s'est vu doté d'une parcelle irriguée sans même savoir comment mettre une graine en terre. Ces histoires ne font pas partie du folklore. On les raconte toujours avec certaines précautions. Des pratiques associées au favoritisme et au « caciquisme » ont cours encore aujourd'hui. Les paysans ont fait tout ce qui était en leur pouvoir pour obtenir le droit d'exploiter au moins une parcelle irriguée.

L'engouement pour les parcelles irriguées trouve son origine dans la misère reliée aux pratiques milperas. Certains paysans ont expliqué que la culture itinérante du maïs sur brûlis ne leur permettait pas de survivre, car les récoltes étaient fréquemment détruites par les sécheresses ou d'autres fléaux. En plus, les terres du municipe étaient insuffisantes pour permettre à tous de vivre de la milpa.

Quelques paysans, pressés par le besoin, ont commencé à produire des denrées pour la vente et ce, avant l'introduction de l'irrigation, ce qui illustre l'urgence du changement que ressentait une partie de la population. Si plusieurs persistent durant des années à cultiver du maïs après avoir obtenu des parcelles irriguées, c'est que les nouvelles plantations demeurent peu rentables, au moins les trois premières années. La milpa perd progressivement son importance, à mesure que d'autres produits remplacent le maïs. L'association des cultures de

PHOTO 13. Palais municipal d'Akil. La galerie protégée du soleil par les arcades et le château d'eau, à l'arrière-plan, témoignent de la prospérité relative de ce municipe. (1984)

subsistance et des cultures commerciales ne témoigne pas d'un rejet du change-ment, mais résulte d'un choix rationnel des familles qui, ne disposant pas de capitaux, doivent assurer leur survie immédiate. Malgré les difficultés, plusieurs investissent temps et argent dans l'aménagement de leur parcelle.

Après ces timides débuts d'intensification agricole, le municipe d'Akil est intégré au Plan Chac dans les années 1960. Pour les habitants d'Akil, ce projet signifie un nouveau mode de vie. Le changement sera irréversible. Le hasard ne décidera plus du succès ou de l'échec des cultures, des années de misère ou de relative abondance. Le Plan Chac marque, en dépit de tous les problèmes ren-contrés, un point de non-retour, le passage obligé de la subsistance aux cultures commerciales.

En 1966, cinq unités d'irrigation par aspersion, conçues d'après une expérience israélienne, sont inaugurées dans le village. Il aura fallu attendre quatre ans entre le lancement du projet (1962) et l'entrée en service des cinq unités du Plan Chac qui quadrillent tout l'est du territoire municipal, dans un axe nord-sud (carte 11). Les premières unités, Plan Chac 1 et 2, sont organisées sur des terres déjà exploi-tées par les éjidataires. Les parcelles présentent des dimensions variées.

Au contraire, dans les unités Plan Chac 3, 4 et 5, les fonctionnaires peuvent appliquer leur plan à la perfection. La terre est divisée en parcelles symétriques de 3 ha chacune. Cependant, la géométrie n'est pas gage de fertilité ni de succès. Plus éloignés de la Sierra, les sols de ces lots s'avèrent moins fertiles que les autres. Les éjidataires de ces trois dernières unités ont accès aux subsides gouvernementaux alors que ceux des deux premières unités, qui ont refusé la répartition égalitaire, n'y ont pas droit, du moins pas à court ou à moyen terme. Les fonctionnaires ne pardonnent pas facilement aux paysans des deux premières unités d'avoir refusé le cadastre géométrique.

La méthode d'irrigation par aspersion se révèle cependant désastreuse dans toutes les unités du Plan Chac. L'eau locale, très dure parce qu'elle provient d'un sous-sol calcaire, obstrue en peu de temps les valves d'aspersion et la tuyauterie. En outre, la canalisation, installée en surface, nuit à la circulation sur les parcelles et à la diversification des cultures. De plus, ces systèmes fonctionnent de façon irrégulière. À ces problèmes s'ajoute le fait que les paysans méconnaissent les techniques de culture des citrus. Les résultats ne peuvent, dans un premier temps, qu'être décevants.

Un informateur né en 1906 se souvient des débuts pénibles de l'irrigation :

> Nous avons seulement essayé de cultiver des agrumes. On nous a découragés en nous disant que nous perdrions notre argent et nos forces sans rien recevoir en échange. Parce que l'eau d'irrigation n'arrivait pas. Nous avions une parcelle dans le Plan Chac, mais elle n'a jamais produit et nous l'avons abandonnée. Je n'y travaille plus ; je me suis découragé. Je l'ai cédée à d'autres. Il a fallu attendre un an avant que l'eau d'irrigation arrive.

Malgré l'importance des investissements consentis, le Plan Chac ne remplit pas ses promesses. Les paysans traversent une période difficile. Ils doivent se débrouiller pour faire fructifier leurs parcelles, alors que le prix des oranges demeure très bas.

La faible demande pour les oranges fraîches s'explique par le fait que la population du Yucatán est majoritairement agricole jusqu'à la fin des années soixante-dix. Chaque famille cultive ses propres arbres fruitiers. Au marché principal de Mérida, les prix chutent dès les débuts de la récolte, surtout en l'absence de moyens de conservation des oranges. Comme le marché est rapidement saturé, les oranges se vendent en dessous du prix de production. C'est pourquoi les producteurs continuent pendant plusieurs années à faire leur milpa. Durant les années soixante et soixante-dix, le maïs est généralement plus rentable que les oranges.

CARTE 11

Les unités d'irrigation dans Akil

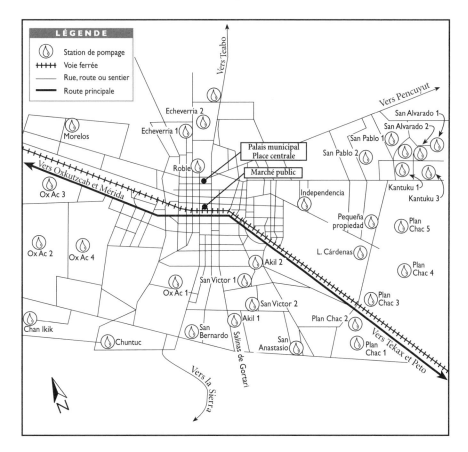

Source : Commissariat éjidal, *Sistema de riego*, Akil, septembre 1992.

À la suite des déboires du Plan Chac, les unités antérieures retrouvent un certain lustre. On revalorise les méthodes des anciens : l'irrigation par gravité et les canaux en terre cimentée, au niveau du sol (photo 14). Les systèmes par aspersion et les parcelles géométriques tombent en désuétude. On constate que les lignes droites, tant celles du cadastre que celles de la tuyauterie, ne conviennent pas aux dénivellations des terrains et aux besoins des producteurs. Désormais, les propriétaires privés et les éjidataires ont droit à des parcelles irriguées, selon des critères d'attribution peu définis, et les inaugurations d'unités se font plus rares. Il faudra attendre 1972, soit six ans, avant qu'une nouvelle unité, San Anastasio, commence à fonctionner. Il s'agit en fait de la réfection d'une partie de la première unité, Akil 1, grâce à l'installation d'une pompe dans un puits adjacent.

Puis en 1976, année qui marque la fin du sexennat d'Echeverria, on répète presque, et non par hasard, l'exploit du Plan Chac d'ouvrir à l'irrigation plusieurs unités en même temps. Les *Akileños* profitent des largesses d'un État inquiété par l'insatisfaction populaire. Une nouvelle unité est inaugurée au cours de l'année alors que trois autres sont prêtes à fonctionner en 1977. Ces unités, San Victor 1 et 2, Chuntuc et Morelos, regroupent des lots d'environ un hectare chacun. Dans San Victor 1, tous les bénéficiaires sont des éjidataires, alors que les propriétaires privés prédominent dans les trois autres, inaugurées après l'élection présidentielle. On voit là clairement le changement de position adopté par l'État sous la gouverne d'Echeverria. La « privatisation » des terres (dans le sens d'individualisation des parcelles) commence ainsi beaucoup plus tôt dans cette zone du Yucatán.

La tendance à favoriser les propriétaires privés s'accentue par la suite. Conséquemment à l'enrichissement collectif engendré par l'irrigation, plus de résidants sont en mesure d'acheter des terres qu'au temps de la milpa ou du henequén. L'unité Independancia 1810, qui entre en service en 1986, est d'ailleurs réservée à 88 « petits » propriétaires privés. Les unités construites après 1976 fournissent à plusieurs cultivateurs d'Akil une deuxième et même une troisième parcelle irriguée à l'intérieur de l'éjido.

Akil dans les années quatre-vingt

Mon premier séjour à Akil en 1982 me permet d'observer une communauté dynamique. La large façade du *palacio municipal* indique une certaine aisance économique. La place centrale est bien aménagée, avec des jeux pour les enfants et des bancs à l'ombre. La localité compte un deuxième centre, pour les « affaires », constitué par le marché, un édifice tout en béton, construit en bordure de la route principale. Bien sûr, il n'y a ni téléphone ni succursale bancaire, mais tout le monde travaille. Des camions chargés de fruits partent du village. Les autobus en direction de Mérida passent à toute heure et s'arrêtent au marché pour prendre des passagers. Des taxis *colectivos* leur font concurrence. Une flotille de tricycles (*triciclos*) sillonnent les rues pour transporter personnes et bagages. Symbole de l'enrichissement de la communauté, on retrouve, en plus de l'église catholique, au moins six autres lieux de culte. Les gens nomment sectes ces différents regroupements religieux. Il s'agit, entre autres, de l'Église adventiste, de l'Église pentecôtiste, etc.

En 1982, toutes les superficies irriguées du municipe sont consacrées à la culture intensive des agrumes et d'autres fruits. Les terres de la Sierra demeurent boisées. Akil compte alors 17 unités d'irrigation en service et une en construction. Pour me faire une idée de l'ensemble du municipe, j'ai interviewé tous les représentants élus de ces 18 unités d'irrigation, ce qui m'a permis d'obtenir des informations sur les producteurs, leurs familles et les pratiques agricoles en vigueur dans toutes les unités d'irrigation. Il apparaît que le groupe d'informateurs choisis comprend plus de patrons que la moyenne municipale et que les ouvriers agricoles n'y sont pas représentés. Aucune femme n'a été interviewée en tant que représentante d'unité, aucune n'exploitant officiellement de parcelle. Elles ont été interrogées à titre d'épouses.

Dix-sept des informateurs sont d'anciens milperos convertis à l'agriculture irriguée à la suite de l'intervention de l'État. À cette date, et bien qu'ils aient accès à l'irrigation, sept d'entre eux cultivent encore le maïs sur des portions non irriguées de leurs parcelles ou entre les arbres fruitiers. L'abandon de cette pratique (55 % des répondants) se fait généralement quelques années après l'introduction des cultures intensives. Durant les premières années, les récoltes étant moins abondantes, les anciens paysans continuent les cultures de subsistance par mesure de prudence ou par habitude.

Dix-sept des représentants sont des chefs de famille ; un seul est célibataire. Tous disent savoir lire et écrire, bien que cinq d'entre eux n'aient jamais fréquenté l'école. Les deux plus instruits ont terminé leur sixième année du primaire. Tous comprennent et parlent l'espagnol, bien que, dans certaines familles, les conversations se tiennent en langue maya.

Des dix-sept épouses, sept sont analphabètes. Aucune n'a complété son cours primaire. Elles ont fait de deux à quatre ans d'études primaires. Une seule, qui fait du commerce, perçoit régulièrement un salaire. La moyenne d'enfants par femme est de 6,4, mais les familles comptent en général cinq enfants.

Tous les enfants (de cinq ans et plus) de ces familles savent lire et écrire, à l'exception de deux. La grande majorité a fréquenté l'école primaire, durant au moins trois à quatre années. Les enfants sont ainsi alphabétisés et « castillanisés », car l'enseignement se donne en espagnol. Les filles cessent assez jeunes de fréquenter l'école pour aider leur mère aux tâches ménagères. La plus jeune, qui travaille avec sa mère sans fréquenter l'école, a neuf ans. Les garçons aident leur père au travail agricole. Le garçon le plus jeune au travail a alors 14 ans. Huit des familles interrogées ont recours aux services non rémunérés d'au moins un de leurs fils. Parmi les enfants qui ont quitté leur famille, les garçons travaillent dans l'agriculture et les filles, toujours aux tâches ménagères. La division sexuelle des tâches et l'ignorance des femmes sont maintenues, malgré l'introduction de techniques nouvelles, telles l'irrigation et l'agriculture intensive.

Dans les années soixante, le principal objectif du gouvernement fédéral est de sédentariser la population paysanne. Le territoire est parcellisé à l'extrême pour favoriser l'établissement du plus grand nombre possible de paysans. En 1980, l'État fédéral cherche à augmenter la productivité agricole. On tente de contourner les lois éjidales qui font obstacle à la concentration des terres. L'État souhaite fusionner les terres jugées trop petites (par exemple, par l'adoption de la loi de *Fomento Agropecuario* de López Portillo), mais à Akil, ces tentatives restent sans effet, car chacun tient passionnément à conserver sa parcelle, même s'il ne la cultive pas.

Les éjidataires et les petits propriétaires d'Akil vivent une situation complexe, où chaque cultivateur exploite plusieurs petites parcelles disséminées dans le municipe. La tenure de la terre souffre d'une parcellisation extrême et cet éparpillement impose des coûts supérieurs en transport et en circulation. Les parcelles concédées sont si petites qu'une seule ne peut faire vivre une famille. Ceux qui en ont accaparé plusieurs peuvent vivre des cultures irriguées. Les autres doivent nécessairement trouver des solutions de rechange : certains cultivent encore des milpas sur les terres boisées de la Sierra, d'autres travaillent à temps partiel comme journaliers, quelques-uns ont déniché des emplois à temps plein, ce qui leur permet de faire cultiver leur parcelle par d'autres, souvent leurs fils.

Les producteurs d'Akil cultivent surtout une variété d'orange appelée Valencia sans toutefois pratiquer une véritable monoculture. On réserve environ 65 % des parcelles aux orangers. Sur les superficies restantes, on cultive des mangues, des mandarines, des citrons, des avocats, des citrons verts, des papayes, des prunes, des bananes, etc. Les parcelles nouvellement irriguées sont plantées de bananiers qui jettent une ombre protectrice sur les jeunes arbres fruitiers. Chaque exploitation produit en moyenne cinq fruits différents.

En 1979, le rendement moyen d'oranges dans le pays aurait atteint 12 t/ha alors qu'au Yucatán elle aurait été de 13,41 t/ha[2]. Ces chiffres me paraissent exagérés. D'après une autre enquête sur le terrain, la productivité serait plutôt, au Yucatán, de 9,66 t/ha[3]. Mes données indiquent une production moyenne de 9,71 t/ha en 1982. Cette faible productivité s'explique par la diversité des cultures, l'insuffisance de l'apport d'intrants et des soins donnés aux arbres fruitiers. Comme le prix des oranges demeure très bas, aucun producteur n'investit massivement dans ses parcelles.

Après quelques entrevues au village, un riche producteur d'agrumes, que préoccupe l'évolution de sa communauté, propose de m'aider à réaliser mes enquêtes. Grâce à lui, je rencontre des représentants d'unités qui me parlent librement. Dans sa camionnette rouge, il me promène dans les unités d'irrigation, surtout celles qui se trouvent au centre du village. Les unités du Plan Chac semblent « trop loin » pour qu'on puisse s'y rendre. Mes interlocuteurs me laissent dans le vague quant à leur localisation. Je décide de m'asseoir sur le devant d'un tricycle et j'exige d'aller dans les unités du Plan Chac. Le transporteur hésite, mais je finis par atteindre mon but. La réalité est dure. Certaines familles de ces unités vivent dans des conditions de misère que je n'ai rencontrées nulle part ailleurs, même dans les villages de milperos. Entre autres, un représentant et sa famille m'accueillent, tous d'une maigreur inquiétante. Un enfant de six ans se traîne sur le sol, ses jambes n'ont jamais été assez fortes pour le porter. Le père soupire et me montre les arbres desséchés de sa parcelle.

L'irrigation et la modernisation agricole en général peuvent favoriser l'enrichissement de la communauté et de certains individus mais, en même temps, contribuer à l'appauvrissement des plus faibles. La communauté d'Akil, dans les années quatre-vingt, en donne un exemple éloquent.

Lolpakal ou le paradis en terre maya

Face aux difficultés de commercialisation, les producteurs se regroupent en une association, l'Union des éjidos producteurs de citrus (*Unión de Ejidos citricultores del Sur del Estado*). En 1978-1979, l'Union tente d'exporter une partie de la production au Belize qui a déjà une usine de transformation des oranges en jus concentré. L'entreprise est un succès. Les oranges sont jugées de bonne qualité à l'étranger et, de plus, le prix qu'on en donne est nettement supérieur à celui offert au Mexique. Les producteurs estiment nécessaire de créer une usine semblable au Yucatán. Leur projet cadre parfaitement avec les objectifs du SAM (*Sistema de Alimentación Mexicano*), en ce qui a trait à l'agro-industrie[4].

Le gouvernement autorise et finance la construction d'une usine de transformation des oranges pour faire du jus concentré et l'exporter à l'étranger. On espère ainsi stabiliser le prix des oranges. La construction de l'usine Lolpakal (d'après un mot maya signifiant «fleur d'oranger») débute en 1980 sur le territoire du municipe d'Akil. Il s'agit d'une usine moderne construite à la périphérie de la localité, le long de la route principale.

Juridiquement, l'Union des éjidos, propriétaire de l'usine, est représentée par un conseil de 60 délégués, soit cinq représentants pour chacun des douze éjidos. Le conseil élit un comité administratif de quatre membres qui veille à l'administration de l'usine dont la gestion est confiée à un gérant. Les producteurs sont ainsi à la fois fournisseurs et administrateurs de l'usine Lolpakal.

Le processus de fixation du prix payé aux producteurs par Lolpakal illustre l'ambivalence de cette situation. Le prix d'achat est fixé au début de la récolte, à la suite d'une entente entre le gérant de l'usine et le conseil de l'Union. Ce prix est déterminé en fonction du prix payé sur le marché local à Oxkutzcab et du prix obtenu sur le marché international. Étant donné la prépondérance des producteurs au sein du conseil, le prix payé par Lolpakal est toujours à l'avantage de ces derniers.

L'usine Lolpakal commence en septembre 1981 à transformer les oranges fraîches en jus concentré congelé. Cependant, différents problèmes techniques réduisent sa capacité de production au cours de la récolte de 1981-1982. Pour la première année, seulement 11 000 t d'agrumes sont transformées. L'année suivante, en 1982, une partie des problèmes étant réglés, la capacité de production augmente. Comme la demande est constante, le prix des oranges est enfin stabilisé.

En 1982, Lolpakal achète les oranges à 3 000 pesos la tonne (53 $US, valeur de 1982). C'est donc au début de la période d'abondance, marquée par le démarrage de Lolpakal, que je réalise mes premières enquêtes à Akil. La crise qui secoue le pays cette année-là aura peu de répercussion dans cette communauté, éblouie par la modernité de sa nouvelle usine. Le prix que paie Lolpakal pour les oranges est alors supérieur au prix du marché. Lolpakal achète d'abord des producteurs qui exploitent des parcelles du Plan Chac, c'est-à-dire de ceux qui ont des parcelles symétriques et qui reçoivent des subsides gouvernementaux. Par la suite, tous les producteurs pourront vendre à l'usine. De toute façon, la demande constante émanant de Lolpakal durant la récolte permet de maintenir des prix avantageux. Tous les producteurs en bénéficient.

Les problèmes de commercialisation réglés, il reste ceux de productivité. En 1982, soit 25 ans après la mise en service de la première unité d'irrigation, les cultivateurs d'Akil 1 exploitent en moyenne 1,5 ha chacun. La pompe, déjà vieille, ne fournit plus assez d'eau pour l'ensemble des producteurs. Dans les unités Ox Ac, la situation n'est pas meilleure. La superficie des parcelles oscille autour d'un hectare et l'eau fait souvent défaut. Les rendements fluctuent en fonction de la disponibilité de l'eau d'irrigation et des précipitations. Comme les oranges rapportent bien, tous veulent investir pour augmenter la production. On se plaint donc de l'insuffisance de l'irrigation.

Dans cette course à la productivité, les plus grands producteurs sont avantagés. Ceux qui exploitent cinq hectares et plus obtiennent des rendements de l'ordre de 13 t/ha, alors que ceux qui cultivent des superficies moindres récoltent un peu plus de 8 t/ha (tableau 9). Cet écart s'explique en partie par des investissements plus élevés dans les engrais et autres intrants, mais il tient surtout à une utilisation plus intensive de la main-d'œuvre.

Le travail essentiellement manuel du désherbage demeure capital pour assurer une bonne récolte. Les plantes nuisibles sont si tenaces qu'elles ont vite fait d'étouffer les plantes commerciales. Dans le cas de la milpa, le brûlis élimine ce problème. Cette méthode ne peut s'appliquer dans le cas des arbres fruitiers. Les mauvaises herbes deviennent de plus en plus tenaces à mesure que la parcelle vieillit, d'où l'importance d'exploiter des parcelles à différents stades de croissance. Le désherbage, fait à l'aide de machettes, doit être répété minutieusement plusieurs fois par année. Il faut près d'un mois à un ouvrier pour désherber un hectare. Un éjidataire a expliqué qu'on ne peut jamais considérer le désherbage comme terminé. Les plus grands producteurs engagent des ouvriers pour désherber; les plus petits doivent désherber eux-mêmes. Ils ne peuvent ainsi exploiter plus de trois hectares chacun.

Les plus grands producteurs déboursent, par hectare, près de 60 fois plus que les petits producteurs au chapitre de la main-d'œuvre et trois fois plus au chapitre des intrants (tableau 9). Ces investissements supérieurs leur permettent de doubler presque leur productivité par rapport aux plus petits producteurs, lesquels deviennent de moins en moins compétitifs.

En 1983, étant donné des pluies abondantes et l'usage accru d'engrais, rendus

TABLEAU 9

Rendements et coûts de production des oranges, par catégorie de producteurs, Akil, 1982

Catégorie de producteurs	Rendement t /ha	Intrants (pesos)	Intrants (pesos/ha)	Main-d'œuvre (pesos)	Main-d'œuvre (pesos/ha)
Grands (plus de 5 ha)	13,22	33 690	1 101	432 260	14 125
Moyens (plus de 3 ha et jusqu'à 5)	8,51	25 760	807	50 690	12 712
Petits (3 ha et moins)	8,27	1 814	403	1 080	240

Source : Enquête personnelle, 1982.

plus accessibles grâce au SAM, les grands producteurs obtiennent une amélioration des rendements de l'ordre de 51 % (20 t/ha), les moyens, de 88 % (16 t/ha), et les petits, de 33 % (11 t/ha).

L'intensification de la production agricole favorise ainsi la formation d'un groupe de producteurs privilégiés. Les plus grands producteurs réussissent à tirer un meilleur parti du SAM que les autres. Ils peuvent investir dans des améliorations techniques, diversifier leurs cultures en fonction du marché et engager le nombre d'ouvriers nécessaires plutôt que de répartir le travail entre les membres de leur famille. Leur temps de travail est rétribué. Dans le cas de producteurs qui exploitent trois hectares et moins, les revenus tirés des parcelles ne couvrent pas le temps de travail, seulement les frais d'exploitation. Ces petits producteurs doivent financer l'exploitation agricole en travaillant à l'extérieur de leur parcelle, souvent en tant qu'ouvriers agricoles pour les plus grands producteurs. Ils permettent ainsi aux plus grands producteurs d'obtenir des rendements élevés et de diversifier leur production[5].

Malgré leur situation difficile, les plus petits producteurs ne sont pas expulsés de l'éjido, justement parce que les lois éjidales font obstacle à la concentration des terres. La protection juridique assurée par la structure éjidale n'est toutefois pas sans faille. L'élimination des plus petits, en dépit des lois éjidales paraît inévitable, mais, officiellement, le nombre de parcelles demeure stable ; seul diminuerait le nombre de ceux qui ont les moyens de les exploiter. Il faut remarquer qu'en règle générale ceux qui perdent la capacité d'exploiter leur parcelle peuvent au moins trouver des emplois de «péons» (ouvriers agricoles), ce qui leur permet de conserver leur terre, même inexploitée, car les besoins en main-d'œuvre demeurent constants.

D'après une comparaison de mes données (1982-1984) avec celles qu'a utilisées P. Thurston Ewell (1980), le nombre d'usagers qu'indiquent mes informateurs est moindre que celui dont font état les documents officiels cités par Ewell, concernant certaines unités d'irrigation dans Akil en 1980 (253 usagers comparativement à 298, d'après les données d'Ewell[6]). Cette différence est la seule donnée vérifiable qui signalerait une tendance à la concentration de la terre pendant les années soixante-dix. Cependant, il faut noter que deux processus contradictoires jouent en même temps. D'une part, les plus grands producteurs accaparent de nouvelles parcelles. D'autre part, il existe un processus de subdivision des parcelles, à cause de la pression démographique.

Durant les années quatre-vingt, Lolpakal paie fort bien les producteurs. Les prix de la tonne d'oranges augmentent de façon à peu près constante et passent de 3 000 pesos en 1982 à 350 nouveaux pesos (3 500 anciens pesos) en 1990. Les paysans vivent une période d'abondance. Tant que les prix internationaux demeurent élevés, Lolpakal réussit à payer les producteurs. La majeure partie de la production est écoulée sur le marché étasunien[7].

Le néolibéralisme compatible avec l'éjido flexible

Devant les succès remarquables de la production fruitière et maraîchère dans la zone du défunt Plan Chac, l'effort d'intensification agricole est relancé entre 1983 et 1987, soit durant le sexennat du président de la Madrid (1982-1988). Le nouveau libéralisme d'État s'accorde bien avec l'organisation de la production telle qu'elle est structurée dans les municipes de la Sierra Puuc.

Situé près du centre de la localité, le premier puits de l'unité Independencia 1810 démarre en 1986. L'irrigation s'étend sur 64 ha destinés à 96 producteurs privés ou éjidaux. Le deuxième puits irrigue 64 ha répartis entre 62 usagers. La même année, deux autres unités, Salvador Alvarado 1 et 2, qui couvrent 79 ha, sont inaugurées. Elles sont réservées à 75 propriétaires privés, qui ont obtenu des prêts personnels. Comme les terres commencent à manquer dans le municipe, on décide d'exploiter les boisés de la Sierra. Deux autres unités, Benito Juarez 1 et 2, situées sur le dessus de la Sierra, sont mises en service en 1985-1986. Ces puits vont chercher l'eau à 61 mètres de profondeur, alors que les puits autour du village ont de 25 à 30 mètres de profondeur. L'impossible devient réalité grâce à la technologie. Ces deux unités offrent 100 hectares à 61 éjidataires.

De l'avis général, l'implantation définitive de l'irrigation tient à deux facteurs principaux : l'implication du gouvernement fédéral et le travail acharné des paysans confrontés aux limites de la milpa. Le gouvernement fédéral intervient par le biais du ministère de l'Agriculture qui implante les systèmes d'irrigation et par l'entremise de la banque rurale (BANRURAL, l'institution fédérale chargée d'avancer les fonds à la population éjidataire), qui finance une partie de la conversion aux cultures commerciales. Les cultivateurs d'Akil reconnaissent tous que l'intervention de l'État a été indispensable pour réaliser un changement que la plupart souhaitaient mais ne pouvaient réaliser faute de moyens. À la lumière de cette expérience et d'autres semblables, il apparaît nécessaire que l'État intervienne pour amorcer un changement[8].

Cependant la contribution du gouvernement ne garantit pas la rentabilité des exploitations. Chaque paysan doit investir dans l'aménagement des parcelles, la construction des canaux, l'achat des plants, des instruments et des intrants. Dans la plupart des cas, le capital nécessaire est progressivement amassé grâce au travail salarié effectué le plus souvent à l'extérieur du municipe, à Mérida, à Cancún ou aux États-Unis[9]. Un milpero né en 1909 confirme l'importance de la collaboration entre l'État et les paysans :

> Ils [les habitants d'Akil] ont ouvert des puits et fait des canaux pour l'eau. Le gouvernement a beaucoup aidé les gens qui n'avaient pas à payer pour ces travaux. Les travaux ont été retardés. L'irrigation a exigé beaucoup de travail pénible, mais nous avons réussi.

L'idée de réduire les migrations rurales par l'introduction de l'irrigation donne donc les résultats escomptés, mais pas à court terme. Durant les premières années l'intensification de la production stimulerait plutôt les mouvements migratoires. Les paysans doivent trouver les capitaux nécessaires ailleurs que dans leur localité d'origine où, comme dans toutes les communautés paysannes, les emplois salariés n'abondent pas. Plusieurs partent travailler pour amasser un peu de capital. Par la suite, lorsque les parcelles sont pleinement exploitées, la nécessité de migrer diminue.

L'enrichissement collectif est palpable à la multiplication des appareils de communication. Dix-sept des familles rencontrées (94 %) écoutent la radio quotidiennement, qui diffuse invariablement des émissions en espagnol. La radio constitue le principal moyen de propagation de la culture mexicaine chez ces familles paysannes. Cinq familles, en outre, possèdent un téléviseur à la maison. Les journaux ont moins d'influence, puisque seuls six des dix-huit informateurs déclarent les lire tous les jours et sept autres, les lisent à l'occasion. La radio n'a pas nécessairement contribué à l'acceptation des changements techniques. Elle en serait plutôt une résultante, car plusieurs producteurs ont maintenant acquis un certain pouvoir d'achat.

Les habitants d'Akil restent favorables à l'intensification de la production, surtout à cause de la pauvreté extrême qu'ils ont connue alors qu'ils devaient se contenter de la milpa. En 1982, les habitants d'Akil manifestent une très grande satisfaction quant à l'irrigation. La majorité des gens interrogés (86 %) ne songent pas à quitter le village. Un éjidataire enthousiaste répond : « Pourquoi partir si nous sommes ici au sommet de la gloire ? »

Armes d'Akil, composées dans les années 1990. Elles illustrent la résistance maya à l'oppression coloniale et les principales sources de richesse du municipe : le maïs et les agrumes.

15 Les vicissitudes de l'irrigation

AU COURS D'UN SÉJOUR à Akil en 1986, j'ai une vision idyllique du village. Je viens de parcourir en moto les nouvelles unités de la Sierra. Un climat d'euphorie règne dans la communauté. Personne n'avait osé rêver qu'un jour ces terres seraient irriguées ! Les *Akileños* sont très fiers de la nouvelle route asphaltée qui sillonne les flancs de la Sierra. Les orangers en fleur emplissent l'air de parfums enivrants. Le soleil couchant rosit le ciel.

C'est la dernière entrevue du séjour. Une dame me reçoit chez elle, dans sa maison bâtie sur sa parcelle cultivée. Elle porte de lourds colliers dorés et un huipil chatoyant, brodé de fils de soie. Elle maîtrise mal l'espagnol, mais nous nous comprenons bien. Nous parcourons sa terre, couverte d'orangers en fleur. C'est l'heure d'irriguer. La dame tourne une manivelle et l'eau se déverse avec force sur le sol rouge brûlé. Pendant que la dame parle de ses plantes et de sa façon de les cultiver, elle pousse l'eau à l'aide d'un balai de paille. Elle a de l'eau aux chevilles et rit joyeusement. Elle parle d'abondance, de celle des fleurs, de l'eau, des plantes. Ses yeux brillent autant que ses perles dorées. Il me semble avoir enfin découvert un endroit où les Mayas peuvent vivre heureux et dignes, sans souffrir de la faim.

Les années suivantes n'ont pas entièrement démenti cette impression, même si l'aspect paradisiaque devait s'atténuer sous les rigueurs de l'économie nationale.

Vingt ans d'irrigation (1970-1990)

Pendant les années quatre-vingt, en dépit des investissements consentis dans les nouvelles unités, les difficultés de l'économie nationale finissent par toucher les *Akileños*. La forte pression économique oblige un nombre croissant de producteurs à travailler comme ouvriers, avec ou sans salaire. Il n'y a pas eu d'augmentation du nombre des plus grands producteurs, mais, au contraire, une diminution et ce, même si les productions de fruits et de légumes, comme à Akil, sont parmi les rares secteurs agricoles à connaître une croissance au cours des années quatre-vingt au Yucatán[1]. L'extension de l'irrigation amène certains changements au sein de la population d'Akil, quant à la répartition du travail, à l'alphabétisation, à la langue d'usage et à l'habitation.

Des constatations fort intéressantes surgissent de l'analyse des recensements agricoles de 1970 et de 1991[2]. Même si ces données sont difficilement comparables à cause de l'introduction de catégories différentes entre les deux années de recensement, on peut en déduire que, dans Akil, la proportion d'éjidataires (ceux avec leur titre, plus ceux qui attendent leur titre, les *derechos a salvo*) diminue par rapport à celle des producteurs privés. La tenure de la terre, c'est-à-dire le régime de propriété ou de droit d'usage et d'exploitation du sol[3], évolue, bien que freinée par la structure éjidale. En 1991, les propriétaires privés constituent un peu plus de 20 % des producteurs, alors qu'ils n'en représentaient que 9 % en 1970. L'accroissement du nombre de propriétés privées de plus de cinq hectares est remarquable : elles passent de 33 à 213, pendant que le nombre d'unités de cinq hectares et moins diminue (tableau 10).

Ces données confirment mes observations quant aux unités de production composées de plusieurs parcelles réparties dans différentes unités d'irrigation. Comme les parcelles irriguées ont rarement plus d'un hectare, la croissance des exploitations ne peut se faire que par l'addition de parcelles dispersées dans le municipe. Il existe ainsi un processus de concentration de la terre dans Akil et fort probablement dans toute la zone d'irrigation. Le processus de concentration se fait simultanément à celui de l'expansion de l'irrigation.

Les superficies irriguées, plantées d'arbres fruitiers, ont augmenté de 244 ha en 21 ans, ce qui représente une expansion de 23 %. Cette croissance touche surtout les propriétés privées de cinq ha et moins, ce qui correspond au type de développement préconisé par l'État et qui convient le mieux aux éjidataires ayant peu de capitaux. Ceux-ci aménagent une nouvelle unité d'irrigation dans la mesure où ils prévoient pouvoir la financer.

Malgré les retards et les problèmes, la création et l'extension du réseau d'irri-

TABLEAU 10

Évolution de la tenure, Akil 1970-1991

	Nombre de producteurs		Nombre d'exploitations[b]		Superficies fruitières (ha)[c]	
	1970	1991	1970	1991	1970	1991
Éjido	1 309 (90,6 %)	1 050[a] (69,8 %)	1	384 (61,2 %)	936 (86,7 %)	449,15[d] (34,0 %)
Propriétés privées de plus de 5 ha	80 (5,6 %)	241 (16,0 %)	33	213 (34,1 %)	124 (11,5 %)	147,86 (11,2 %)
de 5 ha et moins	56 (3,9 %)	213 (14,2 %)	38	29 (4,7 %)	19 (1,8 %)	212,64 (16,1 %)
Total	1 445 (100 %)	1 504 (100 %)	72	626 (100 %)	1 079 (100 %)	1 323,3 (100 %)

Sources : *Censo agrícola, ganadero y ejidal 1970*, México, 1975 ; INEGI, *VII Censo agrícola-ganadero*, Aguascalientes, 1994, Tableaux 9, 26 A-B.

a   Ce chiffre provient de l'addition du nombre de *integrantes* des unités de production, et des membres non rétribués de la famille qui travaillent sur les mêmes parcelles (*VII Censo*, tableaux 26 A-B, 27 A-B).

b   Terme utilisé pour les données de 1970. En 1991, on parle d'unités de production sans que les deux concepts soient nécessairement équivalents. Seules sont comptabilisées ici les unités de production privées et éjidales.

c   Pour 1970, il s'agit des superficies où l'on cultive des fruits. Pour 1991, j'ai additionné les superficies plantées de citronniers et les superficies plantées d'orangers.

d   Pour atteindre 100 % dans cette colonne, il faut inclure ici 375 ha plantés d'arbres fruitiers en milieu urbain (28,34 %) et 138,6 ha de « propriété mixte » (10,5 %). Ces superficies auraient fait partie du secteur éjidal en 1970. Si ces données sont ajoutées au secteur éjidal de 1991, nous obtenons un total de 962,75 ha (72,6 %), chiffre qui concorde avec les données du recensement éjidal de 1970.

gation constituent un véritable succès, surtout si l'on compare les conditions de vie et de travail des producteurs d'Akil avec celles des paysans qui cultivent en attendant le bon vouloir du dieu Chac, comme à Dzonotchel. L'irrigation permet maintenant de freiner l'exode des paysans et même stimule l'immigration vers Akil. La densité de population passe de 75,3 hab./km² en 1970 à 153 en 1990.

L'intensification de la production agricole entraîne, assez curieusement, une diminution du pourcentage de personnes engagées dans l'agriculture. En 1970, 79 % de la population active locale travaille dans l'agriculture et l'élevage. En 1990, ce pourcentage descend à 67 %[4]. Le déplacement de la main-d'œuvre s'opère vers le secteur secondaire, mais surtout vers le tertiaire (commerce et services). La hausse des revenus consécutive à l'irrigation donne lieu à un accroissement de la demande pour de nouveaux biens et services : maisons, biens de consommation, services techniques, entre autres dans l'agronomie et la mécanique.

L'arrivée de travailleurs et l'effort d'instruction, surtout au niveau primaire, amènent une diminution rapide de la proportion d'unilingues mayas (tableau 11). La connaissance répandue de l'espagnol dans l'ensemble de la population étudiée peut être attribuable à plusieurs facteurs : les contacts fréquents avec les non-Mayas, les programmes scolaires et l'omniprésence des postes de radio. La majorité des habitants d'Akil passent d'une langue à l'autre avec fluidité : ils combinent en fait souvent les deux langues. Quand ils parlent maya, les chiffres et les termes techniques sont en espagnol et quand ils parlent espagnol, la conversation est constellée d'expressions mayas, souvent ironiques.

La diffusion de l'espagnol semble progresser plus rapidement que l'alphabétisation. Les données du tableau 11 montrent qu'il y a plus d'analphabètes que d'unilingues mayas dans le village. On observe, pour l'analphabétisme comme pour l'unilinguisme, une décroissance rapide des pourcentages entre 1970 et 1990. Le désintérêt pour la langue maya est à ce point marqué qu'une grand-mère s'est

TABLEAU 11

Évolution de la population, Akil 1970-1990

Année	Population	Population analphabète 15 ans et plus (%)	Unilingues mayas de 5 ans et plus (%)	Croissance annuelle moyenne (%)
1960	2 747	47*	n. d.	2,9
1970	3 655	43,3*	21,3**	3,3
1980	5 345	38,4	19,4	4,6
1990	7 473	28,7	9,7	3,8

Sources : INEGI, *XI Censo general de poblatión y vivienda, 1990*, tableau 3,8 ; SPP, *X Censo de población y vivienda, 1980*, tableaux 3, 4, 15 ; S. Rodriguez LOSA, *La población de los municipios del Estado de Yucatán, 1900-1970*, Mérida, Ediciones del Gobierno del Estado, 1977.

*   Données approximatives, évaluations personnelles par projection graphique. En 1960, 34 % de la population totale du Yucatán est analphabète comparé à 30,5 % en 1970 (SPP, *Manual de Estadísticas Básicas del Estado de Yucatán (MEBE)*, México, 1982, tableau 2.1.7).

** Donnée établie par la COPLAMAR pour l'ensemble de la région de Peto, dont Akil fait partie (COPLAMAR, *Zona maya. Yucatán*, México, 1978, p. 132).

plainte de ne plus pouvoir parler avec ses petits-enfants puisqu'elle ne connaît que le maya et eux, seulement l'espagnol. Le fait que la langue maya est mainte-nant enseignée à l'école primaire pourrait, dans une certaine mesure, corriger cette situation.

L'accroissement de la population stimule la construction résidentielle. Le nombre des maisons double en 20 ans (tableau 12). La proportion de maisons ayant un plancher de terre battue diminue et près des trois quarts des maisons ont des planchers de ciment en 1990. La croissance démographique est si forte que la municipalité est incapable de faire immédiatement face aux nouveaux besoins en services. Ainsi, entre 1970 et 1980, le nombre de maisons non reliées au système d'égout augmente, situation qui s'est sensiblement améliorée au cours des années quatre-vingt car, en 1990, on évalue que seulement 25,5 % des demeures ne sont pas reliées au système d'évacuation des eaux usées. En 1990, le service d'aqueduc réussit à fournir de l'eau courante à la majorité des maisons, bien qu'il s'agisse souvent d'un robinet installé à l'entrée des terrains particuliers, comme c'est le cas dans les régions de Cancún.

Les années quatre-vingt-dix : un jardin parsemé d'épines

En 1996, j'interroge 21 représentants d'unités d'irrigation au sujet de la situation agricole. D'après leurs commentaires, il apparaît que l'euphorie des années qua-tre-vingt s'est dissipée. Plusieurs producteurs se plaignent de difficultés insur-montables. Des parcelles sont abandonnées et envahies par la mauvaise herbe.

TABLEAU 12

Évolution de l'habitat, Akil, 1970-1990

	1970		1980		1990	
Nombre total de maisons	609	100 %	922	100 %	1 292	100 %
sur terre battue	334	54,8 %	457	49,5 %	356	27,7 %*
avec eau courante	226	37,1 %	570	61,8 %	1 076	83,8 %*
sans égout	394	64,7 %	638	69,2 %	328	25,5 %*

Sources : INEGI, *XI Censo general de población y vivienda, 1990*, Tableaux 37, 39, 45, 46 ; SPP, *X Censo de población y vivienda, 1980*, tableaux 18, 22.

* Pourcentages calculés sur un total de 1 284 demeures.

Par endroits, on peut distinguer les squelettes des arbres fruitiers sous des monceaux de vignes sauvages. Certains représentants, que je rencontre pour la première fois, me toisent avec suspicion, certains d'avoir affaire à une fonctionnaire. Ils sont prêts à m'insulter. Par chance, les amis présents rétablissent les faits, et une ambiance plus sereine s'installe. Tout de même, une certaine méfiance se fait parfois sentir.

Les années d'abondance sont terminées. L'usine Lolpakal éprouve des difficultés économiques qui paralysent ses activités. Les problèmes surgissent lorsque les prix internationaux commencent à fléchir mais que les producteurs exigent une hausse des prix. En 1991, Lolpakal doit acheter les oranges à des prix supérieurs à ceux du marché international. L'usine s'endette de quatre millions de pesos (1,3 million de dollars US) afin de payer les producteurs. La banque refuse d'avancer les fonds. Le gérant est démis de ses fonctions bien qu'il se soit opposé aux hausses de prix. On accuse de corruption cet homme qui s'est dévoué pour les producteurs[5]. Depuis cette date, l'usine Lolpakal, qui a fait la richesse de la région, vivote, au bord de la faillite, sans que personne ne trouve de solution.

Malgré le dépit évident de plusieurs représentants, j'apprends avec étonnement que le village compterait 55 unités d'irrigation. Même si cinq de celles-ci ne sont pas encore inaugurées et que plusieurs ne fonctionneraient qu'en partie, il demeure que l'augmentation du nombre d'unités d'irrigation semble phénoménal.

D'après le recensement de 1991, il y aurait 384 éjidataires disposant d'autant d'unités de production (comprendre ici une ou plusieurs parcelles irriguées dans l'éjido), lesquelles totalisent 650,76 ha. En moyenne, chaque éjidataire exploite 1,69 ha. En pratique, 374 d'entre eux cultivent chacun 1,57 ha mais les dix plus importants disposent de 6,26 ha chacun. À ces dix grands éjidataires, il faut ajouter 13 grands producteurs nécessairement aussi éjidataires qui ont des propriétés mixtes (comprenant des parcelles tant privées qu'éjidales) et qui exploitent chacun en moyenne 26,96 ha dans le municipe. La situation des producteurs privés s'apparente à celle des éjidataires. On note l'existence de 29 unités privées de production de plus de cinq ha aux mains de 241 personnes. Celles-ci exploitent au total 1 530 ha, ce qui donne une superficie moyenne de 6,3 ha par groupe (probablement familial) de 8,3 personnes[6].

Les libertés dans l'éjido néolibéral

Ces 23 producteurs éjidataires occupent le sommet de la pyramide sociale d'Akil. Ils forment le groupe le plus puissant que l'on appelle avec respect les *básicos*, c'est-à-dire ceux qui détiennent réellement leur titre d'éjidataire. En dépit des idéaux de la révolution, ce titre leur confère une certaine noblesse, doublée d'ancienneté et de pouvoirs politique et économique évidents. Ils exercent une grande influence au sein de la communauté.

Un représentant d'unité rapporte qu'il y aurait 255 *básicos* dans tout le village. Eux seuls et leurs fils ont le droit de cultiver les terres d'Akil. Les *básicos* sont les vrais éjidataires, pendant que leurs fils et des « gens connus du village » détiennent le droit, en théorie, de devenir éjidataires[7]. On devine ainsi qu'il faut avoir des « amis » pour cultiver dans l'éjido d'Akil. Les *básicos* possèdent leurs parcelles dans les unités plus anciennes, alors que les ayants droit (*derechos a salvo*) travaillent dans les unités plus récentes. Il faut remarquer que les fils des *básicos* n'ont généralement pas reçu leur titre d'éjidataire. Comme l'État encourage la privatisation des terres éjidales, il y a fort à parier qu'aucun nouveau titre d'éjidataire ne sera accordé. Le nombre des *básicos* devrait demeurer stable pour quelque temps encore, car, si les parcelles peuvent être subdivisées entre les fils, le titre d'éjidataire ne peut, lui, être fractionné.

Tous les *básicos* ne jouissent pas d'un tel ascendant. Les plus petits éjidataires manquent souvent de capitaux pour exploiter leurs parcelles ou ils jugent préférable de ne pas le faire, étant donné le faible taux de rendement actuel. Ces terres sont laissées à l'abandon. En deux ou trois ans, les plantes sauvages envahissent tout. La situation est assez paradoxale. D'une part, le centre du municipe est constellé de parcelles abandonnées. Ces parcelles appartiennent souvent à des *básicos* qui refusent de les vendre ou de les louer, de peur d'en perdre la jouissance. D'autre part, des dizaines de producteurs, souvent encore des milperos sans droit éjidal, vivent dans la pauvreté en attendant que le gouvernement leur accorde les crédits nécessaires pour ouvrir une nouvelle unité d'irrigation sur les terres à la périphérie de la zone irriguée.

En 1996, différents représentants ont expliqué, avec tact, comment on vend, sans les vendre, les parcelles éjidales : « Certains vendent leur parcelle mais la terre ne se vend pas, elle est cédée. Seuls les plants, c'est-à-dire le travail investi dans la parcelle, sont vendus. » Un autre représentant donne plus de détails sur cette opération délicate, légèrement en marge de la légalité :

> Le village continue à se peupler. Parfois, les parcelles sont divisées en lots qui sont répartis entre les fils. C'est un peu contraire à la loi. On fait une cession (*traslado*) où le lot est cédé et non vendu. Le commissaire éjidal conserve un papier où est stipulé que l'éjido a reçu un impôt équivalent à 10 % du montant de la vente. Un lot de 10 mètres sur 50 mètres avec électricité peut se vendre... être cédé... pour de 8 000 à 10 000 pesos (de 1 065 à 1 332 $US).

Dans certaines unités, les usagers déterminent si l'on peut vendre et à qui. La vente est généralement concédée à des fils ou à des voisins. Tous doivent être d'accord. On fait un rapport de l'assemblée.

Une parcelle dans une des unités périphériques aurait été divisée en trois lots d'un hectare, vendus à 3 000 pesos chacun en 1995. Les producteurs savent bien comment contourner les lois. Il est devenu plus facile de vendre les terres éjidales depuis la modification de l'article 27 et surtout depuis que le gouvernement tente de répandre les bienfaits de la privatisation au moyen du PROCEDE. Malgré les « cessions » de terre, les *Akileños* refusent de « décertifier » leurs droits éjidaux. Les *básicos* tiennent à conserver la structure éjidale puisque celle-ci constitue la base de leur pouvoir.

Leur pouvoir, combiné à la situation économique précaire de plusieurs producteurs, justifierait d'après le commissaire éjidal le rejet par l'assemblée du programme PROCEDE. L'explication du commissaire semble contradictoire. Il affirme que plusieurs éjidataires aimeraient bien pouvoir vendre leurs parcelles, mais qu'il n'y a personne pour les acheter parce qu'il faut des capitaux trop importants pour les cultiver. Le commissaire soutient que plusieurs producteurs ne récoltent rien, faute de pouvoir payer l'eau d'irrigation pour leur parcelle[8]. Pourtant, j'ai rencontré de nombreux représentants qui se désespéraient justement de ne pas encore avoir accès à l'irrigation. D'une part, ceux qui peuvent disposer de parcelles irriguées négligent de les cultiver à cause des coûts élevés de production et, d'autre part, ceux qui n'en ont pas encore souffrent de malnutrition. Tous se disent insatisfaits de la situation, mais personne ne veut abolir la structure éjidale.

Un autre représentant explique que la privatisation de l'éjido forcerait les familles à payer chaque année un impôt supplémentaire, dit *impuesto predial* (impôt sur les champs), alors que les terres éjidales sont actuellement exemptes de taxes. De plus, il n'y a aucun acte notarié à signer. Ces ex-paysans redoutent comme le choléra d'avoir à traiter avec la bureaucratie.

Un représentant d'unité explique aussi pourquoi le PROCEDE est inacceptable : « L'éjido garde la terre pour ceux qui veulent la travailler. » Ce producteur veut conserver l'éjido tel quel pour que ses fils aient accès à des parcelles quand ils seront en âge de travailler. Sans la protection éjidale, il a peur que la terre ne soit de nouveau concentrée dans les mains de quelques-uns. Le souvenir des plantations de henequén et du péonage hante encore la mémoire collective. Non seulement les producteurs refusent le PROCEDE, mais ils cèdent leurs terres privées à l'éjido. Un producteur explique : « J'avais un ranch à San Mateo. Je l'ai

PHOTO 14. Canal d'irrigation en terre, non encore cimenté, entre les plants de papaye. (1984)

donné à l'éjido pour que le gouvernement y construise un puits. Tous mes fils ont reçu une parcelle. Ils ne sont pas éjidataires mais ils attendent leur droit éjidal (*derecho a salvo*)[9]. »

Un autre représentant affirme qu'à Tekax et à Oxkutzcab (villes voisines), les assemblées éjidales ont accepté de participer au PROCEDE. À Akil, il n'en est rien parce que « l'éjido est la protection des pauvres ». Cela nous permet-il de croire que les riches ont plus de pouvoir dans ces deux villes voisines, mais qu'à Akil les « pauvres » contrôleraient encore la situation en leur faveur ? Il semble que les plus grands éjidataires aient intérêt à voir tomber la protection éjidale étant donné qu'ils disposent de capitaux pour acheter des parcelles éjidales à privatiser. D'ailleurs certains croient que la privatisation des terres éjidales favorisera les paysans nantis qui deviendraient des supporteurs locaux du PRI[10].

La comparaison des données du septième recensement agricole (1991) pour ces trois localités indique qu'effectivement, dans Akil, le poids des éjidataires riches (disposant de plus de cinq ha) au sein de l'assemblée éjidale est moindre que dans les deux autres villes. À Oxkutzcab, les riches éjidataires représentent 7 % de l'assemblée éjidale, à Tekax, 13 %, alors qu'à Akil ils n'en forment que 3 %.

Dans Tekax, de surcroît, les éjidataires nantis exploitent 6 % des superficies culti-vées individuellement, alors que ce pourcentage tombe à 3 % à Oxkutzcab et à 2 % à Akil. Il faut dire qu'Akil est de très petite taille (48,29 km²) comparée à ces deux municipes voisins (Tekax : 3 773,42 km² ; Oxkutzcab : 512,23 km²). Il est difficile pour les éjidataires *akileños* d'augmenter les superficies irriguées, alors que cette possibilité est à la portée des riches dans les municipes voisins.

Pour les producteurs, les années quatre-vingt-dix sont difficiles. Le prix des oranges reste bas de 1989 à 1995. La période noire se poursuit jusqu'à ce que les prix remontent, avant la fin de la récolte de 1996. Ce redressement est attribuable, d'une part, aux *Wachitos* (surnom amical donné aux habitants de México) qui viennent acheter depuis la capitale fédérale et, d'autre part, à des gelées qui ont détruit une partie des récoltes de Floride, ce qu'ignorent curieusement les pro-ducteurs d'Akil car un informateur a lancé cette boutade : « Il nous faut espérer que tombe une gelée sur Miami. » Sa prière était déjà exaucée sans que les producteurs le sachent. Grâce à la combinaison de ces deux facteurs, les oranges se vendent en 1996, 250 pesos/t (33 $US/t). Mi-figue mi-raisin, un représentant commente : « L'irrigation améliore la vie. La situation s'améliore selon le prix des oranges[11]. »

La crise qui sévit depuis 1994 force certains, parmi les moins nantis, à aller travailler à l'extérieur, comme l'ont commenté différents représentants en 1996 :

> Dans mon unité, j'en connais trois qui vont à Cancún. D'après moi, ils ne sont pas plus riches que les autres. Ce qu'ils gagnent, ils le dépensent là-bas. Ici, le travail paie mieux.

> Vingt pour cent des parcelles de l'unité sont abandonnées. Les gens ne veulent pas vendre leurs parcelles. Les familles y vivent sans les irriguer. Ils vivent dans la misère. Ils font un peu de milpa. Leur vie est désespérée. Ils ne peuvent ni fertiliser, ni irriguer, ni désherber. Plusieurs vont à Cancún pour travailler. Les jeunes partent et les vieux restent. Ils ramènent très peu d'argent. Ils le gaspillent avant de revenir.

> Il y en a six dans mon unité qui n'ont qu'une parcelle et qui vont à Cancún pour travailler. Ils partent pour quinze jours puis reviennent. Ils travaillent comme menui-siers dans les hôtels.

Les jeunes qui partent travailler à Cancún sont considérés comme des êtres malchanceux qui ne peuvent s'intégrer. Dans ce municipe avec irrigation, il semble s'opérer une sélection négative des migrants. Les candidats au travail à Cancún seraient issus des familles les plus pauvres, celles qui ne sont même pas capables de dénicher des emplois de péons à leurs enfants[12].

L'intensification de la production agricole aura ainsi permis aux Mayas d'Akil, comme aux autres communautés qui ont profité des mêmes programmes d'irrigation, de s'intégrer à l'économie mexicaine tout en demeurant dans leur village d'origine. Certaines femmes paysannes, bilingues, portent encore le huipil, bien qu'elles vivent dans des maisons qui ne sont plus des huttes et qu'elles tournent la manivelle pour avoir de l'eau plutôt que de faire des offrandes au dieu Chac. La communauté, de plus en plus stratifiée, reste vivante. Elle constitue un réseau de communication et d'information, un lieu où se règlent les conflits et se prennent les décisions. Les *básicos* se tiennent mutuellement informés de tout changement possible. L'intégration, qui accroît les contacts avec les non-Mayas, semble reléguer l'usage de la langue maya à la sphère familiale, sans que les Mayas perdent complètement leur identité étant donné qu'ils s'identifient à une communauté et à un territoire précis. La milpa et la langue demeurent des dimensions de la réalité locale. On peut, bien sûr, douter de la persistance du fait maya à long terme, mais cette préoccupation déborde le cadre de cet essai.

À ce sujet, il faut toutefois noter que ma dernière visite à Akil me réservait de belles surprises. Entre autres, un nouveau monument dédié aux mères de famille avec une inscription gravée d'abord en maya, puis en espagnol. La localité s'était aussi dotée d'un emblème où l'arche coloniale est dominée par un indien maya, arborant les couleurs du PRI. L'ancien président municipal, en poste jusqu'en 1997, avait tenté de revaloriser l'identité maya. L'apprentissage de la langue maya semble d'ailleurs connaître une certaine vogue dans la péninsule où elle est enseignée aux futurs professeurs du primaire, lesquels devront fournir un enseignement bilingue aux enfants mayas. À cet effet, il faut remarquer que le test de langue que doivent réussir les enfants pour avoir accès à l'enseignement en maya est si difficile que mes interlocuteurs, eux-mêmes mayas, ne pouvaient comprendre les mots de l'examen. Par ce test, les autorités réduiraient le nombre d'enfants admissibles à l'instruction en maya. Ainsi cette langue connaîtrait une certaine popularité, mais nous sommes loin du raz de marée. Il est trop tôt pour se réjouir de la survie de la langue et du peuple mayas dans la péninsule.

Les municipes de la Sierra Puuc vivent une situation privilégiée qu'on ne peut généraliser à l'ensemble des communautés mayas. L'offre de travail sur place évite aux producteurs d'avoir à migrer et à travailler dans un contexte autre que celui de la communauté, même s'il s'agit ici de communautés non pas fermées sur elles-mêmes mais bien ouvertes et actives sur les marchés régionaux, nationaux et même internationaux. Les Mayas de la Sierra Puuc, devenus des producteurs maraîchers, s'intègrent à l'économie nationale. Il s'agit d'une situation unique, car l'éden de la Sierra Puuc ne regroupe que 7 % de la population yucatèque en 1990[13].

Ailleurs, la milpa nourrit fort mal les familles paysannes. À Dzonotchel, dont le cas sera traité dans les chapitres suivants, on est en présence d'une communauté marquée par le paradoxe du « changement dans la continuité[14] ». Fonctionnaires et paysans s'y frottent, le plus souvent sans même créer une étincelle de changement. Les Mayas de Dzonotchel, contrairement à ceux d'Akil, vivent cette fin de XXe siècle sans rupture avec les siècles précédents.

Avec la milpa, on peut se reposer. Il y a de quoi
manger. La milpa donne toujours le nécessaire pour
se nourrir. Avec (en plus) les abeilles, on peut vivre.
L'argent vient des abeilles. La milpa donne la
nourriture. Il y a ainsi de tout.

Milpero de Dzonotchel né en 1950, propos recueillis sur place en 1992.

16 Dzonotchel et les limites de la tradition

DZONOTCHEL RENFERME quelques curiosités, tels le puits qu'on dit habité par des esprits et les ruines de la caserne, que j'imagine hantées par les Cruzob. La plus baroque de toutes est l'église. Son toit de tôle grise et ondulée, ajouté au centre de la façade, rappelle notre siècle industriel. Le mur de façade, dressé comme un fantôme sans tête, sans appui, commémore les destructions de la Guerre des castes et fait écho aux restes de la caserne. La pièce principale, toute en béton, sans aucune décoration, froide et sombre, qu'un prêtre de passage ne visite que rarement, évoque le vide, l'absence. On peut y voir un symbole de la colonie, avec une religion dont personne ne voulait.

Le cœur de Dzonotchel bat ailleurs, juste à côté. Dans une annexe de l'église, à gauche, derrière. Un bâtiment d'une pièce, peint en rouge vif à l'extérieur. La couleur de Chac. Les villageois hésitent avant d'en débarrer la porte. L'intérieur recèle une féerie de lumière. Des dizaines de bougies brûlent au sol, au pied d'une immense croix garnie d'un Christ grandeur nature, qui se tord de douleur, les yeux au ciel et le corps couvert de sang. Un peu à l'image des sacrifiés mayas qui atteignaient les dieux par le don du sang.

À voir les offrandes de nourriture entre les bougies et les gerbes de fleurs fraîches autour de la croix, on devine que les Mayas adorent ce Christ et l'ont incorporé à leur panthéon tout comme ont dû le faire leurs ancêtres à l'époque coloniale. Aucune porte, aucune ouverture ne conduit à la partie officielle de l'église.

La vague de changement amené par Cancún ne touche pas l'ensemble des populations locales en même temps ni de la même façon. Mérida aurait bénéficié la première des investissements dans la construction à Cancún, alors que des communautés paysannes n'auraient perçu le changement que progressivement, au cours des vingt années suivantes. Pour en juger, il faut regarder comment m'est apparu Dzonotchel en 1982, soit un peu plus d'une dizaine d'années après l'avènement de Cancún.

La première visite (1982)

Pour arriver à Dzonotchel en provenance de Montréal, il faut d'abord faire escale à Miami, puis atterrir à Mérida, et ensuite faire cinq heures en autobus de deuxième classe jusqu'à Peto, et encore quatre heures de *camión* pour parcourir 30 kilomètres. Le dernier trajet, de Peto à Dzonotchel, se fait aux premières lueurs du jour, debout à l'arrière d'un camion qui caracole avec son chargement d'hommes, de bêtes et de produits divers. Il faut donc presque trois jours de voyage depuis Montréal pour parvenir à Dzonotchel.

Je découvre un village endormi dans la brume matinale, au creux de la forêt subtropicale. Mes premières impressions sont mitigées. Le centre du village s'apparente à un terrain vague. Un lacet de terre qui semble servir de route, à l'occasion, le contourne (carte 12). À l'heure où arrive le camion, il n'y a que quelques dindes, coqs et cochons pour animer cet espace vide.

La place centrale se perd dans les mauvaises herbes d'où jaillissent deux arbres au feuillage dense et foncé (*laureles* dans le langage vernaculaire). Une partie du sol est recouverte d'une large dalle de béton, que surmonte un panier de basket-ball. En face se trouve le puits, entouré d'une large margelle de pierre et surplombé d'une structure de bois où sont enroulés d'épais cordages.

Le puits est marqué de l'emblème du communisme : la faucille et le marteau, peints en rouge et jaune sur la pierre, face à la route. C'est d'ailleurs ce détail venu d'un autre monde qui attire l'œil, dès l'arrivée. La faucille, non plus que le marteau, ne fait partie des instruments de travail maya. Les villageois avouent tout de suite avoir honte de ce symbole. Ils expliquent : « Ce n'est pas quelqu'un d'ici qui a fait ça. » Pourtant personne n'ose l'effacer. On soupçonne, peut-être avec raison, un anthropologue de l'INI, en poste à Peto, d'être l'auteur du dessin.

Exception faite de cette excentricité en rouge, l'allure générale du village s'inscrit plutôt dans la continuité que dans le changement. Les descriptions des

CARTE 12

L'éjido de Dzonotchel

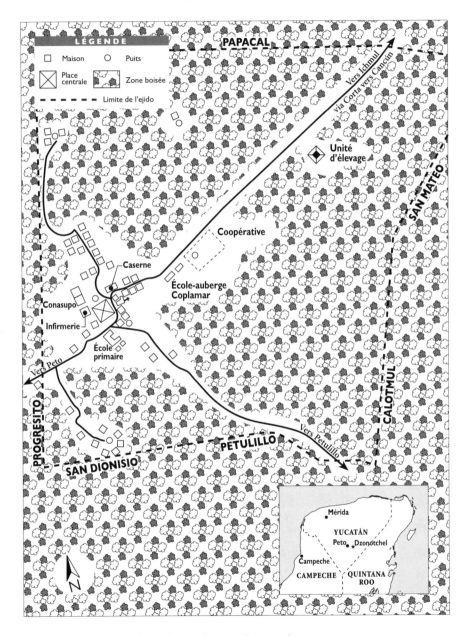

Source : Commissariat éjidal de Dzonotchel ; mise à jour par observation directe.

demeures mayas faites au début de la colonie par le frère Diego de Landa et beaucoup plus tard, avec dédain, par John Lloyd Stephens, s'appliquent encore[1]. Les maisons sont sagement disposées autour du puits et en bordure de la route. Elles sont toutes bâties sur le même plan ovale, recouvertes d'un toit de chaume qui descend bien bas, à environ un mètre du sol.

Les maisons se composent en fait de deux constructions détachées, chacune formée d'une seule pièce. La première, munie d'une porte centrale, sert de dortoir. Les murs sont recouverts de terre séchée, blanchie. Cette pièce est souvent décorée d'affiches pompeuses du PRI qui proclament l'attachement de la nation envers ses indigènes. Les meubles sont rares, sinon absents (photo 7). Les hamacs sont tendus en travers du plafond pour la journée. On les descend la nuit venue, à moins qu'un visiteur ne se présente, auquel cas le hamac sert de siège. On retrouve aussi souvent une petite table qui tient lieu d'autel. On y expose des images des saints, décorées de roses en plastique et de chandelles. Dans plusieurs maisons, au centre de l'autel, se dresse une lourde croix de bois.

La plupart des croix que j'ai vues dans les maisons de Dzonotchel ne portent pas de Christ, mais sont revêtues d'un huipil. Des coqs ou des épis de maïs y sont parfois peints. Ces croix évoquent la croix parlante de Chan Santa Cruz, celle dont les oracles guidaient les chefs rebelles pendant la Guerre des castes. Trois de ces croix, prétendument trouvées dans le puits de Dzonotchel, sont exposées dans une chapelle de Peto. Il faut préciser que ces croix ont aujourd'hui disparu. Elles auraient été volées en 1995, en même temps que la statue de bois de Saint Michel. Ni l'Église catholique ni le municipe ne voulaient payer le coût de leur entretien. De plus, la « chapelle » qui les abritait se trouvait malencontreusement située à un carrefour trop étroit pour les camions, de plus en plus gros, qui empruntent la *via corta* (« route courte », le raccourci) pour se rendre à Cancún. Tous les Mayas interrogés à Dzonotchel refusent de reconnaître la filiation de leurs croix avec celle des Cruzob. Chacun prétend que sa croix est conforme à celle de l'Église catholique.

La deuxième construction, en retrait, sert de cuisine. Les murs de branches entrelacées laissent l'air circuler librement. Un feu peut y brûler en permanence sans incommoder les occupants. Ces maisons ont toutes des planchers de terre battue. Aucune n'a d'eau courante ni de système d'égout.

À première vue, le village semble fixé à un autre siècle, quelque part avant la révolution industrielle. Un coup d'œil plus attentif révèle que la plupart des demeures sont rattachées au réseau électrique, installé en 1974. Ainsi, dans la majorité des maisons, la pièce principale est éclairée par une ampoule qui pend des solives du toit. Le réseau électrique, la faucille et le marteau tranchent avec l'aspect général du village, qui autrement correspond à peu près à une description du frère Diego de Landa.

D'autres éléments du paysage font aussi contraste. L'aspect moderne de trois bâtisses, érigées par le gouvernement fédéral au cours des années soixante-dix, rappelle aussi le xxᵉ siècle. Toutes trois présentent des murs droits, percés de fenêtres à armature métallique, et des toits plats, tout en ciment. La succursale CONASUPO a été construite en 1973 à proximité du puits. Sa façade, ornée de cinq colonnes de ciment, aurait pu, ailleurs, être impressionnante. À quelques mètres, une pièce de béton devait servir d'infirmerie. Elle perdra vite sa vocation première pour devenir la salle à manger des enseignants du primaire. En 1976, le gouvernement fédéral subventionne la construction d'une auberge-école de l'INI, chargée de dispenser l'instruction aux enfants des familles isolées, c'est-à-dire aux enfants qui vivent trop loin pour fréquenter l'école ordinaire. Elle est conçue pour loger une cinquantaine d'enfants, avec des salles de classe et un dortoir réfectoire tout en ciment, sans meubles. Le défaut de cette auberge-école est qu'elle n'a pas l'eau courante. Les enfants doivent faire des corvées quotidiennes au puits central et rapporter quelques lourds seaux d'eau à leur « auberge »[2].

Au cours des années soixante-dix, marquées par l'intérêt fédéral envers les communautés indigènes, la population du village s'accroît. Diverses familles issues de petites localités dans la forêt environnante s'installent à Dzonotchel afin d'avoir accès au réseau électrique. Auparavant, la population demeurait relativement stable, d'une part, à cause de taux de mortalité élevés et, d'autre part, à cause de l'émigration dans les années cinquante et soixante. Le taux d'accroissement naturel aurait été de 2,4 % durant les années soixante-dix dans le municipe de Peto. La communauté de Dzonotchel aurait connu un taux d'accroissement semblable durant les années soixante et probablement de près de 3 % dans les années soixante-dix, puisque la population du village est estimée à 220 personnes en 1974. La *Secretaría de Programación y Presupuesto* (SPP) y recense 278 habitants en 1980. La population se serait maintenue autour de 200 personnes depuis la demande de dotation éjidale en 1922, laquelle fait mention de 47 bénéficiaires pour chacun desquels il faut compter quelque quatre à cinq dépendants (femme, enfants, parents). Quant à l'émigration, il n'existe aucune donnée pour évaluer le phénomène, mais elle apparaît comme la seule façon plausible d'expliquer la stabilité démographique malgré la forte croissance naturelle[3]. La décennie 1970 semble avoir été favorable à la communauté, tant à cause de l'arrivée de l'électricité qu'à cause de la construction de ces trois édifices et des services qui y sont offerts.

Lors de ma première visite, en 1982, j'ai interviewé 35 familles, soit toutes les familles du village, sauf deux qui n'ont jamais voulu entrer en relation avec moi. Le document de la SPP fait état d'une population de 45 familles. La différence entre mes données (37 familles) et celles du document de la SPP (45 familles) tient sans doute à une définition différente de la famille, puisque la population totale est la même dans les deux cas. La famille, au sens de cette étude, englobe les individus qui vivent dans la même demeure et qui ont des liens de parenté, le plus souvent de type parents-enfants. Cette définition très large me permet de conserver telles quelles les différentes unités familiales qui composent la communauté maya. Une famille pourra ainsi comprendre, sous un même toit, plusieurs couples, apparentés mais d'âges différents, et leurs enfants. Il sera ainsi possible de comptabiliser les cas de familles étendues habitant sous un même toit et se trouvant encore à Dzonotchel et à Peto, du moins jusqu'au début des années quatre-vingt-dix. Il n'existe pas de cas semblable dans les autres localités que j'ai étudiées, soit Akil et Cancún. Les Espagnols ont voulu imposer la famille nucléaire afin d'augmenter le nombre potentiel de payeurs de taxes. Ils ont ainsi tenté d'abolir les familles étendues où plusieurs couples vivent ensemble sous l'autorité du père de famille[4]. La présence de ces familles élargies à Dzonotchel prouve que les Espagnols n'ont pas réussi partout.

Portrait d'une communauté milpera

La population du village présente une grande homogénéité. Tous les adultes mâles sont des milperos descendants de milperos. La plupart des hommes sont nés au village même, ou à proximité. Tous les chefs de famille détiennent le titre d'éjidataire, ce qui les autorise à cultiver les terres de l'éjido. La communauté compte une forte proportion de jeunes. Les enfants de 14 ans et moins constituent 44 % de la population. Le nombre moyen d'enfants par femme est de 4,2. Les familles comprennent en moyenne six personnes.

L'ensemble de la population active de Dzonotchel travaille dans l'agriculture, sauf la cuisinière de l'auberge-école et le directeur de l'école primaire. Les enseignants vivent à Peto et font l'aller-retour chaque jour ou chaque semaine. La population se définit ainsi comme agricole à 92 %, comparativement à 53 % pour le municipe de Peto où la population agricole serait passée de 73 % en 1970 à 53 % en 1980[5]. D'après mes observations, ce changement majeur caractérise la population de la principale ville du municipe (les deux entités, le municipe et la ville portent le même nom), mais non celle des petites localités disséminées en forêt où l'agriculture reste prédominante. Comme la ville de Peto comprend

61 % de la population, les changements qui s'y produisent se répercutent sur l'ensemble des données du municipe, qu'il faut donc traiter avec prudence. Ces moyennes camouflent des situations fort distinctes. D'après le recensement fait par la SPP, le village compterait alors 50 éjidataires, plus huit jeunes en attente de leur droit éjidal (*derecho a salvo*[6]). D'après ce même recensement, 24 éjidataires font de l'élevage et 12 de l'apiculture. Vingt autres personnes travailleraient sans salaire pour un de leurs parents. Il s'agit le plus souvent de fils qui participent avec leur père aux tâches de la milpa. Je dois préciser que je n'ai jamais dénombré 50 éjidataires dans le village, même en comptant ceux qui étaient partis. En incluant les jeunes de 16 ans et ceux qui vivent en marge de la communauté, on compte au maximum 40 éjidataires.

Selon mes entrevues, 60 % des chefs de famille savent lire et écrire, ce qui veut dire qu'ils peuvent signer. Les plus instruits (10 sur 35) ont terminé leur troisième année du cours primaire. Un seul, Don Ignacio, a fait des études secondaires. Il a été l'unique enseignant de la communauté pendant des décennies. Ce début de scolarisation explique que l'analphabétisme n'est que de 17 % chez les hommes de 15 à 39 ans, alors qu'il atteint 61 % chez ceux de 40 ans et plus.

Les taux d'analphabétisme sont plus élevés chez les femmes : 41 % parmi les 15 à 39 ans et 73,7 % pour celles de 40 ans et plus. La communauté est donc en retard au chapitre de l'alphabétisation par rapport au reste du pays. Au Mexique, le taux d'alphabétisation des femmes passe de 69 % en 1970 à 85 % en 1990[7]. La plus instruite des épouses, et aussi la plus jeune, a terminé sa sixième année. Il est apparu que la plupart des femmes âgées ne connaissent pas l'espagnol alors que la majorité des hommes le parlent couramment, même s'il s'agit toujours d'une langue seconde. Ainsi plus de femmes que d'hommes sont unilingues mayas et analphabètes.

La majorité d'entre elles (66 %) se consacrent exclusivement aux tâches domestiques. Neuf travaillent à temps partiel, mais à domicile, où elles ont peu de contacts avec des gens parlant espagnol. La plupart brodent des vêtements destinés à la vente locale. Une seule, la cuisinière à l'auberge-école, occupe un emploi rémunéré à temps plein. Le travail féminin, peu ou pas rémunéré, ne déborde à peu près jamais du cadre de l'économie paysanne[8]. Les femmes restent donc chez elles, alors que les hommes doivent aller travailler à l'extérieur du village, le plus souvent en tant qu'ouvriers agricoles.

En 1982, la langue maya est parlée dans tous les foyers de Dzonotchel. L'espagnol est employé à l'école ou dans le commerce. Même le directeur de l'école, chargé de diffuser la langue nationale, parle maya chez lui. Il est originaire du village où il est retourné vivre après ses études. D'après mes estimations, environ le tiers de la population de 40 ans et plus à Dzonotchel est alors unilingue maya comparativement à 15 % pour l'ensemble du municipe. La population de cette communauté, généralement moins instruite et moins «castillanisée», vit cloisonnée dans le mode de vie du milpero.

À cette date, le transport est encore difficile entre Peto et Dzonotchel. Il n'y a qu'un camion par jour, qui est de surcroît souvent hors d'usage. L'état extrêmement mauvais de la route de terre ne fait qu'aggraver les défaillances mécaniques. Compte tenu de cette situation, la circulation de produits en provenance de Dzonotchel ou de Peto est réduite. Il n'y a pas de journaux, sauf chez le seul commerçant qui est aussi le seul instituteur qui réussit parfois à se les faire livrer. Il est aussi le seul à avoir un téléviseur, en noir et blanc nébuleux. Il n'y a pas, bien sûr, de téléphone. Ce moyen de communication est d'ailleurs à peu près inexistant dans la ville de Peto et dans les autres villes de la région. Il n'y a que la radio qui fonctionne bien.

Vingt-trois familles (65,7 %) possèdent un poste de radio qu'ils écoutent quotidiennement. La grande majorité des émissions viennent de Mérida et sont diffusées en espagnol. Une seule station, *La Radio de los Mayas*, diffuse des émissions en langue maya. Cette station émet quelques heures par jour depuis les bureaux de l'INI, à Peto. On y fait jouer de la musique et des chants d'artistes locaux. Des agronomes du ministère de l'Agriculture (*Secretaría de Agricultura y Recursos Hidraúlicos*) y donnent des conseils au sujet des cultures. L'émission la plus écoutée, qui fait accourir les paysans de leur milpa, relate des épisodes de la Guerre des castes. À part cette exception, la radio constitue le principal moyen de diffusion de la culture mexicaine et yucatèque chez les Mayas. Cette ouverture sur le monde, si réduite soit-elle, aurait peut-être favorisé l'apparition d'attitudes favorables à d'autres modes de vie que celui du milpero.

L'indispensable mais fatale milpa

La milpa est encore à la base de leur existence. À la question : « Depuis quand exploitez-vous une milpa ? », plusieurs donnent leur âge. D'autres répondent : « Depuis toujours », faisant ainsi référence aux générations de milperos qui les ont précédés. À Dzonotchel, on naît milpero de parents milperos. Les exigences de la milpa dictent le rythme de vie de la communauté entière. Mes informateurs disent avoir toujours cultivé les mêmes plantes, c'est-à-dire différents types de maïs, associés à des légumineuses et des cucurbitacées. La milpa demeure la seule garantie de survie.

PHOTO 15. Travail de la *siembra* (les semailles). Un milpero, son bâton à enfouir à la main, ensemence sa parcelle. On remarque, attachée à sa ceinture, la calebasse où il garde ses grains. (1984)

Les pratiques de la milpa demeurent relativement homogènes. Une famille a besoin d'environ quatre hectares en culture pour assurer sa survie. De toute façon, il s'agit de la superficie maximale qu'une personne seule peut cultiver au cours d'un cycle productif. Les familles qui cultivent de grandes superficies, dans l'intention de commercialiser leur maïs, font appel à des ouvriers ou des parents.

Les meilleurs rendements s'obtiennent dans les milpas moyennes, où la combinaison travail salarié, travail familial et apport d'intrants assure de meilleurs résultats (tableau 13). Les plus grandes superficies ne sont pas les plus productives, car il s'agit ici de multiples petits lopins où aucune opération ne peut être mécanisée. Tout le travail se fait à la main par des ouvriers agricoles très mal payés et peu soucieux de la productivité.

Les plus petits milperos obtiennent les rendements les plus médiocres, bien qu'ils investissent plus de travail à l'hectare que les autres. Ils ne peuvent utiliser d'engrais par manque de capitaux. Comme le sol est relativement pauvre et que les pluies sont nettement insuffisantes durant le cycle 1981-1982, les rendements en souffrent. L'usage d'engrais s'avère primordial pour améliorer les rendements

TABLEAU 13

Production de maïs dans les milpas de Dzonotchel, 1981-82

Catégorie de milpas	Nombre de producteurs	Rendement moyen (kg/ha)	Production totale (kg)	Coûts de main-d'œuvre*	Travail familial (sem./ha)
Grandes (8 ha et plus)	10	386	35 900	1 712	5,2
Moyennes (plus de 3 ha et moins de 8)	16	445	33 840	834	7,3
Petites (3 ha et moins)	8	231	4 625	487	15,0

* Le salaire de la main-d'œuvre est calculé en pesos mexicains (valeur de 1982) à l'hectare.

et ce, dès la première année d'exploitation. Pourtant, personne n'en achètera avant que le gouvernement n'en fournisse lui-même.

Le premier arrivage officiel d'engrais au village a lieu en 1982, soit, comme par hasard, juste avant les élections présidentielles. Un vieux camion s'arrête devant l'école, chargé de centaines de sacs. Tous les hommes du village participent au déchargement. Les sacs d'engrais sont entassés dans une salle de cours inutilisée. La façon dont s'effectue la distribution de l'engrais est révélatrice. Les plus petits milperos ne bénéficient pas du programme, mais aucun ne sait pourquoi. Un d'entre eux explique qu'on a oublié d'inclure son nom à la liste des demandeurs. Pendant qu'on «oublie» les plus petits, la majorité des éjidataires (ceux qui cultivent plus de trois ha) reçoivent chacun 300 kg d'engrais qu'ils épandent en général sur deux hectares. Deux éjidataires s'attribuent la part du lion : le chef informel de l'unité d'élevage s'octroie 2 000 kg, pendant que son assistant en reçoit 1 350 kg.

Les résultats de l'épandage d'engrais sont difficiles à quantifier puisque seuls quatre producteurs prennent le soin d'évaluer séparément leurs rendements. Chez ces quatre milperos, l'augmentation de la productivité varie de 211 à 471 %, avec des rendements de 700 à 2 000 kg/ha. Cette augmentation de la productivité par l'usage d'engrais incite à conclure à l'insuffisance du brûlis comme moyen de fertilisation.

La destruction des forêts par le feu pour enrichir le sol est néfaste à long terme, si cette pratique continue à l'échelle actuelle. Le brûlis dénude le sol juste avant les pluies, alors que les jeunes pousses de maïs ne le couvrent pas encore. L'action de lessivage des argiles et de l'humus est d'autant plus violente[9]. Il n'existe pas encore de solution de rechange aux pratiques de la milpa, qui demeure, pour de multiples raisons, une culture itinérante sur brûlis.

En 1982, la production de fèves est complètement détruite par le manque de pluie. Ce qui signifie que l'alimentation des familles repose exclusivement sur le maïs. De plus, les paysans qui ont besoin d'argent liquide sont obligés de vendre une partie du maïs destiné à la consommation familiale. Ils vendent aussi du miel et des *pepitas*, les graines d'une cucurbitacée très prisées en cuisine maya, sans que les revenus tirés de ces ventes ne suffisent à couvrir les frais de subsistance de leur famille. La principale source de numéraire provient de l'extérieur de la communauté.

Les subsides versés par le gouvernement pour soutenir les productions d'aliments de base représentent le plus important revenu des familles milperas. En 1982, les subsides sont accordés en fonction des superficies cultivées. Ainsi, ceux qui cultivent les plus grandes superficies reçoivent des sommes plus importantes. Les petits milperos se voient attribuer chacun en moyenne 4 000 pesos (73 $US, valeur de 1982), les moyens, 15 000 pesos (272 $US) et les grands, 20 500 pesos (372 $US). Comme les plus petits producteurs n'engagent pas d'ouvriers, cet argent sert de salaire et est dépensé en fonction des besoins familiaux. Chez les plus grands, les crédits sont en partie investis dans l'exploitation agricole afin de payer les ouvriers.

Les subventions sont accordées sans aucun contrôle des superficies déclarées et sans tenir compte de la productivité. De plus, elles ne sont accompagnées d'aucune aide technique. L'objectif du programme d'aide ne consiste donc aucunement dans l'amélioration de la productivité. Il s'agit simplement de fournir une aide aux paysans pauvres qui doivent vendre leurs maigres surplus à des prix en dessous des coûts de production, étant donné que les prix des denrées de base sont fixés par l'État à un niveau minimum. Ces crédits aux cultures de subsistance visent à maintenir sur place la population paysanne, afin d'éviter qu'elle n'aille grossir les ceintures de pauvreté encerclant les principales villes du pays.

Le gouvernement agit ainsi sur deux fronts. D'une part, grâce à une politique de prix garantis, il maintient le prix des denrées de base, produites par les paysans, à un niveau très bas, pour faciliter l'approvisionnement des villes. D'autre part, il subventionne les paysans pour produire ces mêmes denrées à un prix fixé selon les coûts de production, sans que le temps de travail ne soit rétribué. L'État favorise ainsi l'industrialisation et garde la paysannerie sur place. Il apparaît clairement ici que la structure éjidale sert avant tout de moyen de contrôle social. Même avec des rendements très bas, l'agriculture éjidale est subventionnée jusqu'à la fin du xxᵉ siècle.

Mon étude des budgets familiaux montre que les familles milperas bouclent leur année avec un léger déficit. Il est important de remarquer ici que la balance entre les dépenses et les revenus serait très largement déficitaire si l'on attribuait au travail familial une valeur comparable, par exemple, au salaire minimum. Les familles travaillent ainsi sans recevoir de rémunération pour les heures de labeur investies dans l'exploitation agricole. Elles assurent, grâce à leur travail non rétribué, une partie de leur subsistance. Toutefois, la vente des produits de la milpa, tels fèves, pepitas ou maïs, ne permet pas de rembourser la totalité des sommes avancées. Si la rentabilité financière n'explique pas la logique de l'économie familiale à Dzonotchel, d'autres facteurs aident à en comprendre le fondement. L'élevage est un de ceux-là.

Pratiqué à l'échelle familiale, l'élevage constitue d'abord une forme d'épargne. Les volailles et les porcs peuvent être vendus en cas d'urgence, afin d'obtenir rapidement de l'argent liquide. En moyenne, les familles interviewées élèvent chacune trois porcs et gardent une dizaine de poules. Les paysans mayas s'adonnent rarement à l'élevage du bœuf, en partie à cause du manque de capital, mais surtout à cause des dommages provoqués aux cultures par ces bêtes.

L'introduction de l'élevage bovin

En 1977, l'élevage du bœuf devient une entreprise à vocation commerciale, à la suite de la création d'une *unidad ganadera* («module d'élevage») financée par le PIDER. Le module est placé sous la responsabilité de la Société de crédit des éjidataires de Dzonotchel. Au début, 24 éjidataires forment la Société pour gérer les fonds et participer à la nouvelle activité. Ils élisent un président choisi au sein de la communauté. Le module monopolise 300 ha pris à même les terres de l'éjido. Le gouvernement fédéral, par institution interposée, soit la BANRURAL, accorde 330 000 pesos (14 666 $US, valeur de 1977). Cet investissement de base sert à installer un bassin de pierre pour la désinfection des bovins, un système d'irrigation avec réservoir, des pâturages clôturés, des abreuvoirs et des mangeoires.

La mise en place et l'exploitation du module exigent des avances de fonds annuelles. Chaque année, la BANRURAL vend une partie du troupeau afin de récupérer partiellement les fonds avancés. Elle s'approprie 80 % des revenus générés par la vente des bovins. Les 24 éjidataires se répartissent les 20 % restants. En 1981, ils reçoivent ainsi 2 704 pesos (21 $US) chacun[10]. Il apparaît dès lors que le module d'élevage est géré par l'institution bancaire fédérale dont les employés sont les éjidataires-éleveurs.

Le module d'élevage fournit deux emplois à plein temps et une vingtaine d'emplois à temps partiel, répartis entre les membres de la Société, appelés *socios*. Pourtant, durant les entrevues, seulement 12 des 35 chefs de famille affirment en être membres. On note une différence appréciable avec les données de la SPP qui font état de 24 membres[11]. Entre l'inauguration, en 1977, et l'étude du technicien de la SPP en 1981, l'entreprise aurait perdu la moitié de ses sociétaires. Des luttes intestines ont évincé plusieurs éjidataires. Le doyen du village, qui a participé à la fondation du module, a même dû quitter Dzonotchel et s'installer à Peto en raison de ces querelles. Il avait été désigné chef de la communauté par Carrillo Puerto lors de la réorganisation du village. Il a donc été déplacé par un homme plus jeune, qui utilise ses relations à la BANRURAL pour manipuler, en sa faveur, les fonds et les sociétaires du module d'élevage.

Au début des années quatre-vingt, le fait de diriger le module permet de dominer l'ensemble de la communauté. Les commissaires, au niveau municipal ou éjidal, ne semblent pas exercer d'autorité réelle sur certaines factions de la communauté. Les ressources locales sont si limitées que le contrôle des moindres fonds donne un pouvoir considérable. Réalisé sur une base commerciale, l'élevage introduit des pratiques jusqu'alors peu courantes et favorise la division de la communauté entre le groupe nouvellement privilégié et le reste de la communauté milpera. Une étude de la communauté de Chemax arrive à une conclusion semblable[12]. Il apparaît inévitable que des conflits surgissent entre les éjidataires-éleveurs et ceux qui cultivent du maïs.

Les socios éleveurs recensés en 1982 appartiennent tous à deux familles élargies. Les deux chefs informels du module se rattachent à une première famille, installée à Dzonotchel depuis la réorganisation du village. Ces deux caciques attribuent toutes les tâches disponibles à ceux de la deuxième famille, laquelle comprend cinq familles nucléaires. Les membres de cette famille élargie se sont implantés au village au début des années soixante-dix, afin d'avoir accès au réseau électrique. Ils vivent en retrait de la place centrale, autour d'un puits secondaire. Leur doyenne possède et exploite un moulin à maïs, ce qui favorise l'indépendance de ce groupe vis-à-vis du reste de la communauté. Cette division ne saurait être reliée au phénomène de « sissiparité » observé par Henri Favre dans d'autres communautés mayas[13]. Dans le cas qui nous occupe, il s'agit plutôt du phénomène inverse. Le deuxième noyau de population, en marge de la communauté principale, ne provient pas d'une subdivision de la communauté originale mais bien de l'immigration d'un groupe familial en provenance des forêts avoisinantes. On pourrait à la rigueur parler d'un phénomène d'agrégation à la communauté de Dzonotchel, alors perçue comme à la fine pointe du développement grâce à son réseau électrique et à ses deux écoles primaires.

Au cours de mes premières visites, ce deuxième groupe m'est apparu clairement hostile. Il a fallu faire preuve de patience et de prudence avant de pouvoir réaliser les premières entrevues. Il existe alors un climat de méfiance entre la communauté principale et celle des derniers arrivants. Comme j'établis les premiers contacts avec la communauté principale, les relations avec la famille périphérique demeurent très tendues, au moins pendant les premiers séjours.

Les tensions entre les deux groupes sont avivées par l'introduction de l'élevage. Un cacique de la communauté principale s'allie avec le deuxième groupe pour monopoliser l'élevage. En 1982, les revenus *per capita* des familles engagées dans l'élevage sont nettement supérieurs à ceux des autres éjidataires. Les socios reçoivent un salaire en tant que péons du module d'élevage, en plus d'avances de fonds pour les cultures. La combinaison de ces deux sources de revenu leur permet de faire cultiver de grandes milpas par d'autres et donc d'avoir du maïs pour l'année. Ils disposent aussi d'un pouvoir d'achat supérieur à la moyenne des familles du village. L'opulence toute relative des éjidataires, à la fois éleveurs et milperos, crée une division au sein de la communauté. Un éjidataire, dépité parce que non socio, remarque : « Les seuls qui sont bien aujourd'hui sont ceux du module d'élevage. »

Le fait que les éleveurs soient issus d'une famille encore récemment arrivée et mal intégrée à la communauté ne fait qu'aggraver les frictions. L'élevage, considéré comme une activité propre aux Espagnols et à leurs descendants, est donc doublement décrié, d'une part, pour être la source de la richesse d'un groupe auquel la communauté ne s'identifie pas et, d'autre part, parce que l'élevage est contrôlé par les fonctionnaires de la BANRURAL qui accaparent la majeure partie des bénéfices sans demander l'avis des principaux intéressés ni offrir d'assistance technique pour améliorer la productivité. L'élevage est doublement rejeté, même en l'absence d'autres solutions.

Les fréquentes pénuries de maïs fragilisent la communauté. Dans le rapport de la SPP concernant Dzonotchel, il est fait mention de la faiblesse des rendements, des revenus insuffisants, du manque de capitaux et d'assistance technique, du mauvais fonctionnement du module d'élevage et de l'absence d'eau potable. Sur le plan de la nutrition, on note que les habitants ont pu profiter d'un exposé quant à l'importance d'une bonne alimentation. Nulle part il n'est dit que ces paysans n'ont que du maïs à consommer. Aucune solution n'est proposée, à part celle de recommander aux autorités locales de faire des demandes auprès des institutions appropriées. La population de Dzonotchel, confrontée aux limites du mode de vie des milperos, n'a pas la capacité de trouver par elle-même de solution, alors que celle apportée par l'État, l'élevage, paraît vouée à l'échec dès les débuts de l'entreprise.

L'incapacité à innover

Pour la majorité des informateurs, il semble impossible d'envisager des changements dans les pratiques agricoles. D'abord parce que personne ne connaît d'autres méthodes, puis parce que les sols sont trop minces ou que l'eau manque très souvent. Les paysans de Dzonotchel se montrent plus enclins à perpétuer le mode de vie hérité de leurs ancêtres qu'à innover. Pourtant, tous se plaignent de manquer de maïs pour nourrir famille et animaux. Une récolte sur deux ou sur trois est perdue à cause du manque de pluie ou d'autres calamités.

Malgré ces difficultés, seulement deux répondants manifestent le désir d'aller vivre ailleurs. Presque tous prétendent vouloir finir leurs jours à Dzonotchel. Les bonnes raisons abondent. Il y a une école primaire, de l'électricité, des subsides pour les cultures et pour l'élevage. Les chefs de famille vantent en chœur les mérites de la vie du milpero. Il en va tout autrement des jeunes qui n'ont pas encore la responsabilité d'une famille à nourrir.

Dès l'âge de dix ans, les garçons participent aux tâches de la milpa, aux côtés de leur père. Ils fréquentent alors l'école à temps partiel, c'est-à-dire quand les travaux des cultures leur laissent un répit. Ils abandonnent l'école vers 15 ou 16 ans et se vouent à plein temps à l'agriculture. Les filles quittent l'école plus tôt, vers 14 ans, pour collaborer aux tâches ménagères. Tout comme les garçons, elles ne vont à l'école que lorsqu'elles le peuvent, entre 10 et 14 ans. Les jeunes de 14-15 ans sont considérés comme des adultes aptes à fonder un foyer sur le modèle de leurs parents. Certains se marient effectivement à cet âge. D'autres échappent à ce destin.

Cinq jeunes de plus de 13 ans, dont deux filles, ont plutôt entrepris des études secondaires à Peto. De plus, sept autres jeunes travaillent déjà à l'extérieur, dont trois femmes employées dans le commerce de détail. En s'éloignant de la sorte, ces douze jeunes renoncent au mode de vie de leurs parents. Ces derniers considèrent favorablement l'émigration des garçons, mais l'entrée des femmes sur le marché du travail est vécue comme une honte. Lorsque je demande aux mères ce que font leurs filles au travail, elles soupirent. L'une d'elles dira : « Celle-là ? Elle est perdue. » La condition de femme au foyer constitue encore l'unique issue honorable pour les paysannes. Les seules exceptions tolérables sont des études secondaires ou une courte carrière avant le mariage.

Si 28 % des jeunes de plus de 13 ans quittent le village, ceux qui y restent ne le font pas nécessairement par choix. Un fils de milpero, âgé de 18 ans et travaillant sans salaire pour son père, explique qu'il faut des liens de parenté avec des gens installés en ville si on veut pouvoir quitter le village. Ceux qui n'ont pas de ressources ou de relations, comme lui, doivent demeurer auprès de leurs parents et les aider. On suit ainsi la tradition, ou ce qu'il en reste, par manque d'initiative ou de solution de rechange. Contrairement aux plus vieux qui vénèrent la milpa, les jeunes s'y résignent faute de mieux. Dans un cas comme dans l'autre, peu de gens font preuve d'esprit novateur.

Mes informateurs prétendent vouloir rester au village, surtout à cause de l'école primaire. Ils désirent tous, sauf un, que leurs enfants soient alphabétisés et apprennent l'espagnol. Les parents souhaiteraient ainsi une vie autre que celle du milpero pour leurs enfants. Ils estiment que l'école constitue une des clés du changement. S'ils demeurent eux-mêmes attachés au mode de vie du milpero, ils sont prêts à accepter le changement et ce, surtout pour leurs fils. Le problème est qu'ils ne savent pas comment agir dans un monde où ils n'auraient plus à cultiver pour se nourrir. Ils se montrent ambivalents face à tout ce qui provient de l'extérieur de leur communauté. Ils craignent ce qui est étranger, mais ils aspirent, pour leurs enfants, à une vie meilleure.

C'est plus agréable de vivre à Dzonotchel qu'en ville.
Il fait plus frais ici. Ici vit ma mère et je préfère vivre
avec ceux de ma famille. Je pense que je passerai
toute ma vie dans ce village. Je n'aurai pas faim.
Je pense élever des animaux.

Jeune femme de Dzonotchel née en 1974, propos recueillis sur place en 1993.

17 De l'abondance au dénuement

D E RETOUR À DZONOTCHEL, en 1983, je trouve la communauté transportée d'allégresse. Pour fêter mon arrivée, les autorités du village remplissent l'immense bassin de pierre pour le bétail. Il s'agit d'une vaste construction en gradins où environ une dizaine de bêtes peuvent être lavées à la fois. L'eau tombe joyeusement du haut de la canalisation. Presque une chute. Tout le village se rassemble pour s'amuser. Les Mayas ne s'immergent pas dans l'eau qu'ils croient habitée par des esprits malins. Les femmes en huipil n'y mettent même pas le gros orteil. Écrasée par la chaleur, j'y fais un grand plongeon suivi de quelques brasses. Les enfants crient d'excitation et se laissent aller à patauger dans l'eau jusqu'aux genoux. Je le saurai plus tard, mais à partir de ce jour, les paysans sont convaincus que je possède des pouvoirs magiques. Plusieurs croient qu'en plus de savoir nager, j'ai fait apparaître la coopérative dans le village !

Cette apparition, après mon premier passage, ne relève sans doute pas d'une coïncidence fortuite, même si la coopérative, financée généreusement par le gouvernement fédéral, ne doit rien à la magie. L'année précédente, Mme Marie Lapointe et moi-même avions porté plainte auprès des autorités de l'État du Yucatán après avoir observé les conditions de vie misérables des paysans de Dzonotchel. Les fonctionnaires, qui nous avaient reçues dans une somptueuse demeure, avaient écouté attentivement nos doléances. L'hypothèse d'un dedazo administratif, en faveur d'un programme PIDER destiné au village pour une brève période, n'est donc pas à écarter.

Les années d'abondance

En 1983, la COPLAMAR, organisme alors intégré au PIDER, implante au village une unité de production dont l'objectif principal est le reboisement de 1 200 ha, au rythme de 100 ha par année pendant douze ans. Le projet comprend aussi 60 ha de cultures maraîchères, irriguées grâce au forage d'un nouveau puits. Le projet se matérialise en août 1983. Médusés, les villageois assistent à la naissance de ce qu'ils appelleront la *Cooperativa* et que je qualifie de dernier miracle du populisme priiste en zone maya.

Tous les éjidataires qui veulent participer au programme sont engagés en tant que *socios*, c'est-à-dire membres de la Cooperativa. Aucune femme n'est admise, malgré les protestations d'une jeune mère qui a des enfants à charge. Quarante-sept éjidataires et ayants droit s'inscrivent, ce qui leur permet de travailler trois jours par semaine et de recevoir un salaire versé par la BANRURAL. L'organisation du travail et la gestion de la Cooperativa sont sous la responsabilité d'un président, élu par l'ensemble des membres.

La COPLAMAR investit aussi dans l'apiculture au profit de douze sociétaires, chacun gratifié d'une dizaine de ruches. Bien qu'ils ne reçoivent aucune assistance technique pour implanter et étendre cette activité, les paysans mayas connaissent bien l'apiculture, puisque le miel constituait une denrée d'échange avant la période coloniale. La production atteint 4 300 kg dès la première année.

Les villageois jubilent. C'est une année de gloire à Dzonotchel. Les famines et leurs lots d'enfants émaciés paraissent choses du passé. Les salaires font figure de manne tombée du ciel. Surtout que le travail exige peu d'efforts comparé à celui de la milpa et qu'aucune surveillance n'est effectuée quant à la qualité du travail réalisé. Les milperos, devenus moins pauvres, échappent à la domination des caciques du module d'élevage.

Le travail à la Cooperativa est payé 325 pesos par jour (2,70 $US, valeur de 1983). Les membres y travaillent trois jours par semaine, deux semaines par mois. Le travail au module d'élevage est payé 200 pesos par jour (1,60 $US), à raison de deux à trois jours par semaine. Onze éjidataires travaillent dans les deux organismes à la fois. Neuf sont occupés à plein temps. Dix-neuf travaillent à temps partiel à la Coopérative et quatorze au module d'élevage. Les salaires versés sur place évitent aux éjidataires d'avoir à migrer à la recherche d'emplois saisonniers, ce qu'ils font habituellement pendant les mois de juillet à novembre, les tâches agricoles étant alors moins pressantes[1]. Seul un jeune éjidataire, fils du maître d'école et donc capable de payer le coût du voyage, va travailler comme gardien de nuit (*watche*) dans les hôtels de Cancún.

L'entrée massive d'argent liquide (47 salaires!) introduit des changements dans le mode de vie de la communauté. Les éjidataires avancent vers la modernité sous la houlette d'un gouvernement central indécis quant au sort à réserver aux minorités indiennes. En 1983, 30 familles ont un poste de radio qu'elles utilisent quotidiennement, ce qui représente une augmentation de 20 % par rapport à l'année précédente. Il y a même cinq familles qui possèdent un téléviseur. Des antennes de télévision poussent sur les toits de chaume, entre les arbres. La modernité est arrivée au village!

Depuis l'implantation de la réforme agraire, l'État s'impose auprès des communautés paysannes, mais ses interventions conservent un caractère temporaire, renouvelées ou non au gré des présidences. Les paysans ne peuvent donc se fier à ces interventions sporadiques. Pendant les années soixante-dix et jusqu'au début des années quatre-vingt, l'État a nettement accru sa présence auprès des communautés paysannes qui sont enrôlées dans divers programmes gouvernementaux. Dans le cas de Dzonotchel, l'intégration aux desseins de l'État priiste se matérialise par la construction de la succursale CONASUPO et de l'auberge-école de l'INI, la mise en place du module d'élevage et les avances de fonds aux cultures de subsistance. Elle culmine avec la Cooperativa. L'État affirme sa volonté de gérer le monde paysan pour le plus grand bien de ses protégés.

L'envers de l'innovation

Les éjidataires interrogés en 1983 persistent à croire que seule la milpa peut assurer leur survie. Les cultures maraîchères introduites à la Cooperativa n'ont aucun effet d'entraînement. Comme ils n'y reçoivent aucune assistance technique, les socios n'apprennent rien sur d'éventuelles nouvelles méthodes de culture; celles de la Cooperativa se présentent d'ailleurs fort mal. Les plants de tomates, sans tuteurs, rampent comme des tiges de concombres. Leurs beaux fruits rouges pourrissent par terre, dévorées par les insectes, ou piétinées, sans que personne ne tente de les sauver. N'oublions pas que le jardinage est le domaine des femmes et qu'aucune ne travaille sur les terres irriguées de la Cooperativa. L'échec est encore pire avec les arbres. Des centaines de jeunes plants ont été livrés dans de robustes petits sacs en plastique. Des pousses d'essences rares, alignées sous les abris se flétrissent faute de soins. Les jeunes plants, tassés par centaines, finissent par percer les sacs. Leurs racines s'enfoncent dans le sol, avant d'être transplantées en forêt. Les socios haussent les épaules, impuissants face à ce fiasco. Le programme semble instaurer une mentalité d'assistés plutôt que de transformer les habitants en entrepreneurs agricoles.

PHOTO 16. Succursale de la CONASUPO à Dzonotchel, avec ses tablettes bien garnies et une employée. (1982)

Les nouveaux salaires réduisent le zèle des paysans pour les cultures de subsistance. Il n'y a plus de ces grandes milpas, comme celles que j'ai vues en 1982. D'abord, parce qu'il n'y a plus d'ouvriers disponibles pour ce travail, moins payant que celui de la Cooperativa. De plus, les prêts accordés en fonction des superficies en culture sont abolis. Les superficies cultivées sont réduites de 34 % par rapport à 1981-1982. L'introduction de salaires, versés sur une base régulière, induit une indifférence à l'endroit de la milpa plutôt que d'en stimuler la croissance.

Les interviews révèlent de plus que l'entraide entre les membres de la communauté tend à s'effriter. Les échanges en temps de travail deviennent plus rares et, fait nouveau, on évoque le clientélisme comme forme d'entraide. La force de cohésion de la communauté s'affaiblit pendant que certains individus ou certaines familles nucléaires s'affirment face à la communauté. Les difficultés d'assurer la subsistance dans un milieu aussi ingrat avaient rendu les liens d'entraide vitaux, jusqu'à ce que l'État intervienne de façon continue. Les salaires rendent l'entraide désuète.

La facilité avec laquelle les paysans obtiennent leur salaire les incite à croire que les périodes de misère sont définitivement révolues. Mal informés des problèmes énormes reliés à la dette extérieure du pays et des difficultés entraînées par la baisse des prix du pétrole, les éjidataires de Dzonotchel vivent une période d'abondance précaire. En 1983, la Cooperativa de Dzonotchel fait figure d'un îlot de bien-être relatif dans un monde rural marqué par le dénuement.

La dure réalité néolibérale

Le programme de la Cooperativa qui, en principe, doit s'étaler sur douze ans, n'en dure que deux (1983-1985). La Cooperativa est fermée en 1985. La majorité des familles perdent leur source de revenus. La situation s'aggrave en 1986, avec la fermeture du module d'élevage. Plus personne au village ne reçoit de salaire. Ces deux coups durs, portés simultanément à la communauté, enclenchent un processus de régression. L'infirmerie est fermée et abandonnée à des colonies de chauves-souris. Une seule alternative demeure : la milpa ou la migration.

Les déboires économiques de Dzonotchel sont expliqués de façon rationnelle et technique par les différents fonctionnaires consultés. À la présidence municipale de Peto, on impute l'échec de la Cooperativa à des problèmes techniques liés au système de pompage. Le puits n'aurait pas été assez profond et, en conséquence, il n'aurait pu arroser à plus de 100 mètres à la ronde. D'après des ingénieurs des entités fédérales chargées de la région, le programme de reforestation a dû être abandonné parce que les essences rares comme le *caoba* (cèdre rouge), bien que d'origine locale, ne peuvent plus s'adapter à la forêt actuelle, qui se trouve dans un stade avancé de dégénérescence. Les conditions nécessaires à la croissance de tels arbres n'existeraient plus dans le sud du Yucatán.

À Dzonotchel, les gens évoquent un tout autre aspect du problème. Les fonds provenant de la vente des fruits et des légumes récoltés à la Cooperativa n'ont jamais été répartis entre les membres. Le président de l'organisation aurait porté ces sommes à son compte personnel. Rendus furieux par la manœuvre, les membres refusent alors de continuer à travailler sur les terres de la Cooperativa. Les installations sont laissées à l'abandon. Les mauvaises herbes envahissent rapidement les cultures. Les arbres fruitiers sèchent en quelques semaines sous le soleil brûlant. Plusieurs des tuyaux d'irrigation disparaissent. Il ne reste que le moteur de la pompe, encore vissé à la margelle d'un puits inutilisé.

La fermeture du module d'élevage s'explique aussi d'un point de vue technique. D'après un ingénieur du gouvernement fédéral, il s'agit, dans ce cas-ci, d'un problème d'ordre pédologique. La minceur et la fragilité du sol, ajoutées à la compétition des plantes locales, freinent la croissance des pâturages. Il faudrait semer les fourrages tous les deux ans puisque les herbes implantées (dont l'étoile africaine) n'arrivent pas à s'établir de façon permanente. À ces problèmes s'ajoute celui de la fertilisation continue des sols qui, autrement, s'épuisent vite. Il semble de plus que la productivité du cheptel ait été trop basse, peut-être à cause de problèmes de techniques d'élevage en milieu tropical.

À Dzonotchel, on n'écarte pas ces considérations techniques. D'aucuns reconnaissent que le module, s'il n'était pas économiquement rentable, l'était socialement, vu qu'il permettait à toute une communauté de mieux vivre. Certains donnent une tout autre version de la fin du cheptel de Dzonotchel.

En 1986, la banque demande le remboursement de ses prêts. Alors qu'il faut tout liquider, un accident grave se produit. Comme à l'habitude, les bêtes sont baignées dans le bassin rempli d'un mélange d'eau et d'insecticide pour tuer les parasites des bovins. D'une manière encore inexpliquée, une des premières bêtes de la file aurait trébuché dans les marches et culbuté au fond du bassin. Les bêtes suivantes se seraient empêtrées et affolées. Elles se seraient piétinées. Toutes auraient péri noyées dans le bain d'insecticide. De larges zones d'ombre persistent autour de ce récit, trop dramatique pour être crédible, mais la banque ne récupérera rien de ses avances de fonds. Le module d'élevage, ses bêtes et ses crédits sont engloutis à tout jamais.

Lors d'une visite en 1987, le village paraît désert. Plusieurs des personnes rencontrées en 1982 et 1983 n'y sont plus. Entre autres, la seule femme éjidataire, soutien de famille, est morte, dévorée vive par des parasites de la peau. Ses enfants sont partis à Cancún chez un parent. Je les retrouverai d'ailleurs plus tard, en 1992. Une jeune femme dans la trentaine qui travaillait comme cuisinière à temps partiel est morte en couches, sans que personne ne s'en occupe. Ses enfants aussi ont dû quitter le village. L'ancien commissaire éjidal, dans la trentaine, qui contrôlait le module d'élevage et avait eu un des premiers téléviseurs du village, se meurt dans la misère. Les commerçants de Peto sont venus reprendre les biens achetés à crédit. Les antennes de télévision ont toutes disparues, probablement retournées aux commerçants. Celui qui avait été le premier instituteur du village agonise aussi, mais à l'hôpital de Peto. Avec lui, le village perd son créancier local et son moulin à maïs. D'autres familles ont définitivement quitté la communauté qui n'offre rien d'autre que la milpa avec, pour seule assurance, la faim au moins une année sur trois. Dans la communauté abandonnée par l'État, la structure sociale, habituée à s'appuyer sur les programmes gouvernementaux, s'écroule. Officiellement, en 1990, le village ne compte plus que 207 habitants; en dix ans, il aurait perdu le quart de sa population[2]. Les arbres fruitiers qui tendent leurs branches noires et desséchées vers le soleil illustrent le désespoir de la communauté.

Les échecs observés à Dzonotchel tiennent à plusieurs facteurs, entre autres, à la nature des activités introduites. L'élevage et le reboisement n'appartiennent pas aux pratiques agricoles transmises de génération en génération dans les communautés mayas. De plus, le travail en communauté nécessite une meilleure coordination que pour des producteurs individuels. Mais le plus grave défaut des deux programmes est sans doute de n'avoir jamais considéré la productivité et la formation de la main-d'œuvre par l'assistance technique.

L'adaptation aux nouvelles conditions

Après avoir été témoin d'une certaine aisance, puis de la déchéance d'une communauté, je retourne à Dzonotchel en 1992, où j'applique la même enquête que celle de 1982-1983, au sujet de la production agricole. Là encore, la continuité semble l'emporter sur le changement, du moins à première vue. D'un côté, la situation s'aggrave à cause du dépérissement des boisés et des sols, mais, de l'autre, les paysans semblent moins souffrir de la faim. L'explication de ce paradoxe ne se trouve pas du côté de l'agriculture. Il faut dire que la route a été nivelée et pavée en 1989, les travaux de réfection ayant été entrepris pendant la campagne électorale de 1988.

En 1982, dans l'éjido de Dzonotchel, 35 paysans cultivaient un total de 193 hectares, soit une moyenne de 5,5 ha par exploitation[3]. Dix ans plus tard, la superficie cultivée de l'éjido passe à 135 ha, pour une moyenne de 3,29 ha par milpero (tableau 14), ce qui représente une diminution de 30 % par rapport à 1982. Les paysans cultivaient alors généralement des milpas de quatre hectares, ce qui constitue la superficie maximale qu'un paysan seul peut exploiter. Il s'agissait d'exploitations consacrées à l'autosubsistance familiale. En 1992, la superficie d'exploitation la plus fréquente ne compte que deux hectares ce qui est insuffisant pour nourrir une famille. Avec des cultures si réduites, il ne saurait être question d'une paysannerie autosuffisante.

En réalité, il n'y a plus que dix familles milperas qui tentent encore de vivre exclusivement de leurs cultures. Ces paysans doivent dénicher des pans de forêt à maturité, ce qui implique qu'ils doivent marcher quotidiennement de quatre à sept km à l'aller puis au retour. Les forêts à maturité ont presque disparu de l'éjido, comme ailleurs dans la région maya, à cause de leur surexploitation. Le problème de l'appauvrissement des forêts s'aggrave depuis la formation des éjidos, étant donné le maintien de l'agriculture itinérante sur brûlis. À Dzonotchel, le manque de terres boisées se fait sentir depuis 1940, année où la communauté demande l'agrandissement de ses terres aux dépens de celles du village de

Petulillo. Le conflit entre les deux villages voisins interdit tout règlement pacifique. On continue à brûler la forêt et à surexploiter le sol pendant 50 ans.

Mes données sur la production de maïs ne me permettent pas de conclure à une diminution des quantités produites ou à une détérioration des rendements. La récolte de 1982 avait été particulièrement mauvaise à cause de la rareté des pluies, alors qu'au contraire celle de 1992 est meilleure grâce à des précipitations plus fréquentes. Dans l'agriculture non irriguée de la péninsule du Yucatán, la productivité des milpas varie depuis des siècles en fonction des pluies, des cyclones et de la présence de la *langosta* (sauterelle de large taille). La productivité varie maintenant aussi en fonction de l'usage d'engrais, mais la question de la dégénérescence des forêts à la suite de leur destruction systématique n'a pas encore été analysée. Il n'existe pas, à ma connaissance, d'études portant sur la relation entre l'appauvrissement des sols et la déforestation au Yucatán[4]. Quoi qu'il en soit, les rendements dans la péninsule, en général, et à Dzonotchel, en particulier, demeurent très bas, avec ou sans pluie. Ils passent de 349 kilos de maïs par hectare en 1982 à 704 kilos en 1992. Cette variation est exclusivement attribuable à des facteurs climatiques, l'épandage d'engrais n'ayant pas varié au cours de la période étudiée.

Les possibilités d'emploi sont rares dans la communauté et, de plus, les récoltes de maïs ne suffisent pas à la consommation familiale. Les familles ont nécessairement d'autres sources de revenus. Des 35 familles étudiées, huit ne vendent aucun produit. Onze familles vendent leur maïs 500 pesos le kilo (0,16 $US, valeur de 1992), pour un revenu annuel moyen de 666 000 pesos (215 $US). La vente du maïs témoigne de la misère de ces familles puisqu'elles doivent se défaire à vil prix de leur principal aliment, sachant qu'elles devront débourser le double pour en racheter avant la récolte suivante.

La production et la vente de miel constituent une meilleure affaire pour l'ensemble de la communauté. Le miel du Yucatán jouit d'une très bonne réputation. La production ne s'arrête jamais, étant donné la prolifération de fleurs sylvestres à longueur d'année. De plus, l'exploitation des ruchers ne porte pas préjudice aux ressources naturelles. Les Mayas connaissent bien ce travail qui vient de leurs ancêtres. La menace des abeilles africaines semble écartée ; les paysans ont maintenant des abeilles hybrides, un peu plus agressives mais beaucoup plus productives. La récolte se fait deux fois par année, avec des appareils manuels facilement transportables en forêt.

Dix-sept familles, dont une qui s'est établie à Peto, exploitent des ruches sur les terres de l'éjido. Ces familles ont vendu du miel pour 23 480 000 pesos

TABLEAU 14

**Transformation du travail agricole maya,
Dzonotchel, 1982-1992**

	1982	**1992**
Total des superficies cultivées (ha)	193	135
Superficie moyenne (ha)	5,5	3,3
Moyenne de jours de travail agricole	210	146
Moyenne de jours de travail non agricole	0	161
% des travailleurs à l'extérieur	3	35

(7 588 $US, valeur de 1992), ce qui donne une moyenne de 1 381 000 pesos par famille (446 $US). Le miel représente 61 % de toutes les ventes de l'éjido. Les apiculteurs interrogés à Dzonotchel font tous partie de la population rurale stable qui ne migre pas.

Les ventes cumulées de produits agricoles totalisent en moyenne 1 093 000 pesos (353 $US) par famille. Elles constituent 32 % des revenus familiaux à Dzonotchel, mais seulement 5 % des revenus des familles milperas établies à Peto mais qui travaillent les terres de Dzonotchel. La faiblesse de la commercialisation montre toute l'importance des emplois temporaires, car l'autre solution, la vente de produits artisanaux, n'est pas pratiquée à grande échelle à Peto et à Dzonotchel.

Les activités liées à l'élevage ne varient à peu près pas au cours des dix années de l'étude. Chaque famille garde un ou deux porcs et quelques volailles. Les porcs servent de tirelire familiale et sont vendus en cas d'urgence. Les volailles sont destinées à la consommation familiale ou à la vente.

Durant cette période, le nombre de jours de travail agricole par année diminue. En 1982, les 35 chefs de famille interrogés ont travaillé en moyenne 210 jours chacun pendant l'année (tableau 14). Ils sont inscrits à au moins un des deux programmes gouvernementaux, le module d'élevage et les prêts aux cultures. En 1992, alors qu'aucun programme ne procure de salaires aux paysans, ceux-ci travaillent dans les champs en moyenne 146 jours par an. Il s'agit d'une diminution de 30 % par rapport à 1982. La diminution du temps de travail agricole est compensée en partie par l'augmentation du temps de travail en ville. Les paysans consacrent plus de jours au travail salarié (161 jours) qu'aux tâches agricoles (146 jours).

Pour ceux qui ne migrent pas, la réduction du temps de travail est compensée par les contributions pécuniaires envoyées par les fils et les filles qui travaillent en ville. Les paysans âgés dépendent ainsi de leurs enfants devenus adultes pour survivre à la campagne. Les sommes versées par les migrants à leurs parents vivant à la campagne sont rarement dévoilées. Les gens gardent ce secret jalousement. Cependant, quelques-uns ont confirmé recevoir ou donner entre 100 et 120 pesos par semaine, selon la situation (de 30 à 40 $US). Le fait que l'on retrouve de nouveau au village plusieurs postes de télévision et de radio illustre l'enrichissement collectif récent, bien que la milpa demeure inchangée.

Le principal changement dans les pratiques agricoles réside dans l'usage des chevaux. Ces bêtes ont plusieurs fonctions, comme le transport en forêt des engrais ou des bidons d'eau pour les abeilles. On les utilise aussi pour extraire l'eau des puits. En 1982, il n'y avait qu'un cheval dans la communauté, lequel appartenait au seul éjidataire qui travaillait alors à Cancún. Ce cheval accompagnait invariablement tous les défilés lors des fêtes nationales, transportant un Pancho Villa ou une « Adelita », une de ces révolutionnaires du début du siècle. En 1992, je dénombre treize chevaux, répartis entre sept familles du village. Une relation se dessine entre la propriété d'un cheval et les migrations : les familles dont au moins un membre migre ont plus de chances de posséder éventuellement un cheval[5].

Contrairement à ce que pourrait laisser croire leur attachement séculaire à la milpa, certains paysans, surtout les jeunes, sont capables de concevoir des stratégies relativement efficaces pour faire face aux changements en cours, à l'échelle nationale et internationale. Selon leurs possibilités, ils combinent les avantages de la milpa avec les revenus offerts par le gouvernement fédéral et les apports pécuniaires fournis par les migrants. Il faut cependant remarquer que ces différentes stratégies signifient que la culture du maïs a perdu l'importance primordiale qu'on lui accordait autrefois. La milpa n'assure plus à elle seule la subsistance des Mayas qui diversifient leurs sources de revenus comme ils le peuvent.

Impuissance des programmes et des bénéficiaires

En 1996, dans le cadre du PRONASOL qui ne vise pas nécessairement, comme on l'a vu, l'intensification des pratiques agricoles, les paysans reçoivent des avances de fonds pour les cultures, dont la moitié doit être remboursée sous forme d'heures de travail communautaire.

La médiocrité des ventes est ainsi compensée par les crédits du PRONASOL. En 1992-1994, à Dzonotchel, 28 éjidataires reçoivent chacun un crédit de 800 nouveaux pesos (258 $US), pour un total de 22 400 pesos (7 225 $US) pour toute la collectivité. Tous auraient remboursé, comme convenu, la moitié du prêt. Les familles conservent ainsi la moitié des fonds avancés, soit 11 200 pesos (3 613 $US, ou 129 $US par famille, valeur de 1993). L'autre moitié est payée en heures de travail communautaire. Les paysans emploient ce temps de travail à rénover la caserne qui date de la Guerre des castes et à repeindre les murets de pierre. On semble avoir renoncé à rentabiliser l'agriculture. Les crédits du PRONASOL n'auront donc là qu'un effet temporaire et superficiel. À peine le temps que mettront les pluies à dissoudre la chaux des murets blanchis.

Il faut remarquer que, en 1982 comme en 1992, les paysans déterminent les superficies à cultiver en fonction des programmes gouvernementaux. En 1982, comme les subventions étaient attribuées selon les surfaces cultivées, les paysans disaient cultiver les plus grandes superficies possibles. En 1992, le PRONASOL accorde des crédits pour les cultures, mais un montant fixe est octroyé à chaque paysan pour une exploitation d'au moins deux hectares. Les paysans se contentent de cultiver le minimum qui donne droit aux crédits gouvernementaux. Les variations observées témoignent de la capacité d'adaptation des paysans à la conjoncture politique.

Dans la logique paysanne, les crédits du PRONASOL sont équivalents à ceux de l'ancien programme PIDER. Il n'y a que le nom qui change. Aucune de ces politiques redistributives n'est orientée vers la formation de la main-d'œuvre ou l'amélioration de la productivité.

Les crédits du PRONASOL servent de complément aux revenus familiaux. Ils ne freinent pas les mouvements migratoires. Des crédits semblables sont distribués en ville, généralement pour des travaux d'infrastructure. Les conditions de vie s'améliorent donc en milieu urbain, ce qui ne peut qu'attirer un peu plus les aspirants à l'exode rural.

Quand le PRONASOL est lancé, en 1992, le mouvement de migration est déjà bien amorcé. Six ans se sont écoulés entre l'abandon du module d'élevage et la mise en application du PRONASOL. Pendant ces années critiques, les paysans ont dû migrer pour survivre. En 1992, il est trop tard pour revenir en arrière. Ceux qui se consacrent exclusivement à la milpa ont tous plus de 35 ans. Les jeunes ne s'intéressent plus à la milpa. Plusieurs familles possèdent une demeure secondaire à Peto ou à Cancún pour accommoder ceux qui vont et viennent du travail. Cette deuxième résidence représente une étape cruciale dans le processus d'intégration au marché du travail urbain. Elle marque un premier pas dans l'abandon de la communauté milpera.

Même s'ils sont nombreux à migrer, phénomène qui sera examiné plus à fond dans le chapitre suivant, tous les éjidataires de Dzonotchel refusent, en 1993, d'adhérer au PROCEDE, car ils ne veulent pas diviser les terres de leur éjido[6]. Le PROCEDE voit à la diffusion et à l'application de la nouvelle mesure concernant la privatisation des terres éjidales, à la suite de la modification de l'article 27 de la Constitution. Les raisons du refus varient. La majorité invoque la nécessité d'avoir accès aux divers matériaux produits sur les terres éjidales, surtout aux palmes dont sont faits les toits. Mais malgré cette volonté de conserver intégralement l'éjido, les villageois migrent de plus en plus vers la ville.

En novembre 1995, la double tornade Opalo-Roxana détruit les champs de maïs, juste avant la récolte, quand toutes les provisions sont épuisées. Les paysans n'ont plus rien à manger. Les ruchers sont anéantis. Leur principale source d'argent liquide, le miel, s'est tarie. Les familles paysannes attendent, impuissantes, que le gouvernement les nourrisse. On leur a fait parvenir une dizaine de poulets vivants par famille, ce qui est évidemment insuffisant. Les familles attendent qu'on leur envoie du maïs, puisqu'elles n'en ont plus. Les gens chez qui je loge sont amaigris, mais le père de famille se refuse toujours à migrer.

Les paysans connaissent bien ces périodes de famine qui les frappent avec régularité. Quand ce n'est pas la sécheresse qui détruit les récoltes, c'est la grêle, les sauterelles ou les tornades. Les toits de palmes sont facilement arrachés par les grands vents. À Dzonotchel, personne n'a de maison en blocs de béton. En cas de sinistre, il n'y a que l'ancienne caserne pour servir de refuge. Les paysans sont désarmés face aux fléaux naturels. Dans les périodes de disette, ils diminuent leur consommation et cherchent des produits de remplacement en forêt.

Les solutions ne peuvent être que temporaires et, la plupart du temps, insuffisantes pour répondre aux besoins alimentaires de tous les membres des familles. Des problèmes de santé chroniques affligent la population milpera. Dans la région maya, le taux de mortalité infantile est de 37 ‰ alors qu'il est de 24,5 et de 22,9 pour l'État et le pays. Selon les études, le taux de sous-alimentation varie de 57 % à 62,2 % dans la région maya du Yucatán. La plupart des enfants de moins de 10 ans (76,6 %) souffrent ou ont souffert de malnutrition, surtout entre 6 et 36 mois. Le taux de mortalité reliée à la dénutrition chez les enfants de moins d'un an est de 6,3 ‰ à Peto entre 1990 et 1997, alors qu'il est de 4,2 ‰ à Akil. Durant la même période à Peto, ce taux descend à 5,1 ‰ chez les enfants de un à quatre ans et à 2,1 ‰ chez ceux de 5 à 14 ans. Le corps humain réagit à la malnutrition par une réduction de la stature corporelle. Les Mayas sont donc souvent petits, car les gens de petite taille ont plus de chance de survivre dans un environnement marqué par la pénurie[7].

Les Mayas qui demeurent milperos à Dzonotchel ne sont pas des innovateurs. Les innovateurs ont quitté le village et sont partis travailler sur la côte. Les milperos se réfugient dans ce qui reste des traditions agricoles, dans l'espoir de survivre. Ils répètent les gestes appris de leurs parents, sans presque rien ajouter d'inédit. Ils ne savent pas comment réagir face à des situations nouvelles. Par exemple, depuis que la route qui traverse Dzonotchel a été asphaltée jusqu'à Valladolid, les camions de ravitaillement empruntent cette même *via corta* qui les mène plus rapidement à Cancún que la route de Carrillo Puerto. Cependant, les dindes, les poules et les cochons errent toujours en liberté et se font écraser, un peu au hasard, chaque semaine. Les paysans soupirent, lèvent les épaules et comptent les fatalités. Ils manquent de moyens et d'énergie pour faire face à l'adversité.

Le PRONASOL rétribue maintenant les paysans pour que chacun élève des murets de pierre (*albarrada*) devant sa maison. Les paysans expliquent que le gouvernement leur demande d'améliorer l'aspect de la communauté. Les murets blanchis donneraient une certaine impression d'ordre et de propreté, ce qui est discutable mais qui présente l'intérêt certain de garder les animaux à l'intérieur des parcelles familiales. À condition, bien sûr, qu'il y ait une barrière et qu'elle soit fermée, ce qui est déjà plus compliqué.

L'histoire se répète pour les planchers des maisons. Les demeures mayas sont généralement érigées à même le sol, sur la terre battue. Les portes, très lourdes, n'ont pas de pentures. Elles restent donc ouvertes pendant la journée. Les animaux y entrent facilement et souillent le sol. Les jeunes enfants font de même, puisqu'il n'y a pas de toilettes. La terre s'imprègne d'odeurs, les parasites y prolifèrent. Les planchers de ciment sont beaucoup plus hygiéniques, car ils peuvent être lavés, contrairement aux planchers de terre qui absorbent les immondices. Malgré les inconvénients des planchers de terre, aucune des familles visitées n'a recouvert le sol de ciment par elle-même. Les paysans se plaignent inévitablement : « Le ciment coûte trop cher. » Là encore, il a fallu attendre qu'un autre programme gouvernemental fournisse le ciment et les paysans, la main-d'œuvre, pour que leurs maisons aient un vrai plancher. Les huttes de Dzonotchel ont des planchers de ciment et l'eau courante depuis 1996.

La communauté de Dzonotchel, éloignée des centres urbains et sans route carrossable à l'année avant 1989, avait peu de chances de recevoir des incitations économiques suffisantes pour rentabiliser ses activités agricoles. Pendant la période de prospérité nationale, Dzonotchel est tout simplement oubliée. À l'apogée du populisme priiste, l'État mexicain investit dans cette communauté, comme dans plusieurs autres semblables, pour maintenir sur place une population que l'on ne peut de toute façon incorporer à l'économie nationale ou régionale. Les programmes implantés au cours de ces années tiennent du cataplasme, souvent mal appliqué.

Le virage du pays vers le néolibéralisme au cours des années quatre-vingt marque la fin des mesures de soutien aux éjidos. Il ne reste rien des salaires versés par les anciens programmes, car aucun paysan n'a investi dans l'exploitation agricole. Dzonotchel périclite. En l'absence généralisée de travail dans les communautés éjidales, les Mayas doivent trouver ailleurs un emploi ou un complément de revenu, les cultures de subsistance étant insuffisantes. Les jeunes Mayas prennent la route et s'en vont gagner leur vie ailleurs. Le développement du tourisme dans le Quintana Roo sera leur planche de salut.

Le transport est pourtant beaucoup plus rapide entre Dzonotchel et les autres villes de la péninsule. Il est maintenant possible, avec beaucoup de chance, de faire le trajet Montréal-Dzonotchel en une journée. Des camionnettes de transport collectif partent maintenant chaque jour de Peto en direction de Cancún. Cependant pour ceux qui ont décidé de demeurer milperos, cette innovation n'amène aucun changement. Ils ne peuvent même pas se payer un billet d'autobus en deuxième classe pour aller à Cancún. Ils attendent encore, impuissants, que Chac ou le gouvernement leur vienne en aide.

Depuis l'avènement de Cancún, il n'y a pas que les jeunes qui partent mais des familles complètes, qui échappent ainsi à leur exclusion séculaire pour commencer une vie nouvelle. Mais elles doivent encore apprendre à survivre dans la « jungle urbaine ».

Ka tun es que, *bey k'iin beyo' ka tun, tu ya'ala tun*
u yatano beya yaan bin u yila' tu'ux ku bisa'a le
sa'ka'bo. Ts'o'ok tun bin u bin u yíichan bey ti, ich
koolo ka tun bin bin tun bin u t'ulpachte' bin
tu'ux ku bin.

Toujours est-il que peu après le lever du soleil, la
femme a décidé de suivre son mari pour voir où
il apportait le breuvage de maïs sacré. Elle le
suivit en cachette jusqu'au champ.

Extrait d'un conte maya, tiré de Ana Patricia MARTÍNEZ HUCHIM, « X ko'olelo'ob. La caracterización de
la mujer en la etnoliteratura maya », *Navegaciones Zur,* nº 22, juillet 1998, p. 38-39. Traduction libre.
Dans ce conte, la femme, parce qu'elle sort de sa maison, détruit, par ses pouvoirs surnaturels, l'*alux*,
l'être magique, qui veille sur la milpa.

18 Mouvements dans la péninsule

L A CRÉATION DE CANCÚN bouleverse les structures péninsulaires implan-tées depuis la période coloniale et qui reposaient sur l'exploitation des ressources agroforestières, à l'aide de la main-d'œuvre maya. Avec Cancún, l'agriculture est détrônée, les Mayas émigrent, les femmes commencent à toucher des salaires. Le tourisme fait basculer la péninsule dans une économie tertiaire. En même temps, il stimule les migrations rurales qui commencent plus tard dans la péninsule qu'ailleurs au pays, où ce phénomène s'observe depuis plusieurs décennies[1]. Le tourisme a des répercussions dans l'ensemble de la péninsule. Il bouscule la région maya bercée jusqu'alors par le rythme saisonnier de la milpa.

Au Quintana Roo, 29 % des gens de plus de cinq ans sont des migrants récents venant d'autres États du pays. Le facteur d'attraction relié au développement massif du tourisme déclenche un processus migratoire exceptionnel, sans précé-dent dans le pays.

Cancún agit comme un aimant sur la population du Yucatán. Officiellement, d'après les données du dernier recensement (1990), 143 832 Yucatèques ont émi-gré de façon définitive au Quintana Roo et ce, surtout dans les trois principales villes de l'État, Cancún, Chetumal et Cozumel. Ces données ne tiennent compte que des migrations définitives, qui se font d'un État à un autre. Selon cette perspective, le Quintana Roo aurait reçu 150 601 émigrants en provenance des deux autres États de la péninsule, alors que le Yucatán perdait 135 318 personnes et le Campeche, 5 283 (carte 13). Un peu plus de 200 000 personnes ont changé

CARTE 13

Mouvements migratoires intra-péninsulaires

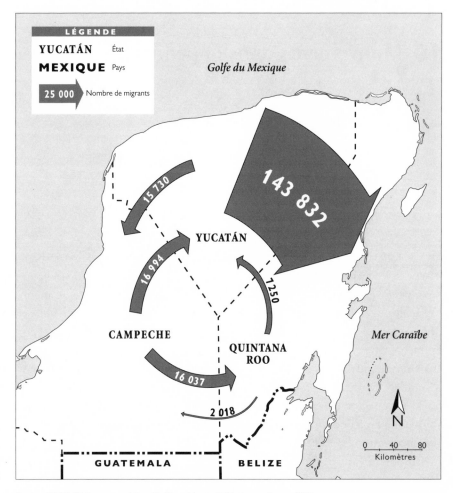

Source : INEGI, *XI Censo general de población y vivienda, 1990,* Aguascalientes, 1991.

de lieu de résidence, mais 75 % d'entre elles sont des Yucatèques qui se sont dirigés vers le Quintana Roo.

Les données du recensement sous-estiment le nombre des migrants, car, d'après mon enquête, ce nombre serait de 25 % supérieur, si l'on prend en considération les migrants saisonniers et permanents. La croissance de Cancún prend une allure d'invasion à peu près pacifique. Les paysans vont en masse y tenter leur chance. Ils s'installent comme ils le peuvent et attendent que les autorités leur attribuent un lot pour ériger la résidence familiale permanente. Nulle part ailleurs au Mexique le processus n'est aussi rapide qu'à Cancún, dont le taux de croissance est exceptionnel[2].

La région maya

Le développement du tourisme, de l'urbanisation, des cultures intensives et l'extension du réseau routier favorisent les déplacements des Mayas dans la péninsule. Ils cherchent des emplois, vont étudier ou écouler leurs produits en ville. La région maya, telle qu'elle se présentait en 1970 (carte 9), subit plusieurs transformations.

Afin d'en suivre l'évolution de 1970 à 1990[3], on conservera les variables ayant trait à la langue maya et à la milpa. Si l'on considère cette dernière, il appert que, dans de nombreux municipes de la péninsule, les éjidataires abandonnent cette pratique ancestrale. Cela est surtout vrai dans l'État du Quintana Roo où les municipes du nord et du sud ne peuvent même plus être qualifiés de milperos, puisque moins de 40 % des terres éjidales cultivées sont destinées au maïs.

Dans l'État du Yucatán, on observe une réduction de l'importance du maïs, sans pouvoir parler d'un véritable abandon, sinon d'un désintérêt ou de substitution par une autre activité. Les éjidataires font encore la milpa, mais sur des superficies moins importantes. Au Campeche, on note aussi une diminution des superficies de maïs par rapport à 1970, mais dans des proportions moindres. En général, les éjidataires se détournent de la milpa. L'aire de culture du *maïs de temporal* tend à se concentrer au centre de la péninsule.

Les données des recensements indiquent qu'en 1990, on ne retrouve plus la correspondance spatiale entre la milpa et la langue maya, telle qu'on l'observait en 1970. Les deux phénomènes n'apparaissent plus associés dans les mêmes municipes. Au chapitre de la langue maya, on remarque une diminution encore plus drastique que pour la milpa. Les municipes où l'usage du maya décline le plus se situent au sud de Mérida et à l'ouest de Cancún, alors que ceux où il se maintient se trouvent dans l'ancien territoire cru-zob, entre Valladolid et l'ex-Chan Santa Cruz de Bravo (aujourd'hui F. Carrillo Puerto), qui forme la région maya en 1990 (carte 14).

La comparaison des données sur la langue maya de 1970 avec celles de 1990 indique que l'aire de la région maya diminue au cours de ces 20 ans. Les unilingues mayas ne se trouvent plus, en 1990, qu'en un espace réduit au centre de la péninsule, où l'on observe une certaine continuité dans l'usage de la langue maya. La région maya de 1990 compte 107 073 personnes réparties dans quinze municipes dont quatorze au Yucatán, autour de Valladolid[4] (carte 14).

Dans les marges est et ouest de cette région maya, définie pour 1990, les unilingues représentent moins de 10 % des populations municipales. Les deux espaces, exclus de la région maya et caractérisés par la diminution des unilingues entre 1970 et 1990, constituent des « sous-régions d'intégration ». Elles se distinguent par la quasi-absence d'unilingues et la présence majoritaire de bilingues (maya et espagnol). Ces sous-régions d'intégration forment des zones tampon entre les deux principales villes, Mérida et Cancún, et la région maya. Elles comprennent 24 municipes et 345 584 habitants. Ces municipes faisaient partie de la région maya en 1970 mais en ont été exclus en 1990[5].

Dans les sous-régions d'intégration, la diminution des unilingues serait à mettre en relation avec la proximité des principaux centres d'emploi, ou avec la construction d'une route asphaltée qui permet le transport rapide des travailleurs, ce qui multiplie les contacts avec les non-Mayas. L'une des conséquences du tourisme, la réduction rapide, pour ne pas dire la disparition, des unilingues mayas est éloquemment illustrée par la carte 14. Il ne faut pas en conclure que le tourisme provoque la disparition des unilingues mayas. Les Mayas abandonnent leur communauté d'origine et délaissent leur langue maternelle à cause de la pauvreté qui y sévit, étant donné l'absence d'emploi, la destruction des ressources et le manque de services d'éducation et de santé. On remarque qu'à partir de 1980, dans cinq États du Mexique où l'on parle maya, le taux de croissance de la population indigène est de 2,0 %, en baisse par rapport à celui des années 1940-1980, où il se situait à 3,3 %[6]. La région maya s'atrophie, ses forces vives la quittent. Les Mayas s'émancipent et quittent l'intérieur de la péninsule, là où les autorités coloniales les avaient confinés pour mieux les contrôler. Les mouvements migratoires alimentent l'urbanisation, les campagnes se vident au profit de différents types d'agglomération.

L'urbanisation à l'échelle de la péninsule

Les villes de la péninsule croissent mais à des rythmes différents. Cancún remporte la palme. En 1970, sa population ne représente que 3 % de la population de l'État, mais, en 1990, si on ajoute les populations des deux agglomérations adjacentes,

CARTE 14

La région maya en 1990

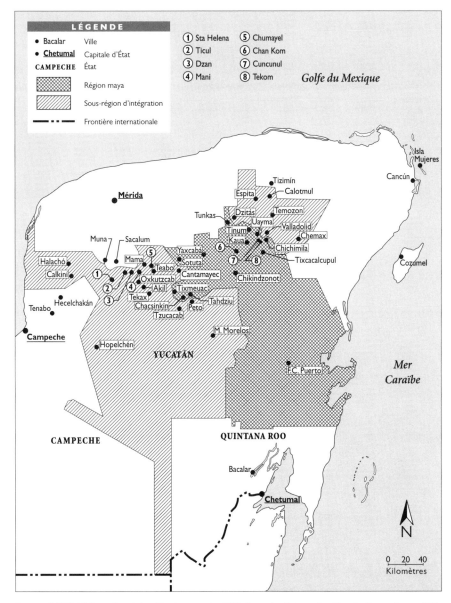

Sources : INEGI, *XI Censo General de población y vivienda, 1990, Campeche, Quintana Roo, Yucatán*, Aguascalientes, 1991 ; Secretaría de Programación y Presupuesto (SPP), *Manual de Estadísticas Básicas del Estado de Yucatán* (*MEBE*), México, 1982.

TABLEAU 15

Croissance démographique des villes touristiques du Quintana Roo, 1970-1990

	Population			Taux de croissance annuel (en %)	
	1970	1980	1990	1970-1980	1980-1990
Cancún	2 663	81 000	167 730	294,0	10,7
Cozumel	5 858	23 224	33 884	29,6	4,6
Isla Mujeres	2 663	8 731	6 708	22,7	−2,3
Total	11 184	112 995	208 322	91,0	8,4

Sources: INEGI, *XI Censo general de población y vivienda, 1990*, México, 1991 ; Secretaría de Programación y Presupuesto (SPP), *Manual de Estadísticas Básicas del Estado de Yucatán (MEBE)*, México, 1982.

Alfredo Bonfil et Leona Vicario, respectivement de 2 696 et de 2 432 habitants, le total des habitants du « Grand Cancún » atteint 172 858, soit 35 % de la population du Quintana Roo. Les autres villes touristiques connaissent aussi une forte croissance quoique moins spectaculaire (tableau 15).

À l'inverse, la capitale de l'État, Chetumal, ne représente plus que 19 % de la population du Quintana Roo, par rapport à 33 % en 1980 et à 27 % en 1970, ce qui explique le recul de son influence politique[7]. Mérida ne souffre pas d'une telle situation. Elle conserve son importance démographique (tableau 16). L'expansion du tourisme stimule la croissance de sa population au rythme de 8,8 % par an au cours des années soixante-dix et de 3 % par an durant les années quatre-vingt[8]. Mérida agit comme un pôle d'attraction régional qui profite de la manne touristique. Elle met en valeur son patrimoine architectural, sa proximité de la mer, des sites archéologiques et des nouveaux centres touristiques sur la côte.

Les trois capitales subissent une réduction de leur taux de croissance au cours des années quatre-vingt, comparativement à la décennie précédente. Cette situation pourrait être attribuable à la crise économique généralisée qui entraîne une chute des investissements, tant gouvernementaux que privés, et une diminution des salaires et de la population active[9]. Les migrants renoncent, pour un temps, à se rendre en ville pour y trouver du travail.

Les villes touristiques et les capitales, à l'exception de Chetumal et de Campeche, connaissent un accroissement relatif de leur poids démographique. Dans

TABLEAU 16

Croissance démographique des capitales
de la péninsule, 1970-1990

	Mérida	Chetumal	Campeche
Population en 1970 (% de la population de l'État)	212 097 (27,9)	23 665 (26,8)	70 786 (28,1)
Population en 1980 (% de la population de l'État)	400 142 (37,6)	75 113 (33,2)	137 000 (32,5)
Population en 1990 (% de la population de l'État)	523 422 (38,4)	94 158 (19,0)	150 518 (28,1)
Taux de croissance annuel moyen, 1970-1980 (%)	8,8	21,7	9,35
Taux de croissance annuel moyen, 1980-1990 (%)	3	2,5	0,98

Sources : INEGI, *XI Censo general de población y vivienda, 1990*, México, 1991 ; Secretaría de Programación y Presupuesto (SPP), *Manual de Estadísticas Básicas del Estado de Yucatán (MEBE)*, México, 1982.

les cas des villes plus importantes, l'immigration urbaine contrebalance l'émigration. Qu'en est-il alors des villes secondaires, c'est-à-dire des *cabeceras* ou capitales de municipes, et surtout de celles de la région maya ?

Ces villes d'au moins 5 000 habitants en 1970, connaissent des situations diverses mais, en général, elles présentent des taux de croissance semblables à ceux des capitales. Les villes de Peto, Oxkutzcab et Espita, par exemple, agiraient comme des pôles d'attraction au cours des années quatre-vingt, contrairement à ce qu'il en était dans la décennie précédente. Pendant que les mouvements migratoires en direction de Mérida décroissent, ils s'accroissent dans les petites villes de l'intérieur, étant donné des coûts de migration moindres, un facteur décisif durant cette « décennie perdue ». D'autres facteurs s'y ajoutent.

La concentration des populations dans les capitales municipales apparaît en partie liée aux politiques fédérales en matière agricole. À titre d'exemple, voyons le cas de la ville de Peto. Lorsque les politiques fédérales excluent la paysannerie des programmes d'investissement, le poids démographique de Peto s'accroît (71,5 % de la population du municipe en 1940 et 70,8 % en 1950). Au contraire, lorsque l'État investit dans des programmes agraristes, Peto voit son importance relative diminuer (68,6 % en 1970 et 61 % en 1980). Les différents programmes

TABLEAU 17

Évolution de la population dans les localités de moins de 1 000 habitants dans trois municipes du sud du Yucatán, 1980-1990

Municipe	1980			1990		
	Nombre de localités	Nombre total d'habitants	% de la population municipale[a]	Nombre de localités	Nombre total d'habitants	% de la population municipale[a]
PETO Type de localités						
1-99 hab.	56	1 476	9,73	91	1 213	6,31
100-499 hab.	16	3 201	21,16	13	2 929	15,23
500-999 hab.	2	1 228	8,10	1	664	3,45
TEKAX Type de localités						
1-99 hab.	101	1 835	7,7	96	1 580	5,47
100-499 hab.	10	2 269	9,59	11	2 332	8,07
500-999 hab.	5	3 384	14,31	2	1 474	5,10
TICUL Type de localités						
1-99 hab.	13	221	1,04	29	184	0,69
100-499 hab.	0	0	0	1	109	0,40
500-999 hab.	0	0	0	0	0	0

Sources : SPP, *X Censo General de Población y Vivienda, 1980. Yucatán*, vol. II, México, 1983 ; INEGI, *XI Censo general de población y vivienda, 1990, Yucatán*, Aguascalientes, 1991.

a Les pourcentages sont calculés sur la population totale du municipe — donnée qui n'apparaît pas dans ce tableau.

agraristes, tels le PIDER et la COPLAMAR durant les sexennats de Echeverria et López Portillo, favorisent le maintien de la population agricole dans les petites localités rurales.

Au cours des années quatre-vingt, la tendance s'inverse. Le néolibéralisme prôné par l'État sous les présidences de Miguel de la Madrid et de Salinas de Gortari se traduit par la reprise des mouvements migratoires vers les villes. Les premières agglomérations à recevoir les migrants ruraux sont naturellement les capitales municipales, passage obligé, plus ou moins temporaire, vers de plus grandes villes. Peto retrouve alors son importance des années 1940 et regroupe 75 % de la population du municipe[10]. Mais cet exemple ne peut s'appliquer à toutes les villes de l'intérieur.

Pendant la même période, Valladolid subit une émigration nette ; la proximité du Quintana Roo et les emplois dans le tourisme constituent une menace réelle pour sa stabilité démographique[11]. Le municipe semble souffrir, plus qu'ailleurs, de la surexploitation des ressources naturelles et de rendements très bas tant pour les cultures que pour l'élevage[12]. Les situations de Peto et de Valladolid, en apparence distinctes, illustrent en fait le même phénomène, mais vécu avec une intensité différente. Il s'agit d'un mouvement général d'urbanisation et d'abandon des zones rurales peu prospères.

Dans ce mouvement, les petites villes perdent une partie de leur population, mais les départs peuvent être compensés par l'arrivée de migrants en provenance des petites localités avoisinantes. Les cabeceras attirent les migrations intra-municipales (rurales-rurales), ce qui permet de stabiliser la population, à la suite de l'arrivée des migrants ruraux. Dans les villages, la population s'atrophie, sans recevoir d'autres apports que la croissance naturelle. Il semble que ce soit surtout les localités de moins de 1 000 habitants qui subissent une diminution de leur population (tableau 17).

D'après les résultats calculés à partir des données fournies par 50 informateurs[13], une relation se dessine entre le type de localité et le niveau de revenu. Environ 70 % de ceux qui gagnent moins de 10 000 pesos par an (3 030 $US, valeur de 1993) vivent dans des localités de moins de 5 000 habitants. Le plus haut niveau de revenu dans ces villes plafonne à 20 000 pesos par an (6 060 $US). Dans les villes de plus de 20 000 habitants, 13,5 % des travailleurs gagnent moins de 10 000 pesos par an alors que 25 % gagnent plus de 30 000 pesos par an (9 090 $US). Ces écarts prouvent qu'une certaine rationalité économique guide les migrants en quête de travail vers les plus grandes villes, bien qu'il soit souvent difficile d'y dénicher ou d'y conserver un emploi et que les coûts de la migration soient plus élevés.

Les grues qui ont remodelé l'île de Cancún ont fait beaucoup plus que déplacer du sable, de la terre, déraciner des arbres et planter une ville nouvelle. Cette puissante machinerie, guidée par les hauts fonctionnaires du PRI, a poussé les sociétés péninsulaires hors de la sphère agraire pour les projeter dans un monde urbanisé avec une économie tertiarisée. Les statistiques régionales d'urbanisation et de migration révèlent un changement profond, mais sans rien dire du processus migratoire qui affecte les communautés et les familles paysannes. Il faut une loupe plus puissante pour agrandir l'échelle d'analyse et saisir le travail, les hésitations, les efforts et les espoirs vécus par les migrants et leurs familles.

Il est possible que j'aille m'établir à Peto. J'aime la vie
urbaine. Tout me plaît en ville. Dzonotchel est
ennuyant. Je vais apprendre à devenir sage-femme
pour pouvoir déménager. Je ne sais pas quand mais
un jour cela se fera.

Jeune femme de Dzonotchel née en 1969. Propos recueillis à Dzonotchel en 1992.

19 Les stratégies migratoires

D E PASSAGE à Dzonotchel, en 1996, je découvre que la maison du beau vieillard est fermée. Celui qui m'avait raconté les circonstances de sa naissance au village, au cours de la Guerre des castes, était décédé. Sa fille et son mari, qui m'avaient hébergée à différentes reprises, avaient eux aussi fermé leur maison. Ils étaient demeurés au village pour tenir compagnie au vieil homme qui ne pouvait déménager. Lui mort, plus rien ne les retenait à Dzonotchel. Tous leurs enfants avaient déjà quitté le village. Leurs trois filles sont installées à Peto, leur garçon vit à Cancún. Deux maisons barricadées en face du puits témoignent de leur passage à Dzonotchel.

Ces gens affables sont allés s'établir chez un de leurs gendres qui exploite un petit commerce à Peto. En ville, ils collaborent à la vente et à la garde des enfants. Ils préfèrent vivre ainsi, car ils peuvent voir leurs enfants, leurs petits-enfants et leurs amis. Aussi parce que la vie y est plus facile et plus divertissante qu'au village.

Personne ne regrette la milpa. Surtout pas le père, un bon vivant, doué d'un sens de l'humour à toute épreuve et qui se souvient de la milpa en se tenant les reins à deux mains, le dos courbé et en grimaçant de douleur.

L'exclusion des Indiens, caractéristique des régions paysannes, n'a plus sa raison d'être dans la zone touristique dont l'un des attraits repose sur le passé indigène.

Au contraire, les hôtels de Cancún ont besoin de faciès mayas pour parfaire leur décor exotique. Le huipil se porte avec élégance dans les hôtels les plus luxueux. Attirée par les possibilités d'emploi, une partie de la population maya échange sa spécificité paysanne contre une identité urbaine. Les habitants de Dzonotchel suivent le courant[1].

Stratégies migratoires, stratégies de survie

Les migrations de travail se définissent comme le déplacement d'individus qui espèrent améliorer leur situation, ou celle de leur famille, en migrant vers un nouveau lieu de résidence. Le déplacement s'effectue sur un territoire donné, il implique un changement du cadre de l'activité économique et un mouvement, généralement d'ascension, au sein de la hiérarchie sociale. À l'origine de ces déplacements, interviennent d'abord des facteurs d'expulsion présents dans le milieu de vie initial et des facteurs d'attraction liés au nouveau lieu de travail. La relation d'attraction des centres touristiques peut s'inverser lorsque le travail manque selon les saisons ou les années. Un mouvement de retour peut alors s'amorcer vers les localités rurales. Entre les communautés milperas de la région maya et les centres touristiques du Quintana Roo s'effectuent ainsi d'intenses échanges de population fondés sur ces facteurs d'expulsion/attraction.

Différents mouvements migratoires se font à partir de Dzonotchel. Il y a les migrations individuelles, temporaires ou définitives, et les migrations de familles entières, qui se font généralement sur de plus courtes distances. Les migrations individuelles, suscitées par le tourisme, commencent au début des années 1980 alors que la communauté est divisée entre les éleveurs et les milperos. Le premier à partir travailler pour quelques semaines à Cancún en 1981 est le fils du commerçant, l'homme le plus « riche » du village. Il a les moyens d'envoyer son fils en ville, qui revient ensuite se pavaner avec des histoires incroyables sur les étrangers dans les grands hôtels. Les mouvements migratoires s'accélèrent par la suite, surtout après l'abandon des programmes gouvernementaux. Le départ définitif pour Cancún est un phénomène qui se vit avant tout au niveau individuel et touche d'abord des jeunes. Le déplacement de familles entières est un processus plus récent, qui remonte à 1989, après l'ouverture de la route. Il faut remarquer que ces catégories ne sont pas exclusives. Surtout au cours des premières années du processus migratoire, le même individu peut devenir un migrant permanent ou redevenir un paysan selon qu'il trouve ou perde un emploi.

Les destinations varient selon le type de migration. Les migrations individuelles se font surtout en direction de Cancún ou d'une autre ville touristique, alors que les migrations familiales semblent s'opérer sur de plus courtes distances et progressivement, souvent en direction des petites villes de l'intérieur. Je désigne ce type de déplacement comme une migration rurale-rurale, effectuée à partir d'un village de moins de 500 habitants en direction d'une petite localité de 15 000 à 50 000 habitants, généralement pas très éloignée (moins de 100 km). Les migrations rurales-urbaines se rapportent, elles, aux déplacements à partir d'un village de moins de 500 habitants vers une ville de plus de 50 000 habitants.

Même quand elles sont individuelles, les migrations s'inscrivent presque toujours dans un contexte familial. La famille détermine qui va partir travailler, en fonction de ses ressources et de ses besoins. Le migrant cumule les responsabilités à mesure que sa position se consolide en milieu urbain. Son but premier est de trouver l'argent nécessaire à la survie de la famille, donc un emploi. Après avoir déniché un gagne-pain, il doit établir des contacts pour trouver des emplois aux autres membres de sa famille. Puis, lorsqu'il a un logement, il doit donner l'hospitalité aux parents qui viennent tenter leur chance en ville. Il doit de plus fournir un toit et des fonds aux jeunes frères qui désirent poursuivre leurs études. Je n'ai jamais observé de cas où les frères et sœurs aînés paient les études de leurs sœurs plus jeunes. Les études secondaires et supérieures demeurent en général, pour la population d'origine rurale, un privilège ou un devoir masculin. Les obligations qui incombent au migrant peuvent paraître abusives mais elles ne sont pas jugées telles dans un contexte familial où l'on préfère avoir près de soi le plus de travailleurs possible afin de partager les coûts et d'augmenter les revenus. Il existe ainsi une forte concordance entre les intérêts individuels et ceux de la famille. Les services fournis, l'hospitalité, les contacts et les dons sont considérés comme des investissements dans l'amélioration des conditions de vie de la famille et donc de l'individu.

À Dzonotchel, le premier à partir définitivement pour Cancún est un jeune veuf ayant deux enfants à charge. Le travail agricole convient mal à sa situation familiale. Il quitte le village en 1984, en y laissant ses deux jeunes enfants aux soins de ses parents. Son départ pour Cancún se présente comme une option plus rentable que la milpa. Les histoires de « la fortune qu'il accumule » en vendant des glaces dans les régions de Cancún font rêver les adolescents du village pendant quelques années.

D'après mon enquête, il apparaît que ceux qui ont quitté le village pour s'installer à Cancún ou à Peto sont les paysans qui cultivaient les plus grandes superficies en 1982. Ce sont donc les mieux nantis qui abandonnent la communauté. On a observé ailleurs que la migration liée aux occasions d'emploi urbain

— facteur d'attraction — se caractérise par la sélection positive des migrants[2]. Les individus les plus dynamiques, les plus aptes quittent la communauté d'origine. Ceux qui ont moins d'initiative restent sur place et se cantonnent aux pratiques connues. Les principaux facteurs d'expulsion sont ceux déjà observés par le technicien de la SPP en 1981, soit les fluctuations saisonnières en matière d'emploi rural — pour ne pas dire le manque de travail et de services —, les rendements insuffisants que j'explique par l'appauvrissement du sol et la dégradation des forêts.

Mutation de la communauté, mutation des familles

À l'échelle locale (130 cas d'étude[3]), la communauté peut être divisée en trois groupes, souvent interdépendants : il y a d'abord le groupe des ruraux qui refusent d'aller travailler à l'extérieur du village et qui s'accrochent au mode de vie milpero ; le deuxième groupe comprend ceux qui migrent de façon saisonnière ou temporaire tout en faisant leur milpa, avec l'aide de leur famille ; le troisième groupe est constitué de ceux qui ont définitivement quitté leur village d'origine et qui se sont installés dans la zone touristique. À Dzonotchel, 41 % des habitants demeurent ruraux, 25 % sont des migrants saisonniers ou temporaires et 34 % ont quitté leur village pour s'installer définitivement en ville.

Les résultats varient légèrement, si l'analyse est faite à l'échelle de la sous-région dite d'intégration (410 cas). Selon des données provenant d'enquêtes directes et indirectes, 45 % des individus ne migrent pas, 32 % ont migré d'une localité rurale vers une petite ville de l'intérieur et 21 % sont établis en ville (tableau 19). À Dzonotchel, la proportion de gens qui ne migrent pas est moindre que dans la sous-région « d'intégration ». Le fait que la route traverse le village pourrait avoir accéléré les mouvements migratoires, puisque plusieurs villages de cette sous-région ne sont pas encore desservis par une route asphaltée. À Dzonotchel, 67 % de toutes les familles ont au moins un de leurs membres qui travaille à l'extérieur du village. C'est donc dire que la majorité des familles sont impliquées dans le phénomène migratoire.

Les migrants sont plus nombreux à se diriger vers de petites localités rurales (32,4 %) que vers les villes (22,0 %). Ainsi, les déplacements à partir de Dzonotchel ne correspondent pas à la simple migration rurale-urbaine que dépeignent les recensements. Dans l'ensemble, il y a plus de migrations saisonnières que permanentes, et plus de migrations qui se font en alternance avec le travail agricole[4]. Il s'agirait ici de « migration sans rupture » ou du « phénomène négligé » des migrations à destinations rurales[5] qui s'inscrivent dans le contexte du déclin du Mexique rural où des fractions de la population doivent s'adapter aux variations régionales de la demande de main-d'œuvre. L'importance de ces mouvements ruraux s'explique par leurs moindres coûts par rapport aux migrations rurales-urbaines.

Cette particularité tient aussi à ce qu'il est relativement facile de combiner le travail agricole avec un emploi dans le secteur du tourisme au cours de l'année, car les cycles du tourisme et ceux de l'agriculture sont complémentaires. Le tourisme atteint son maximum durant les mois d'hiver, de décembre à mars. C'est justement durant ces mois que le travail agricole est à son plus bas, puisque la récolte est terminée, la forêt est coupée pour la prochaine milpa, mais les semailles ne se font pas avant le mois de mai. Les paysans peuvent facilement passer quelques mois en ville sans trop nuire à l'exploitation agricole (figure 2). L'inverse est aussi vrai au cours des mois d'été, alors que l'achalandage touristique se réduit sensiblement, mais que les tâches agricoles ne souffrent plus de délais. Il faut planter et désherber au début de la saison des pluies (mai, juin, juillet), sinon la récolte est compromise. Il est ainsi possible de combiner les deux types d'activités. Les migrations temporaires sont le fait d'individus, contrairement à la plupart des migrations rurales-rurales qui concernent surtout les familles.

L'importance des liens familiaux explique le phénomène des migrations familiales qui, à son tour, explique la prédominance des migrations rurales-rurales. Les migrations de familles entières sont plus compliquées que les migrations individuelles, car elles impliquent de nombreuses personnes, aux capacités productives et aux besoins différents. Il faut trouver des écoles pour les enfants, des emplois pour les adultes, loger et nourrir tout le monde. Les déplacements de groupe sont aussi plus dispendieux car il faut de nombreux billets d'autobus et déménager les biens de chacun. Ainsi, étant donné les coûts, astronomiques pour les familles paysannes qui vivent presque sans numéraire, les migrations se réalisent plus souvent sur de courtes distances, en différentes étapes. Les groupes familiaux qui migrent ensemble le font, d'une part, pour faciliter les relations avec ceux de leurs membres qui sont déjà partis et, d'autre part, pour que les enfants plus âgés aient accès à l'école secondaire.

Alors que le coût d'un voyage à Cancún est souvent prohibitif pour les simples paysans, il est relativement facile pour une famille de Dzonotchel de migrer à Peto. Le problème du logement « en ville » se règle assez rapidement et à peu de frais. Il faut d'abord acheter un terrain à la périphérie de Peto, ce qui est peu coûteux puisqu'on n'y trouve aucun service public, ni aqueduc, ni égout, ni rue. Le paysage « urbain » ressemble à s'y méprendre à celui du village. De mauvais sentiers de terre mènent aux rues adjacentes qui conduisent au centre-ville. Une fois le terrain acquis, il reste à construire la demeure familiale, ce qui ne requiert à peu près pas de capital. Depuis que la route entre Dzonotchel et Peto a été asphaltée, on transporte les matériaux nécessaires, du village à la ville. Les paysans prennent ce dont ils ont besoin à même les terres de l'éjido. Les branches (*palos*) et les palmes pour le toit sont d'abord coupées et préparées, puis apportées en camion jusqu'au terrain en ville. Il suffit de payer le transport (*el flete*) pour que la deuxième maison devienne une réalité.

La question du travail à Peto est beaucoup plus difficile à résoudre. Même en y ayant une maison, les chefs de famille peuvent être obligés de poursuivre leurs activités agricoles pendant des années, faute de trouver un emploi en ville. Parmi la population de Dzonotchel recensée en 1982, onze familles se sont établies à Peto en 1992. De celles-ci, quatre vivent encore de la milpa. Étant donné la structure éjidale, les chefs de famille ne peuvent cultiver d'autres terres que celles où ils ont un droit éjidal. Ils doivent retourner chaque jour à Dzonotchel. Comme certains ne peuvent payer le prix d'un billet d'autobus, ils font les 60 kilomètres en vélo chaque jour ! Les familles qui demeurent à Peto et vivent encore de la milpa (Peto rural) présentent des caractéristiques semblables à celles des familles milperas de Dzonotchel (tableau 18).

Ces familles établies dans une petite ville connaissent une situation para-doxale puisqu'elles vivent de l'agriculture alors qu'elles habitent dans un milieu semi-urbain. Elles subissent une pression économique plus forte que celle vécue à Dzonotchel, mais les techniques de production restent les mêmes. Plus grave, la réciprocité paysanne qui favorise l'entraide n'existe pas à Peto, alors que la survie des milperos de Dzonotchel est en partie assurée par ce mécanisme. Les familles milperas qui s'établissent à Peto s'appauvrissent, car elles doivent lutter sur deux plans : sur le plan économique, dans leur lieu de résidence, et sur le plan légal à Dzonotchel afin de conserver leur droit éjidal et les privilèges qui s'y rattachent, tels les crédits gouvernementaux. Étant donné les difficultés qu'ils rencontrent, les éjidataires de Dzonotchel établis à Peto présentent le nombre le plus élevé de travailleurs salariés par famille (3/5, soit 60 %, contre 2,7/5,7 soit 54 % à Dzonot-chel et 1,5/3,3 soit 45 % à Cancún, voir tableau 18). Leur attachement à la milpa paraît intenable à long terme.

Les migrants transportent avec eux leur mode de vie paysan. Il n'y a pas que la maison au toit de chaume qui rappelle leur origine. Plusieurs continuent à élever des animaux domestiques, même lorsqu'ils sont établis à quelques mètres de la place centrale de Peto.

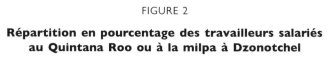

FIGURE 2

**Répartition en pourcentage des travailleurs salariés
au Quintana Roo ou à la milpa à Dzonotchel**

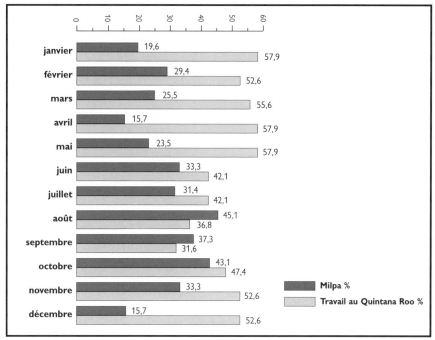

Source : Notre enquête, 1992-1994.

Les sept autres familles de migrants installées à Peto ont abandonné le travail agricole, tout comme les treize familles de Dzonotchel, interviewées là en 1982, puis à Cancún en 1992. Les familles qui ont abandonné la milpa (Peto urbain) s'apparentent plus à celles vivant à Cancún. Dans le cas de ces dernières, il ne s'agit généralement pas de groupes familiaux entiers ayant migré d'un seul mouvement vers la ville. Une seule famille a procédé de la sorte. Dans les autres cas, ce sont surtout des jeunes couples qui ont migré avant d'avoir des enfants ou des individus qui ont migré seuls, mais qui se sont par la suite mariés à Cancún.

La sélection des migrants : l'âge, le sexe, l'instruction

L'âge joue un rôle important dans la sélection des migrants. Les paysans ou fils et filles de paysans qui migrent partent généralement travailler avant l'âge de 20 ans. Les jeunes s'adaptent plus facilement au mode de vie urbain que leurs aînés et ils

TABLEAU 18

Caractéristiques des familles étudiées*, 1992-1994

Variables d'analyse	Non-migrants	Migrants		
	Dzonotchel	Peto rural	Peto urbain	Cancún
Nombre de personnes/famille	5,7	5	5,7	3,3
Nombre d'enfants à l'extérieur du foyer	2	3,7	0,3	0,1
Nombre de salariés/famille	2,7	3	1,7	1,5
Âge moyen des parents	42	46	29,5	29
Jours de travail agricole/année	202	151	—	—
Revenus bruts** par année	5 028 pesos (1 617,20 $US)	10 138 pesos (3 260,70 $US)	12 058 pesos (3 878,30 $US)	22 182 pesos (7 134,50 $US)

Source: Les données proviennent d'une compilation d'enquêtes directes.

* Les données présentées dans ce tableau sont des moyennes établies pour les différents groupes.

** Revenus familiaux bruts: ces chiffres sont des moyennes estimées à partir des données recueillies auprès des répondants. Elles ont une valeur estimative plutôt qu'absolue. Les revenus comprennent la somme de tous les revenus bruts de chaque membre des familles en *nuevos pesos*. Les équivalences sont établies en fonction de la valeur du dollar en 1993.

TABLEAU 19

Statut migratoire en fonction de l'âge, 1992-1994

Catégorie d'âge	Non-migrants*	Migrants**				Total
		Migration rurale-rurale	Migration rurale-urbaine	Total des migrants	% des migrants avec destination urbaine	
16-35 ans	99 (43,8%)	52 (23,0%)	75 (33,2%)	127 (56,2%)	59,1	226 (100%)
36 ans et plus	88 (47,8%)	81 (44,0%)	15 (8,2%)	96 (52,2%)	15,6	184 (100%)
Total	187 (45,6%)	133 (32,4%)	90 (22,0%)	223 (54,4%)	40,4	410 (100%)

Source: Les données proviennent d'une compilation d'enquêtes directes et indirectes.

* Les non-migrants sont ceux qui vivent encore dans le lieu où ils sont nés.

** Les migrants sont ceux qui vivent à un endroit différent de celui où ils sont nés.

n'ont pas encore la responsabilité d'une famille à nourrir. Les migrants saisonniers qui répartissent leur temps de travail entre la ville et la campagne ont en moyenne 34,6 ans.

Les ex-habitants de Dzonotchel qui résident maintenant de façon permanente en ville ont en moyenne 25 ans. Les données du tableau 19, tirées de mon enquête de Dzonotchel, Peto et Cancún, indiquent que la proportion de jeunes qui migrent (56,2 %) est proche de celle des migrants plus âgés (52,2 %). La différence est que les jeunes tendent à migrer vers une destination urbaine (75 sur 127, soit 59 %), alors que les migrants plus âgés se dirigent vers des petites localités rurales (81 sur 96, soit 82,7 %).

La distribution des migrants selon le sexe révèle des situations migratoires contrastées. Les hommes se distribuent de façon régulière entre les ruraux, les migrants saisonniers (population flottante) et les nouveaux citadins (migrants permanents). Les femmes, au contraire, sont presque absentes de la population flottante et sont présentes massivement dans le groupe des migrants permanents.

Des études concluent aussi à la prédominance des femmes dans les mouvements migratoires en Amérique latine, car les femmes sont peu intrégrées au travail agricole et il n'y a pas d'emploi pour elles en milieu rural[6]. Les observations faites à Dzonotchel et à Cancún appuient ces conclusions, puisqu'il y a plus d'hommes à la campagne et plus de femmes en ville. À Dzonotchel, on dénombre 21 hommes de 15 à 25 ans mais seulement 10 femmes dans cette tranche d'âge. À l'inverse, sept hommes et douze femmes de cet âge ont migré à Cancún, parmi la population originaire de Dzonotchel. Il faut préciser ici que la proportion de femmes de 15 à 25 ans nées à Dzonotchel mais vivant à Cancún serait sous-estimée, car il est plus difficile de repérer les femmes établies à Cancún que les hommes. Cette difficulté surgit quand une femme se marie avec un homme d'une autre localité. Tout se passe alors comme si elle disparaissait de la mémoire collective. Plus personne ne sait où elle habite ni ce qu'elle fait. Ce phénomène ne concerne pas les hommes mariés à des femmes de l'extérieur : il y a toujours quelqu'un qui sait où les trouver. Malgré des données sommaires, il apparaît que les femmes sont ou paysannes ou citadines. Elles ne vivent pas de situation intermédiaire, comme tant d'hommes, à courir de la ville aux champs. Les enfants les retiendraient en permanence dans le même lieu.

Les femmes d'origine paysanne ne décident pas de leur situation, qui dépend du travail du mari. Règle générale, la femme migre à la ville avec les enfants quand le travail du mari est suffisamment stable. Dans son étude sur le développement du tourisme, Kathleen Parker a observé en 1980 que les femmes

TABLEAU 20

**Situation migratoire en fonction
du niveau d'instruction, 1992-1994**

Niveau d'instruction	Non-migrants*	Migrants**				Total
		Migration rurale-rurale	Migration rurale-urbaine	Total des migrants	% des migrants avec destination urbaine	
Trois années de primaire ou moins	107 (48,6 %)	87 (39,5 %)	26 (11,8 %)	113 (51,3 %)	23,0 %	220 (100 %)
Primaire (4-6e année)	53 (45,7 %)	34 (29,3 %)	29 (25,0 %)	63 (54,3 %)	46,0 %	116 (100 %)
Secondaire et plus	27 (36,5 %)	12 (16,2 %)	35 (47,3 %)	47 (63,5 %)	74,5 %	74 (100 %)
Total	187 (45,6 %)	133 (32,4 %)	90 (22,0 %)	223 (54,4 %)	40,4 %	410 (100 %)

Source : Les données proviennent d'une compilation d'enquêtes directes et indirectes.

représentent seulement 18 % de la force de travail à Cancún. Elle note par ailleurs que « les hommes n'apprécient pas que leur femme travaille même si les familles ont besoin d'un salaire additionnel[7] ». En 1990, les femmes représentent 25 % de la force de travail de Cancún. Cet accroissement n'indique toutefois pas que les femmes aient un accès facile au marché du travail. J'ai été témoin d'attitudes semblables à celles observées par Kathleen Parker. Dans un jeune ménage établi récemment dans un quartier mal famé, le mari insistait pour que sa femme reste toute la journée dans leur misérable hutte d'une pièce, bien qu'elle y soit seule et sans défense pendant que lui travaille au centre-ville. Étant donné l'origine paysanne de mes informateurs, on peut supposer que les femmes qui ont un travail à Cancún viennent de régions plus urbanisées du pays.

À Dzonotchel, les 13 femmes unilingues (100 % des unilingues) vivent de façon permanente au village. Jamais aucune d'entre elles n'est allé travailler à l'extérieur. Plusieurs ont avoué avoir peur d'aller à Cancún. L'unilinguisme, phénomène maintenant essentiellement féminin à Dzonotchel, et le sexe constituent ainsi une prison hermétique.

L'âge et le sexe ne sont pas les seules variables à considérer, l'instruction en constitue une autre d'importance, tel que le démontrent des études sur les migrations urbaines[8]. Cette remarque se vérifie dans le cas de Dzonotchel où seulement 11,8 % des gens moins instruits migrent vers les villes, comparativement à 47,3 % des plus instruits[9] (tableau 20). Ce fait indique que les gens instruits doivent nécessairement quitter le village pour tirer parti de leur diplôme. L'instruction agit ainsi comme un facteur déterminant dans la sélection des migrants. Comme dans le reste du pays, les gens les plus instruits, généralement de 15 à 30 ans, migrent vers la ville[10].

Destructuration de la paysannerie

L'ampleur du changement vécu par la communauté de Dzonotchel peut se mesurer par le croisement des variables lieu de travail et lieu de résidence (tableau 21). Seulement 37 des 130 individus interrogés directement (28 % de l'échantillon) correspondent à l'image d'une population rurale : stable, née, vivant et travaillant à la campagne. Tous les autres (93 sur 130, soit 71,5 %) ont déjà tenté leur chance en dehors du village. Parmi les non-migrants, c'est-à-dire ceux qui sont nés et qui vivent toujours à Dzonotchel, 72,7 % (24 sur 71) travaillent ou ont déjà travaillé temporairement dans d'autres milieux ruraux. Même parmi les résidants ruraux permanents, c'est-à-dire les non-migrants, 14,1 % (10 sur 71) ont déjà travaillé en ville. On imagine qu'ils sont revenus au village à cause du manque de travail en ville ou faute de capitaux pour supporter le chômage entre deux emplois. D'après mon expérience, ceux-là sont prêts à repartir n'importe quand, à la moindre possibilité d'un travail salarié en ville. Ainsi considérée, la population rurale stable devient un phénomène de plus en plus rare, une caractéristique des gens âgés qui ne parlent pas suffisamment espagnol pour affronter un monde nouveau, ou qui préfèrent rester au village, malgré les pénuries, pour conserver leur dignité. Pendant la période d'enquête, 55 personnes (37 de Dzonotchel et 18 de Peto) sur 130 (42,3 %) ont dit travailler en milieu rural, ce qui implique qu'elles vivent de l'agriculture. Comme nous l'avons vu, les 18 milperos qui vivent à Peto connaissent des situations difficiles qui font douter qu'ils poursuivent encore longtemps les pratiques de la milpa. Règle générale, les Mayas de Dzonotchel sont sur le qui-vive, prêts à saisir toutes les occasions de travail, liées aux cycles agricoles ou au développement urbain et touristique.

Les familles paysannes adoptent des stratégies de survie où les migrations prennent une place croissante. D'un côté, nous assistons à la destructuration de

TABLEAU 21

Situation migratoire selon le lieu de travail
et le lieu de résidence, 1992-1994

Lieu de travail**	Lieu de résidence					Total
	Dzonotchel (non-migrants)	Petite ville (migration rurale-rurale)	Ville (migration rurale-urbaine)	Total des migrants	% des migrants avec destination urbaine	
Milieu rural	37 (67,3 %)	18 (32,7 %)	0 (0 %)	18 (32,7 %)	0 %	55 (100 %)
Milieu rural et urbain	24 (72,7 %)	7 (21,2 %)	2 (6,1 %)	9 (27,3 %)	22,2 %	33 (100 %)
Milieu urbain	10 (23,8 %)	10 (23,8 %)	22 (52,4 %)	32 (76,2 %)	68,7 %	42 (100 %)
Total	71 (54,6 %)	35 (26,9 %)	24 (18,5 %)	59 (45,4 %)	40,7 %	130 (100 %)

* Les données de ce tableau ont été calculées à partir des enquêtes directes faites auprès de la population de Dzonotchel.

** Le lieu de travail est défini par la localité où le répondant travaille ou a travaillé. Certains non-migrants vivent à Dzonotchel mais travaillent à Peto, où ils vont chaque jour. Il y a aussi des jeunes qui vivent à Dzonotchel depuis leur naissance mais qui sont déjà allés travailler en ville. Il est ainsi possible de trouver des non-migrants avec un lieu de travail urbain. Cette situation caractérise surtout les hommes jeunes qui ont eu une brève expérience de travail à l'extérieur mais qui ont vécu à Dzonotchel presque toute leur vie.

la paysannerie milpera, telle que je l'ai connue de 1982 à 1985. Son existence était fondée sur les traditions de la milpa et de l'entraide communautaire, sur les relations de crédit avec les commerçants de Peto, de même que sur les programmes agraristes de l'État fédéral. Avant 1970, il n'y avait tout simplement pas d'aide fédérale. Depuis 1985, ce type de communauté paysanne est voué à la régression progressive, qu'adoucissent les programmes SOLIDARIDAD et PROCAMPO.

D'un autre côté, nous assistons à la restructuration de cette communauté maya qui implique une collaboration étroite entre les migrants implantés en ville, les migrants saisonniers et les ruraux. Pour les jeunes familles milperas, le travail salarié, saisonnier ou à temps partiel fait partie de l'existence.

La route figure comme l'élément déclencheur de migrations en chaîne. Les ouragans ont un effet semblable puisqu'ils dévastent les récoltes et provoquent des feux qui ravagent de vastes superficies où abondent les arbres déracinés et secs. En 1988, l'ouragan Gilbert a détruit une bonne partie des récoltes. Certains ont avoué avoir été si découragés qu'ils ont fermé leur maison et sont partis avec les enfants s'établir en ville. Les ouragans jumeaux Opal et Roxanne, en octobre 1995, auraient eu des conséquences du même ordre, car, d'après le *Diario de Yucatán*, 70 % des récoltes ont été détruites[11]. Certains milieux scientifiques craignent d'ailleurs un réchauffement du climat et un accroissement concomitant de la violence des phénomènes météorologiques, tel que pourrait l'indiquer l'ouragan Mitch qui a dévasté l'Amérique centrale fin novembre 1998. Les Mayas dans leur hutte de palmes seraient alors les premières victimes et sûrement les premiers aussi à fuir devant la détérioration de leurs conditions de vie.

Les jeunes Mayas de Dzonotchel, hommes et femmes en général plus instruits, commencent donc à prendre la route au début des années quatre-vingt. L'expérience des premiers migrants encouragent de nouveaux départs. Puis, l'ouragan Gilbert et l'inauguration de la route entre Dzonotchel et Peto en 1989 amplifient les mouvements migratoires. Des familles entières quittent le village pour aller vivre à Peto ou à Cancún. Les jeunes vont rejoindre leurs frères et sœurs en ville. Les villages comme Dzonotchel retiennent, plus que les centres urbains, les grands-parents et les jeunes enfants. Grâce à l'argent des migrants, les familles rurales sont moins démunies mais les communautés perdent leur capital humain. L'ouverture de nouvelles routes en direction de Valladolid, Cancún et Tulum laisse supposer un désenclavement de la région maya et une croissance des flux migratoires. Des Mayas de plus en plus bilingues prennent la route pour aller travailler, où que ce soit.

— *Dime : qué lengua va a hablar el niño ?*

— Dis-moi : quelle langue va parler l'enfant ?

CARLOS FUENTES

Carlos Fuentes, *Cristóbal Nonato*, México, Tierra Firme, 1991. Traduction libre.

20 La mexicanisation des Mayas

MARIA ET ISMAEL ont quitté Dzonotchel pour Cancún avec leurs six enfants, après le terrible ouragan Gilbert. Ils se sont installés dans une région de Cancún chez le frère d'Ismael, le premier du village à s'être installé définitivement en ville.

Maria est née en 1954 dans un *rancho* à proximité de Dzonotchel. Son mari, qui a le même âge qu'elle, vient d'un hameau encore plus petit en forêt. Ils se sont établis à Dzonotchel à leur mariage pour que les enfants puissent aller à l'école. Leur vie s'est déroulée en langue maya. Ils ont vécu de la milpa jusqu'à ce qu'Ismael participe au module d'élevage. La fin des programmes fédéraux, jumelée aux histoires de fortunes mirobolantes accumulées grâce à la vente de glaces dans les rues des régions, les a convaincus de migrer, même si Ismael parlait très peu espagnol. Ils se débrouilleraient, Maria le maîtrisait mieux.

Dans leur cas, la coupure entre les deux mondes s'est faite brutalement. Ismael a demandé pendant deux ans à conserver son titre d'éjidataire de Dzonotchel. Par prudence. Puis, il a laissé tomber. Jamais sa famille et lui ne retourneraient au village. Ils vivent bien en ville. La maison est terminée, en solides blocs de ciment ; un deuxième terrain est réservé pour les enfants qui se marient. Ils hébergent des familles ou des travailleurs de passage dans une pièce attenante.

Depuis 10 ans qu'elle vit à Cancún, Maria m'a confié : « Avant, j'étais gênée de parler espagnol parce que je ne connaissais pas bien les mots, mais maintenant, c'est devenu si facile que je préfère parler espagnol. Tout le monde me comprend. »

Par un beau dimanche après-midi, nous sommes allés nous baigner à la plage. Tous se sont jetés à l'eau sans craindre les dieux de l'onde. Don Ismael m'a suivie au large. Il avait appris à nager. Tout seul! Pas un crawl olympique, mais une petite nage prudente qui lui permettait de flotter au large, la tête hors de l'eau. Avec un sourire aussi radieux que le soleil!

Le contraste entre Cancún, conçue pour la fiesta, et la région environnante, paysanne et maya, ne provoque pas de révolution. Personne ne manifeste contre l'impérialisme *gringo* ou contre la prédominance priiste. Les touristes sont bien considérés et bien traités par les travailleurs mexicains. La révolution zapatiste ne s'est pas étendue à la péninsule, malgré les appels en ce sens de leurs «frères» insurgés[1]. La population locale, maya ou non maya, vit dans le calme le développement du tourisme. Cancún conserve son pouvoir d'attraction sur les travailleurs à la recherche d'un emploi.

Les perspectives d'emploi, les routes nouvelles, la multitude de voitures, de centres commerciaux, d'hôtels et de maisons luxueuses, l'omniprésence de ces grands étrangers si riches exercent un attrait indéniable sur la majorité des Mayas. Pour les jeunes surtout, la vie au village apparaît comme une punition. L'ampleur du phénomène migratoire ne signifie pas que l'ensemble des migrants mayas s'intègrent avec succès et bonheur à l'économie du tourisme, mais tous les habitants de la péninsule sont touchés, de quelque façon que ce soit. Les migrants mayas, avec leur expérience de paysans, demeurent le plus souvent au bas de l'échelle sociale urbaine. Les emplois dans le secteur formel vont d'abord aux gens qui maîtrisent l'espagnol et non aux Mayas qui occupent en général des emplois précaires et mal payés.

Les aléas de l'intégration à Cancún

Les Mayas établis à Cancún souffrent des désavantages imposés à une minorité visible. Souvent de plus petite taille que les Métis, ils parlent espagnol avec difficulté et ils connaissent mal les us et coutumes de la ville.

Cependant, le fait «d'avoir l'air maya» peut jouer en faveur des migrants, surtout des femmes, étant donné le besoin de serveuses typiquement mayas dans les restaurants. Sauf ce cas particulier, il n'y a pas d'avantage à paraître maya, tout au contraire[2]. Les problèmes de la langue et des comportements ruraux en milieu urbain s'atténuent avec le temps. Néanmoins, ces désavantages peuvent signifier des coûts de migration plus élevés, ce qui réduit les possibilités de migration et explique l'importance des migrations rurales-rurales.

Il ressort de l'historique des migrations individuelles depuis 1989 que deux voies d'intégration sont possibles : la formelle ou l'informelle. Dans la présente étude, sont considérés comme des travailleurs du secteur informel ceux qui travaillent sans contrat ou sans être couverts par une quelconque forme d'assurance, alors que ceux qui ont un contrat de travail ou qui sont couverts par une forme d'assurance font partie du secteur formel. Mon échantillon est si réduit qu'il est difficile de tirer des conclusions à ce sujet pour l'instant. Il faudrait réaliser une étude plus poussée pour pouvoir comparer sérieusement les deux secteurs. Cependant si l'on considère l'ensemble des migrants, les saisonniers et les permanents, il apparaît que la majorité des migrants d'origine maya travaillent dans le secteur informel. D'après les recherches de Victor Tokman, ce secteur est hétérogène, mais il se définit par une organisation de production qui repose sur le ménage et qui suppose de bas revenus et une faible capacité d'accumulation[3].

Parmi les 28 migrants de Dzonotchel établis à Cancún en 1992, 14 travaillent dans le secteur formel. Ces derniers jouissent d'emplois stables à salaires fixes. Presque tous sont des fils de milperos qui n'ont pas élevé de famille à Dzonotchel. Ils ont migré avant d'avoir 20 ans. Trois d'entre eux ont terminé leurs études secondaires et cinq ont fait des études collégiales. Ils travaillent comme techniciens, commis comptables ou employés dans l'hôtellerie, en tant que cuisiniers, serveurs ou femmes de chambre. Aucun ne détient un emploi de cadre. La plupart d'entre eux (64,3 %) trouvent du travail sans l'aide de parents ou d'amis. D'après les commentaires recueillis, ces migrants considèrent que leurs conditions de vie se sont améliorées depuis qu'ils ont quitté le village. De ces succès, à l'échelle d'une communauté paysanne, il ne faut pas conclure que tous les Mayas, établis en ville, réussissent à s'intégrer avec succès.

La plupart des migrants de Dzonotchel, occupés dans le secteur informel, ont d'abord travaillé dans la construction avant d'obtenir un autre type d'emploi. La moitié d'entre eux trouvent du travail grâce à un parent et 14,3 % grâce à un ami. Les réseaux familiaux jouent ainsi un rôle crucial dans l'intégration au secteur informel, car ils réduisent les coûts de l'établissement en milieu urbain. Les nouveaux citadins hébergent et nourrissent les migrants et facilitent leur insertion en ville.

Les salaires dans le secteur informel sont nettement plus bas que dans le secteur formel. Un migrant qui travaille de 8 à 10 heures par jour gagne un salaire moyen annuel de 8 869,50 nouveaux pesos (2 852,7 $US, valeur de 1993) dans le secteur informel, mais de 13 022 (4 188,3 $US) dans le formel. La majorité des travailleurs cumulent au moins deux emplois.

D'après les migrants permanents dans le secteur informel, la vie est devenue plus difficile qu'avant. La rareté et l'insécurité du travail, les salaires très bas, le coût élevé de la vie dans les villes touristiques empêchent ceux qui n'ont pas de qualifications d'améliorer leur situation[4]. Ces migrants sont toujours à la recherche de travail, avec à peine le nécessaire pour survivre quelques jours. Si un emploi n'est pas déniché rapidement, les travailleurs doivent retourner au village dans leur famille. Sans diplôme, les migrants mayas restent au bas de l'échelle sociale dans des conditions peut-être plus difficiles encore que celles de leur village d'origine. Il paraît plus ardu d'effacer les séquelles d'un passé colonial et néocolonial que d'ériger une ville nouvelle en quelques années.

Conséquences des migrations

Les mouvements migratoires sont souvent considérés comme les «enfants de l'inégalité[5]». Ils constituent une façon de rétablir l'équilibre entre des situations socioéconomiques fort différentes. Les occasions de travail attirent la main-d'œuvre au point de destination, ce qui réduit la pression démographique au point de départ[6]. Les gens sans emploi ou avec peu de travail migrent, puis envoient une partie de leur salaire à ceux qui sont demeurés au village. Les migrations atténuent ainsi les inégalités entre les centres d'expulsion et d'attraction. À l'échelle individuelle ou familiale, les conséquences de ces mouvements de population paraissent bénéfiques par rapport aux coûts que doivent payer les migrants pour s'intégrer à un monde nouveau.

À l'échelle de la communauté, des études démontrent le contraire. Les migrations provoquent l'appauvrissement des communautés qui perdent leurs meilleurs éléments et aggravent des conditions déjà difficiles. Une fois amorcés, il est presque impossible d'arrêter les mouvements migratoires qui se développent à partir des réseaux familiaux. Les migrations se perpétuent automatiquement, ce qui draine le capital humain des régions rurales sans générer de développement[7]. La majorité des communautés paysannes s'appauvrissent, sauf celles qui, grâce à l'irrigation, peuvent profiter de la manne touristique en augmentant leurs ventes de produits agricoles.

Les mouvements de population ont un coût humain élevé, pour les régions agricoles de la péninsule, que ce soit la région du maïs ou celle du henequén. Plus de 50 % des migrants installés au Quintana Roo viennent de la péninsule, mais 44 % d'entre eux n'ont que des emplois temporaires[8]. Les régions agricoles pauvres perdent le plus à ces échanges de population. Dans son analyse des conditions de vie des femmes paysannes, Magalí Daltabuit observe que les migrations provoquent la désintégration des familles, la négligence au regard des activités traditionnelles (milpa et élevage) et l'aliénation sociale et culturelle[9]. Les enfants, bien traités dans les communautés mayas, souffrent aussi de la précarité des situations familiales, avec des pères souvent absents, ou des conditions économiques stressantes. En ville comme à la campagne, les enfants commencent à travailler très jeunes.

La situation des migrants temporaires présente plusieurs désavantages. Le travail dans la zone touristique peut être dangereux, surtout dans la construction. Les conditions de travail sont pénibles et le travail mal rémunéré. Lorsqu'un migrant perd son emploi, il doit retourner au village, sinon il risque de dilapider ses maigres économies en l'espace de deux ou trois jours. De plus, la différence culturelle est énorme entre les villes à vocation touristique et les villages paysans. Les migrants vivent un stress difficile à contrôler. La montée de l'alcoolisme au Yucatán et au Quintana Roo illustre l'ampleur des problèmes que doivent affronter les migrants. Entre 1992 et 1994, j'ai été témoin de nombreuses scènes navrantes où des Mayas ivres erraient dans les rues. Ce problème était beaucoup moins flagrant à Dzonotchel et aux alentours au cours des années quatre-vingt. Depuis, il s'est aggravé au point que j'ai dû renoncer à voyager seule à l'intérieur de la péninsule.

À Dzonotchel, les effets économiques des migrations sont évidents. Les familles qui comptent plusieurs migrants vivent mieux que celles qui n'en ont pas ou qui en ont peu. En 1982, il n'y avait qu'un téléviseur au village. Maintenant, 17 familles en possèdent un. Tous les adultes ont au moins une paire de chaussures. Grâce à la nouvelle route, les villageois se rendent plus souvent à Peto où ils assistent aux fêtes municipales. Les femmes paradent dans des robes à volants et dentelles fabriquées sur mesure au village.

Il faut remarquer que ces changements ont une portée limitée. Les sommes versées par les migrants ne sont pas investies dans l'agriculture ou dans une autre activité productive, mais plutôt dans des biens de consommation. Souvent, le travail agricole ne vise qu'à satisfaire les exigences minimales du PRONASOL. L'absence de dynamisme économique justifie le départ des jeunes les plus instruits.

Résultat des mouvements migratoires, la communauté comprend des gens de plus en plus âgés et peu instruits. Il faut remarquer que ceux qui ne réussissent pas à s'intégrer au marché urbain de l'emploi retournent dans leur village d'origine qui finit par regrouper les personnes les moins dynamiques. L'effet des

« retours » n'a pas été analysé dans la communauté de Dzonotchel. Pendant mes 16 années de séjours sporadiques, j'ai assisté à plusieurs retours de migrants, surtout en provenance de Cancún. Revenus à Dzonotchel, tous les migrants jurent de ne plus jamais retourner travailler en ville. Ils vantent les mérites de la vie à la campagne et de la milpa, mais la plupart repartent travailler dès que l'occasion se présente.

Dans un premier temps (1980-1994), les migrations entraînent une réduction de la taille de la communauté. En 1982, le directeur de l'école avait recensé 278 personnes dans le village issues d'une quarantaine de familles[10]. En 1992, la population du village totalise 200 habitants, ce qui représente une diminution de 39 % en dix ans. L'utilisation de plus en plus massive de moyens contraceptifs par les femmes à partir des années quatre-vingt-dix devrait mener après l'an 2000, à une réduction rapide des effectifs de la communauté. Les hommes de Dzonotchel, pour leur part, refusent catégoriquement d'utiliser quelque moyen contraceptif que ce soit. On craint qu'ils affectent la « virilité ». Dans ces communautés où le mot sida n'a pas encore de sens, les condoms dans les vitrines des pharmacies sont encore tabous ou sujets de rigolade. Même la contraception est un sujet délicat, plusieurs femmes préférant d'ailleurs ne pas dévoiler à leur mari qu'elles y ont recours.

En 1994, de même qu'en 1998, à l'école locale, les classes sont à moitié vides et l'ouverture récente de la *Tele-secundaria*, un programme d'enseignement secondaire télévisé, sera insuffisant pour garder les jeunes dans la communauté. En 1998, je rencontre un jeune homme de Dzonotchel, un des premiers à avoir terminé son cours secondaire grâce à ce programme. Je le félicite mais il répond, dépité : « À quoi m'aura servi de faire mon secondaire, si mes parents ne peuvent payer pour que je poursuive mes études à Peto ? Je vais devoir rester ici à faire la milpa. » J'imagine fort bien que, lors de mon prochain passage à Dzonotchel, il aura quitté le village. Ceux qui rêvent de partir, y parviennent un jour ou l'autre. Et la communauté qui a lutté pour le faire instruire se retrouvera encore un peu plus pauvre. Il apparaît donc que les migrations ont un effet bénéfique sur le plan individuel, mais néfaste à l'échelle de la communauté, parce qu'il faut tenir compte des coûts sociaux inhérents aux mouvements de population.

À mesure que les jeunes quittent la communauté, les milperos qui restent tentent de résister aux changements, bien que leur résistance ne s'exprime généralement pas de façon manifeste. Elle se traduit entre autres par le refus d'adhérer au PROCEDE et de privatiser les terres de l'éjido. On parle de peut-être priver de leur droit éjidal ceux qui n'habitent plus au village. Les éjidataires, qui ont en général plus de 35 ans et sont peu éduqués, refusent de partir travailler à Cancún ou ailleurs. Ils redoutent de tout perdre en changeant de mode de vie. Leurs connaissances et leur savoir-faire s'avèrent encore utiles à Dzonotchel, où ils conservent au moins leur dignité.

Les familles exclusivement milperas semblent conserver les mêmes pratiques qu'il y a dix ans. La principale différence tient à ce que, presque partout, ce sont les enfants qui gagnent l'argent à l'extérieur et qui l'envoient à leur famille. Les paysans âgés dépendent donc de leurs enfants devenus adultes et non plus de la milpa.

Perte de l'identité maya?

Les Mayas ont vécu un processus de domination coloniale échelonné sur 300 ans (1542-1847). Puis, ils se sont violemment opposés aux maîtres du pays pendant la Guerre des castes. À la suite de quoi, au nom de la réforme agraire, ils ont été « parqués » dans des éjidos qui devaient, très théoriquement, assurer leur subsistance. Comme ils n'ont eu accès ni à la propriété privée ni à l'instruction avant 1940, ces paysans ont continué à vivre dans leur communauté, exclus de la société dominante.

Depuis l'avènement de Cancún le monde maya, dans la péninsule du Yucatán, vit une mutation profonde, accélérée au cours des années 1990 par le développement des maquiladoras. La création d'emplois facilement accessibles accélère la destructuration des communautés paysannes. Les individus les plus dynamiques, jeunes et instruits, saisissent l'occasion de sortir du cycle de la domination économique et de l'exclusion culturelle.

L'usage de la langue maya a subi un net recul parmi ceux qui se sont implantés définitivement en ville ou qui ont au moins complété leurs études primaires. L'espagnol est la langue d'usage de 69 % des migrants et la langue de travail de 95 % d'entre eux, alors que le maya est la langue d'usage de 98,5 % des ruraux qui n'ont jamais migré et de 82 % des migrants saisonniers. Il existe un lien entre l'instruction et l'usage de l'espagnol puisque 94 % des analphabètes ont le maya comme langue d'usage, alors que 81 % de ceux qui ont au moins terminé leur cours primaire ont l'espagnol comme langue d'usage.

L'autre volet de l'identité maya, soit la pratique de la milpa, a assuré jusqu'en cette fin de XXe siècle la persistance du fait maya au Yucatán. Cependant, la milpa ne semble maintenant plus essentielle à la survie de ces paysans. L'analyse des mouvements migratoires indique que l'exode rural pourrait être fatal au mode de vie paysan tel qu'organisé depuis la période coloniale.

La question de l'identité devient plus difficile à cerner à mesure que les Mayas s'intègrent à l'économie touristique ou régionale. Ils deviennent bilingues, le bilinguisme apparaît alors comme un indicateur d'intégration. Ils pratiquent les mêmes métiers que les autres Mexicains. Les paysans unilingues mayas qui vivent exclusivement de la milpa se font de plus en plus rares. La grande majorité d'entre eux migrent à un moment ou l'autre ou de façon systématique, chaque année. Dzonotchel n'existerait plus en tant que communauté indigène[11]. Le village vit toujours, mais plus seulement en fonction de la milpa. La communauté se restructure en fonction d'autres impératifs que la culture du maïs. L'identité des travailleurs originaires de Dzonotchel s'écrit désormais avec des traits d'union: ils deviennent des *Cancunenses-Yucatecos-Mayas-Mexicanos* selon les situations et les interlocuteurs[12].

À Cancún, ces Mayas ne constituent pas une « enclave ethnique » comme telle. Il est difficile de les distinguer du reste de la population mexicaine. Ils occupent des emplois rémunérés comme les autres Mexicains. Ils doivent obligatoirement parler au moins l'espagnol, souvent l'anglais. D'après Tony Waters, les critères de définition d'une enclave ethnique, formée éventuellement par des migrants, sont la langue, l'emploi, la religion et les publications. Ses remarques corroborent les observations du sociologue Henri Favre au sujet de la persistance des communautés paysannes indiennes qui ont maintenu leur identité dans un contexte d'exploitation économique et d'exclusion culturelle relative[13]. Chez les Mayas établis à Cancún, aucune production intellectuelle (livres ou journaux) ne permet de les différencier des autres Mexicains. Leurs pratiques religieuses s'apparentent à celles de la majorité de la population et se caractérisent par une forme de syncrétisme entre le catholicisme et les croyances séculaires qui ont résisté au colonialisme.

Pour les Mayas qui ont fui le Guatemala pour s'exiler aux États-Unis, la langue, la communauté et la culture forment la base de leur identité. Les exilés conservent un sentiment d'appartenance à leur communauté d'origine et les confrontations avec d'autres groupes ethniques ne font que renforcer leur identité propre. Une nouvelle identité se forge chez ces Mayas des États-Unis, car ils travaillent dans les mêmes secteurs, ont des emplois agricoles mal rémunérés et des conditions de vie semblables, étant donné leur origine culturelle et leur pauvreté[14]. Leurs expériences communes se rapportent à l'usage d'une langue, aux anciennes pratiques agricoles et aux difficultés d'implantation dans le nouveau milieu urbain.

L'expérience des Mayas à Cancún est tout autre. Ils n'ont pas, comme les héros du film *El Norte*, subi de persécutions ni voyagé longtemps avant de trouver

PHOTO 17. Construction d'un hôtel à Cancún. (Normand Blouin, 1999)

une terre d'accueil. Ils maintiennent des liens avec les communautés d'origine, dont ils se distancient par ailleurs à mesure que leur position se consolide en ville. Les Mayas de Cancún se fondent aux Mexicains de provenances diverses mais de condition socio-économique semblable qui habitent les régions. Les Mayas ne peuvent donc se définir par opposition aux autres habitants de Cancún.

Les Mayas ont accès à la propriété au même titre que n'importe quel autre migrant mexicain. Les quartiers se forment rapidement, un peu au hasard des attributions de lots urbains par la section locale du PRONASOL et de l'INVIQROO. Les anciens voisins de Dzonotchel ne se retrouvent que rarement dans la même rue ou dans la même région. Il n'est donc pas possible pour l'instant de déceler la formation de « quartiers mayas » dans les régions de Cancún.

Les Mayas se mêlent aux Mexicains pour former une société complexe où les Mexicains venus du centre du pays occupent des postes mieux rémunérés, dans l'administration ou les services. Néanmoins, dans cette société jeune, un certain processus d'ascension sociale s'ébauche parmi les Mayas, sans rien devoir à leur héritage culturel. Les ex-paysans se sont construits des maisons dans les régions où leurs enfants fréquentent des collèges et apprennent l'anglais. Il ne reste que l'usage de la langue maya pour les distinguer. Pour un certain temps, du moins.

TABLEAU 22

**Taux de change moyen du dollar US
en pesos anciens et nouveaux**

Année	janv.	juil.	déc.	moyenne
1976	12,49	12,49	20,33	16,43
1977	20,85	22,85	22,74	22,56
1978	22,74	22,74	22,71	22,74
1979	22,71	22,75	22,77	22,75
1980	22,77	22,95	23,21	22,93
1981	23,33	24,51	25,98	24,48
1982	26,35	48,20	80,51	55,02
1983	96,56	122,09	141,98	120,00
1984	146,01	169,67	190,02	167,77
1985	195,28	241,84	354,94	256,44
1986	385,82	598,87	889,75	599,63
1987	950,75	1384,36	2007,39	1297,71
1988	2212,43	2281,00	2281,00	2272,53
1989	2295,39	2476,48	2629,84	2461,72
1990	2260,42	2831,74	2940,90	2578,65
1991	2590,40	3024,40	3073,43	3016,69
1992	3076,75	3097,39	3116,00	3094,29

Nouveaux pesos

Année	janv.	juil.	déc.	moyenne
1993	3,1154	3,1157	3,1125	3,1091
1994	3,1075	3,4009	3,9308	3,3751
1995	5,5133	6,1394	7,6597	6,4190
1996	7,505	7,6180	7,876	7,599
1997	7,829	7,9310	8,050	7,865
1998	8,075	8,9450	9,925	9,139

Source : Historical Currency Table.

Le processus d'intégration est rapide puisque les jeunes qui sont arrivés dans les années quatre-vingt ont obtenu des emplois relativement stables dans les entreprises hôtelières. Ces jeunes Mayas, maintenant souvent mariés à des non-Mayas, ne parlent même plus leur langue maternelle à la maison. Leurs enfants, tout comme les enfants d'âge scolaire arrivés avec leurs parents, n'apprendront jamais à parler correctement le maya. Seules les familles qui ont migré en bloc le conservent comme langue d'usage à la maison.

La question de l'identité ethnique des Mayas qui s'installent à Cancún n'est pas réglée. Les Mayas eux-mêmes ne savent d'ailleurs pas trop comment se définir. La définition de l'Indien ne fait partie d'aucune politique de l'État, contrairement à ce qu'il en est au Canada, par exemple, où les Indiens jouissent d'un statut et de lois particuliers. L'identification formelle des Indiens au Mexique pourrait s'avérer impossible. Pour l'instant, peu de Mexicains, sauf quelques anthropologues indianistes, acceptent de se reconnaître Indiens. Alors qu'au Québec, les gens sont prêts à obtenir par la fraude leur statut d'Indien, au Mexique, au contraire, les gens avec des noms mayas passent devant le notaire pour faire traduire leur nom en espagnol. Ainsi le nom de famille « Ek » (Étoile) devient « Estrella », ou « Tzab », « García ». Les Mayas les qualifient de *nombres comprados* (noms achetés). La question de l'identité devient encore plus complexe chez les jeunes qui n'ont pas eu la chance de parler longtemps maya dans leur village d'origine. Ce sujet exigerait une recherche à lui seul [15]. Le problème de l'identité demeure entier et plus difficile à résoudre à mesure que les communautés paysannes se décomposent. Le fait que la culture maya classique soit un attrait touristique constitue un des aspects de cette question identitaire. Il est difficile de dire quels sentiments animent les populations indigènes qui servent de faire-valoir touristique [16].

Un jeune de 18 ans natif de Dzonotchel à qui je demande s'il est mexicain, yucatèque ou maya, me répond rayonnant, après quelques secondes d'hésitation : « Je suis *Cancunense* ! » Quelle réponse brillante ! Il rejette les identités associées à la domination et à l'humiliation, où il faut se définir en tant qu'Indien ou non-Indien. En se disant *cancunense*, il évite le piège. Il opte pour la modernité et une nouvelle identité, aussi récente que la ville elle-même. La modernité de Cancún, son absence de profondeur historique permettent d'effacer la relation avec les siècles précédents, marquée par la domination.

Il n'y a pas que l'identité maya qui évolue. Celle des Mexicains est aussi en plein changement depuis la formation de l'ALENA. La « mexicanité » se fondra-t-elle dans une « américanité » étasunienne ? D'autant que le processus d'intégration économique se poursuit. En avril 1998, les chefs d'État de 34 pays américains enclenchent les négociations visant à l'instauration d'une Zone de libre-échange des Amériques (ZLÉA). La capacité d'adaptation des Mayas *cancunenses*, plongés dans le bain *gringo*, pourra-t-elle servir d'exemple de «flexibilité culturelle» au reste du pays?

Les maîtres de la ville nouvelle ne sont ni mexicains ni yucatèques, ce sont des étrangers venus profiter des beautés de l'endroit. Les Mayas sont intégrés à la société dans laquelle ils vivent. Ils ne font plus partie d'une communauté plus ou moins isolée ou exclue, évoluant dans la marginalité. Leurs conditions de vie s'améliorent à mesure qu'ils occupent des emplois plus stables. Ils peuvent rêver d'un avenir meilleur. Ils échafaudent des plans pour agrandir leur commerce ou gravir des échelons au travail, contrairement aux milperos qui ne peuvent parfaire les pratiques de la milpa. Cependant, leurs rêves d'ascension sociale seront tôt ou tard confrontés aux limites d'un développement reposant essentiellement sur le tourisme.

Il n'y a pas lieu de désespérer. L'accroissement des relations commerciales en Amérique du Nord est porteur d'un développement industriel reposant sur les maquiladoras, tel qu'amorcé récemment dans l'État du Yucatán, où l'on compte maintenant 120 de ces entreprises, qui occupent 20 000 personnes et de nombreuses autres en construction dont une, Texsur, à Peto[17]. Si les conditions internationales le permettent, l'industrialisation favoriserait la diversification de l'économie régionale et, entre autres, assurerait la poursuite de l'intégration des Mayas à la société mexicaine.

Après avoir observé les réactions des adultes et des jeunes face au travail à Cancún, il manquait à mon enquête l'avis des enfants. Je les ai interrogés sur leur avenir. Les enfants de la cinquième année du cours primaire (10-14 ans) de Dzonotchel ont dessiné ce qu'ils rêvaient de devenir plus tard. Ce jour-là, ils sont 19 dans la classe: 14 garçons et cinq filles. Parmi les garçons, huit se dessinent en chauffeur de camion, de taxi ou d'autobus. Trois se voient comme enseignant. Seulement deux désirent devenir paysan plus tard. Parmi les filles, trois s'imaginent en mère de famille. Les deux autres rêvent de devenir institutrice au primaire. Peu de garçons donc rêvent de remplacer leur père à la milpa, alors que les filles semblent plus enclines à perpétuer le rôle maternel.

Le plus surprenant dans cette aventure du tourisme caraïbe mexicain est l'attitude des Mayas. Celle des entreprises, hôtelières ou autres, qui investissent dans

Cancún n'a rien d'étonnant puisqu'il s'agit avant tout, pour elles, d'une recherche de profit, fondée sur des études de marché. La réaction des Mayas, elle, ne laisse pas de surprendre. Ils délaissent famille, pratiques agricoles ancestrales, poules et cochons. Ils deviennent vendeurs, eux qui, timides, sortaient peu de leur village auparavant. Certains parlent maintenant anglais, la cravate bien ajustée. Il est difficile de les imaginer comme en 1982 quand je les voyais, un bâton à enfouir à la main, aider leur père à semer le maïs et les haricots.

Même si les crises économiques que vit le Mexique ont ralenti l'intégration des Mayas au marché urbain de l'emploi, il n'en demeure pas moins que le mouvement d'abandon des communautés rurales est bien enclenché dans la péninsule. Elles régressent en effet, chaque année un peu plus. Les petites villes de l'intérieur ne retiennent qu'une partie des migrants, ceux qui combinent encore pratiques agricoles et travail rémunéré. Sinon, les gens réduits au chômage peuvent, depuis peu, trouver du travail dans les nouvelles maquiladoras. Mais ce sont les grandes villes et les centres touristiques qui attirent le plus grand nombre de migrants mayas par la vigueur de leur économie et leurs salaires plus élevés qu'ailleurs.

La combinaison de ces facteurs indique, à moins d'un revirement exceptionnel dans les politiques de l'État mexicain, que les communautés d'unilingues ne seront plus qu'un vague souvenir d'ici quelques décennies. Les paysans auront troqué leur identité de Mayas colonisés pour une mexicanité en voie de fusion avec l'américanité étasunienne triomphante de cette fin de siècle. Ainsi s'achève, dans la péninsule du Yucatán, l'épopée de la conquête entreprise il y a quelque 500 ans.

Tu'ux ka bin, brother?

Où vas-tu, *brother*?

Paroles par lesquelles les jeunes Mayas abordent maintenant les touristes de leur âge sur le littoral caraïbe. Il existe un petit livre à l'intention des touristes de langue anglaise pour les initier au maya : William J. Litzinger et Robert D. Bruce, *Maya t'an. Spoken Maya*, México, Ediciones euroamericanas Klaus Thiele, 1997.

Conclusion

CANCÚN SE PRÉSENTE comme le paradis caraïbe pour les touristes nord-américains et européens, mais la ville incarne aussi le rêve des Mayas d'avoir accès à un travail rémunéré. Cancún a trois visages, autant d'espaces distincts réservés à chaque groupe : l'espace des touristes, le long des plages dorées, que baigne une mer turquoise ; celui des Mexicains, gens d'affaires et bureaucrates, établis dans le centre-ville qui bourdonne d'une activité fébrile ; celui, enfin, des travailleurs, face cachée de la modernité, vaste espace quadrillé de rues de terre, régions où s'enracinent les migrants, endroit encore porteur d'espoir pour les démunis. Les Mayas établis dans ces régions deviennent des *Cancunenses*. Ils arrivent de fort loin.

Après la conquête, les Espagnols asservissent les autochtones en fonction de leurs besoins. Les Mayas deviennent des Indiens, des êtres inférieurs confinés aux tâches serviles. Tout comme durant la période classique de la civilisation maya, les paysans entretiennent une élite, mais celle-ci est devenue espagnole. Le réseau urbain qu'avait aménagé les Mayas est repris par les Espagnols. Ils élèvent Mérida au rang de capitale administrative de la péninsule. La colonie yuca-tèque subsiste grâce à ses maigres ressources agricoles et au tribut payé par les Indiens.

L'indépendance du Yucatán et celle du Mexique ne changent en rien la situation des Mayas. Ils deviennent des travailleurs endettés, sinon des paysans soumis aux corvées. Le dernier sursaut des Mayas contre l'envahisseur, la Guerre des castes, leur sera néfaste. La guerre entraîne la disparition de la dernière institution maya, celle des batab. À la fois menacés par les Blancs et les Cruzob, ceux-ci disparaissent dans le feu de la guerre. Par la suite, il sera difficile de nommer des représentants à la tête des communautés. La tradition des batab est perdue à tout jamais.

Au cours des XIXe et XXe siècles et ce, jusque dans les années soixante-dix, la péninsule du Yucatán demeure un territoire agroforestier où les Mayas plus ou moins asservis survivent comme travailleurs agricoles. Ils cultivent le henequén ou le maïs, ils extraient le chiclé ou coupent du bois. Exclus des postes administratifs, ils conservent leur langue au sein des communautés rurales. Le déclin de Mérida, associé à celui du henequén au cours de la première moitié du XXe siècle, se produit parallèlement à la consolidation de l'État priiste, établi à México.

Fort de ses devises pétrolières, cet État impose un changement de vocation à la péninsule. La présidence mexicaine opte pour le développement du tourisme sur la côte caraïbe du Territoire du Quintana Roo. Cancún naît de la toute-puissante volonté présidentielle, manifestée en 1969. Les débuts de la ville nouvelle seront marqués par l'incertitude économique, qui toutefois se dissipera à mesure que monte l'engouement des compagnies hôtelières pour le site. À partir de la fin des années soixante-dix, les touristes affluent à Cancún. L'introduction de nouvelles activités économiques, centrées sur une ville tout aussi neuve, produit une commotion dans la péninsule, engourdie par ses échecs agricoles.

Le changement sera brutal en certains endroits, progressif en d'autres, étalé sur une vingtaine d'années. Il marque néanmoins profondément l'ensemble de la péninsule. Le passage d'une société rurale à une société urbaine s'effectue d'abord à Mérida, à Cancún et le long de la côte caraïbe. À la fin des années soixante-dix, les États du Yucatán et du Quintana Roo deviennent majoritairement urbains. Par la suite, les petits villages ne retiendront qu'un pourcentage décroissant des populations des municipes, pendant que les petites villes attirent une part importante des migrants.

L'incidence de Cancún varie selon les communautés, les familles et les individus. Les cas d'Akil et de Dzonotchel illustrent les différents processus d'intégration des paysans mayas aux sphères régionale et nationale. Leur intégration commence lorsqu'ils entrent sur le marché du travail ou lorsqu'ils s'insèrent dans le commerce à l'échelle régionale. Dans la communauté d'Akil, les paysans deviennent des producteurs agricoles, avec plus ou moins de succès selon leur cheminement personnel. Les fruits et les produits maraîchers locaux sont exportés vers les villes de la péninsule et d'ailleurs. Les producteurs d'Akil font ainsi partie des réseaux commerciaux péninsulaires et nationaux. Ils ne travaillent plus selon la logique paysanne qui privilégie la redistribution des ressources pour assurer la survie collective, mais plutôt en tant qu'individus ou familles d'entrepreneurs qui se font concurrence.

À Dzonotchel où la milpa a toujours cours, on note des attitudes fort contradictoires, parfois chez les mêmes individus, mais à des périodes différentes. En tant que communauté, Dzonotchel s'appauvrit depuis que ses habitants les plus jeunes et les plus instruits quittent le village pour aller travailler à Cancún, depuis que des familles entières s'en vont, laissant derrière elles des maisons barricadées.

Les paysans qui refusent de migrer tentent de survivre grâce à l'agriculture. La milpa est progressivement délaissée pour d'autres activités, salariées ou agricoles, qui représentent de meilleures sources de revenus. Certains investissent dans l'apiculture, d'autres dans les cultures maraîchères. Ces productions sont toutefois encore embryonnaires et ne peuvent assurer la survie des familles paysannes. Un seul paysan a entrepris des cultures irriguées, à la main, sur moins d'un hectare. Les paysans se tournent de plus en plus vers le travail salarié.

Les pertes en capital humain sont en partie compensées par les apports économiques des migrants. Les jeunes qui ont des emplois en ville envoient respectueusement une partie de leur salaire à leurs parents demeurés à la campagne. L'aide entre les membres d'une même famille, qu'ils soient ruraux ou urbains, se matérialise de différentes façons. Les nouveaux citadins peuvent offrir le logement, des contacts pour des emplois ou une aide financière pour des études à ceux qui en expriment le besoin. Ceux qui restent à la campagne sont responsables des parents âgés. Même si la taille de la communauté se réduit, plusieurs familles de Dzonotchel vivent ainsi mieux.

Pourtant, une réaction négative se manifeste chez plusieurs paysans qui tentent de survivre sans l'aide de l'extérieur, en se limitant aux activités agricoles ancestrales. Le refus de participer à l'économie ou à la société dominante entraîne un processus de marginalisation par lequel les paysans se cantonnent au mode de vie milpero tout en dépendant des subsides de l'État pour assurer leur survie en période de crise. Les pénuries associées à ce mode de vie expliquent le peu d'intérêt des jeunes à suivre le modèle paternel. La marginalité se traduit, en 1996 comme en de nombreuses autres années, par la famine. L'introduction de l'eau courante à Dzonotchel au début de 1996 n'a pas réglé le problème général de la pauvreté.

Le développement de Cancún et les migrations croissantes de la population paysanne provoquent la régression de la région maya, définie en 1970 en fonction de la langue et des pratiques agricoles. La langue maya et la milpa sont progressivement délaissées au profit de l'espagnol et d'autres activités économiques. La croissance de l'affluence touristique et ses débordements le long du corridor Cancún-Tulum entraînent une convergence des flux migratoires vers la côte du Quintana Roo. Si des travailleurs arrivent de tous les États du pays, les plus forts courants migratoires partent de l'État voisin du Yucatán et se dirigent vers le littoral *quintanaroense*.

Les Mayas sont essentiels à Cancún, d'une part, comme main-d'œuvre à bon marché et, d'autre part, pour donner une certaine crédibilité à ses attraits culturels. La ville n'a aucun fondement historique. Elle est issue de l'esprit de banquiers et de fonctionnaires qui ont créé une gigantesque machine à capter les devises étrangères, actionnée par des bras mayas. Cependant, il fallait à cette ville émergente, devenue maintenant un pôle, une autre raison d'existence que la seule recherche du profit. Les Mayas lui donnent une profondeur historique, une raison d'exister. Ils fournissent un alibi culturel aux touristes. Les plus conscientisés d'entre eux veulent entendre parler maya. Leur enthousiasme semble communicatif puisque maintenant une partie de l'élite yucatèque commence à apprendre le maya.

Pourtant les Mayas ne tirent qu'un profit symbolique de l'intérêt qu'on leur porte. Ils faisaient jadis partie du capital des haciendas. Ils participent maintenant au capital touristique, au même titre que le sable blanc, les palétuviers, les bancs de coraux, les oiseaux rares et les ruines laissées par leurs ancêtres. Ils se prêtent de bonne grâce au rôle que leur assignent les autorités gouvernementales. Ils occupent tous les postes et emplois qu'on veut bien leur laisser. Ils collaborent dans la mesure où leurs conditions de vie s'améliorent. Les Mayas âgés sont fascinés par la proximité soudaine de cette grande ville, par l'étalement ostentatoire d'autant de richesses, là où auparavant il n'y avait rien ni personne, à part les travailleurs du chiclé et les pêcheurs, aussi pauvres qu'eux. Les plus jeunes ont adopté Cancún. Ils ne redeviendront jamais paysans bien que, parfois, certains rêvent de retourner vivre dans la forêt, exténués par un rythme harassant de travail.

Les paysans qui s'intègrent à Cancún perdent rapidement leur identité de milpero et de maya. Ils renoncent à leur droit d'éjidataire. Ils deviennent commerçants, serveurs ou autres. Ils travaillent et vivent en espagnol, surtout après avoir acquis un lot urbain et y avoir construit leur maison. Plusieurs s'initient à l'anglais. Après quelques années en ville, lorsqu'ils retournent dans leur village, ces ex-paysans sont souvent consternés par les conditions de vie de leurs parents.

Plusieurs avouent leur incapacité à retourner vivre de l'agriculture. Dans ces cas, le changement paraît irréversible, d'autant plus que leurs enfants n'ont quasiment jamais connu les conditions de vie en milieu rural. Ces jeunes Mayas seraient devenus des *Cancunenses* — peut-être même, à leur insu, des Mexicains.

La question de l'identité maya n'a pas été abordée dans le cas des producteurs d'agrumes d'Akil. Mes informateurs maîtrisent l'espagnol. Les enfants le parlent tous couramment. Les femmes ne portent plus le huipil, sauf quelques riches commerçantes métisses qui donnent dans l'exotisme. La langue maya demeure toutefois encore en usage dans certaines familles. Mais je doute que l'on puisse encore parler de communauté maya dans ce cas.

L'avènement de Cancún aura permis aux Mayas d'échapper à la domination établie depuis la colonisation et maintenue en place par des élites locales, soucieuses de préserver leurs acquis. Cancún est la porte de sortie de l'indianité. Certes, la majorité des ex-paysans demeurent au bas de l'échelle sociale, cantonnés dans des emplois informels, précaires. Pour les plus chanceux, les conditions de vie s'améliorent par rapport à celles qu'ils ont connues dans les communautés milperas. De plus, leurs enfants auront accès à une instruction secondaire et supérieure. Un nouvel horizon s'ouvre pour ces jeunes mieux préparés au monde du travail, bien que l'unique industrie à la source du changement, le tourisme, soit particulièrement sensible aux fluctuations de l'économie, de la météo et des modes.

À Cancún, les Mayas se mêlent aux autres Mexicains. Les régions de la ville constituent un véritable creuset culturel où cohabitent des gens de tous les États du pays. Le processus d'intégration ne s'arrête pas aux limites de Cancún. Il touche l'ensemble de la péninsule du fait des nombreux allers-retours entre les villes et les campagnes. Le développement du tourisme se poursuit le long de la côte caraïbe. La ville de Playa del Carmen connaît une expansion importante, aussi liée au tourisme, bien qu'à une échelle moindre que celle de Cancún dans sa première phase de construction. Les courants migratoires n'aboutissent plus exclusivement à Cancún, mais se ramifient vers les différents centres touristiques qui s'étalent le long de la côte, maintenant jusqu'à la frontière du Belize.

Le projet du *Mundo maya*, s'il réussit à augmenter ou à maintenir l'affluence touristique, amplifiera le processus d'intégration des Mayas à la société mexicaine. L'accroissement de l'achalandage touristique accélérera ainsi la disparition des communautés mayas. Les limites inhérentes à un type de développement axé essentiellement sur le tourisme ne permettent pas d'entrevoir une amélioration radicale de la condition des migrants mayas au sein des villes touristiques. Si les

Mayas ont troqué Chac et ses promesses de champs verdoyants pour une vie au paradis de Cancún, le prix à payer reste fort élevé. Il signifie la rupture d'avec le passé et la perte de l'identité maya pour un sentiment d'appartenance encore flou et un futur incertain.

Notes

Introduction

1. Eric HOBSBAWN, *The Age of Extremes*, New York, Pantheon Books, Random House, 1994, p. 288-289. Traduction libre.

PREMIÈRE PARTIE

1 Paysages et climats

1. Fernando BENITEZ, *Ki. El drama de un pueblo y de una planta*, México, Fondo de cultura económica, 1965, p. 58 ; Edward H. MOSELEY et Edward D. TERRY (dir.), *Yucatan. A World Apart*, Alabama, University of Alabama Press, 1980.

2. L. MARIN, « Hydrogeological Investigations in Northwestern Yucatan, Mexico, Using Resistivity Surveys », *Ground Water*, vol. 34, n° 4, juillet-août 1996, p. 640-646 ; K. O. POPE, A. C. OCAMPO et C. E. DULLER, « Superficial Geology of the Chicxulub Impact Crater, Yucatan, Mexico », *Earth Moon & Planets*, vol. 63, n° 2, novembre 1993, p. 93-104 ; E. PERRY, L. MARIN, J. MCCLAIN et G. VELAZQUEZ, « Ring of cenotes (sinkholes), Northwest Yucatan, Mexico — Its Hydrogeologic Characteristics and Possible Association with the Chicxulub Impact Crater », *Geology*, vol. 23, n° 1, janvier 1995, p. 17-20 ; W. C. WARD, G. KELLER, W. STINNESBECK et T. ADETTE, « Yucatan Subsurface Stratigraphy — Implications and Constraints for the Chicxulub Impact », *Geology*, vol. 23, n° 10, octobre 1995, p. 873-876.

3. Nicholas DUNNING, *Lord of the Hills : Ancient Maya Settlement in the Puuc Region, Yucatán, México, Monograph in World Archeology*, n° 15, Madison, Wisconsin, Prehistory Press, 1992. L'auteur reconnaît (p. 154) que la classification maya correspond assez bien à celle qui a été

développée dans la *USDA Seventh Approximation Classification*. Il tente de concilier les deux types de classification. La Secretaría de Programación y Presupuesto (SPP) dans le *Manual de estadísticas básicas del Estado de Yucatán*, México, 1982, présente un tableau (n° 1.9, p. 33-35) où la classification FAO/UNESCO est superposée à celle qui avait été établie par les Mayas. Il faut toutefois remarquer que la question de la cartographie des sols yucatèques ne fait pas l'unanimité, ainsi que le mentionnent Martín MERINO IBARRA et Lilia OTERO DÁVALOS, *Atlas ambiental costero*, Chetumal, Centro de Investigaciones de Quintana Roo, 1991, p. 21.

4. INEGI, *Anuario estadístico del Estado de Yucatán*, Aguascalientes, 1993, p. 8 ; *Cozumel, Estado de Quintana Roo, Cuaderno estadístico municipal*, Aguascalientes, 1994, p. 4. La température moyenne maximale est de 40 °C ; la minimale est de 14 °C à Mérida en 1979 (SPP, *Manual de estadísticas básicas del Estado de Yucatán*, , ouvr. cité, p. 26). Entre 1958 et 1980, à Puerto Morelos (littoral du Quintana Roo), la température moyenne annuelle est de 27 °C et la température maximum extrême est de 41,5 °C. Voir à ce sujet Martín MERINO IBARRA et Lilia OTERO DÁVALOS, ouvr. cité, p. 41 ; Enriqueta GARCÍA, *Modificaciones al sistema de clasificacíon climática de Köppen*, México, Universidad Nacional Autónoma de México, 1973 ; S. E. METCALFE, « Historical Data and Climatic Change in Mexico. A Review », *Geographical Journal*, vol. 153, n° 2, juillet 1987, p. 221-222.

5. Herman W. KONRAD, « Caribbean Tropical Storms : Ecological Implications for Prehispanic and Contemporary Maya Subsistence Practices on the Yucatan Peninsula », *Revista mexicana del Caribe*, juillet 1996 ; Martín MERINO IBARRA et Lilia OTERO DÁVALOS, ouvr. cité, p. 48-51.

6. Martín MERINO IBARRA et Lilia OTERO DÁVALOS, ouvr. cité, p. 21-22 ; Claude BATAILLON, *Les Régions géographiques du Mexique*, Paris, Institut des hautes études de l'Amérique latine, 1967.

7. Rodolfo PALACIOS CHÁVEZ, Beatriz LUDLOW-WIECHERS et Rogel G. VILLANUEVA, *Flora palinológica de la reserva de la biosfera de Sian Ka'an, Quintana Roo, México*, Chetumal, Centro de Investigaciones de Quintana Roo, 1991, p. 7-8.

2 La civilisation maya

1. Voir le site du *Mundo maya*, http://www.yucatan.com.mx/mayas (1997).

2. Henri LEHMANN, « Maya », *Encyclopædia Universalis*, t. XIV, Paris, 1994, p. 750-756.

3. Sir John Eric THOMPSON, *Grandeur et décadence de la civilisation maya*, Paris, Payot, 1973, p. 64.

4. *Ibid.*, p. 68-93.

5. Linda SCHELE et David FREIDEL, *A Forest of Kings. The Untold Story of the Ancient Maya*, New York, William Morrow, 1990 ; Linda SCHELE et Mary Ellen MILLER, *The Blood of Kings. Dynasty and Ritual in Maya Art*, New York, George Braziller, 1986 ; Linda SCHELE et Jeffrey H. MILLER, *The Mirror, the Rabbit, and the Bundle : 'Accession' Expressions from the Classic Maya Inscriptions*, Washington, Dumbarton Oaks Research Library and Collection, 1983.

6. Simon MARTIN et Nikolai GRUBE, « Maya Superstates », *Archaeology*, vol. 48, nº 6, novembre-décembre 1995, p. 41-46 ; Marcus JOYCE, *Emblem and State in the Classic Maya Lowlands*, Washington, Dumbarton Oaks Research Library and Collection, 1976.

7. Sylvanus MORLEY, *La civilización maya*, México, Fondo de cultura económica, 1975, p. 160-177.

8. Michael P. SMYTH et Christopher D. DORE, « Maya Urbanism », *National Geographic Research & Exploration*, vol. 10, nº 1, p. 38-55.

9. *Ibid.* ; Barbara W. FASH et William L. FASH, « Maya Resurrection », *Natural History*, vol. 105, nº 4, avril 1996, p. 25-31.

10. Fray Diego DE LANDA, *Relación de las cosas de Yucatán*, Mérida, Ediciones Dante, 1983, p. 46, traduction libre. Cet ouvrage a été rédigé vers 1566, voir à ce sujet Sylvanus MORLEY, ouvr. cité, p. 95.

11. Thomas GANN et Sir John Eric S. THOMPSON, *The History of the Maya*, New York, Charles Schriber's Sons, 1937, p. 73-81.

12. Linda SCHELE et Peter MATHEWS, *The Code of Kings. The Language of Seven Sacred Maya Temples and Tombs*, New York, Scriber, 1998, p. 202.

13. Arthur A. DESMAREST *et al.*, « Classic Maya Defensive Systems and Warfare in the Petexbatun Region », *Ancient Mesoamerica*, vol. 8, 1997, p. 229-253.

14. Linda SCHELE et David FREIDEL, ouvr. cité.

15. Sir John Eric S. THOMPSON, ouvr. cité ; Sylvanus MORLEY, ouvr. cité, tableau 3, p. 56-57 ; E. CORONA SANCHEZ, « La relevancia de las relaciones meso-sur americanas y el circum-caribe en la formación del Estado mesoamericano », *Boletín de la escuela de Ciencias Anthropológicas de la Universidad de Yucatán*, vol. 11, nº 62, septembre-octobre 1983, p. 15-21 ; Barbara VOORHIES, « An Ecological Model of the Early Maya of the Central Lowland », dans Kent V. FLANNERY (dir.), *Maya Subsistence*, New York, Academic Press, 1982.

16. Linda SCHELE et Peter MATHEWS, ouvr. cité, p. 198-201.

17. Sylvanus MORLEY, ouvr. cité, p. 94-97.

18. Alfonso VILLA ROJAS, *Los elegidos de Dios. Etnografía de los mayas de Quintana Roo*, México, Instituto Nacional Indigenista, 1987, p. 43-44.

19. David A. HODELL, Jason H. CURTIS et Mark BRENNER, « Possible Role of Climate in the Collapse of Classic Maya Civilization », *Nature*, vol. 375, nº 6530, juin 1995, p. 391-394.

20. Fabienne de PIERREBOURG, « La Fin des Mayas », *L'Histoire*, nº 196, février 1996, p. 9-10 ; Nicholas DUNNING, *Lord of the Hills : Ancient Maya Settlement in the Puuc Region, Yucatán, México*, Monograph in World Archeology, nº 15, Madison, Wisconsin, Prehistory Press, 1992.

21. Lori E. WRIGHT, « Biological Perspectives on the Collapse of the Pasion Maya », *Ancient America*, vol. 8, 1997, p. 267-273.

22. Alfredo BARRERA RUBIO (dir.), *Museo del pueblo maya de Dzibilchaltún*, México, Instituto Nacional de Anthropoligía y Historia, Salvat, 1994, p. 40.

23. Ralph L. Roys, *Political Geography of the Yucatan Maya*, Washington, D. C., Carnegie Institution of Washington, 1957 ; Robert Patch, *A Colonial Regime: Maya and Spaniard in Yucatan*, thèse de doctorat, Princeton University, 1979, p. 54-55 ; Sherburne F. Cook et Woodrow Borah, *Essays in Population History. II. Mexico and the Caribbean*, Berkeley, University of California Press, 1974.

24. Grant D. Jones, *Maya Resistance to Spanish Rule*, Albuquerque, University of New Mexico Press, 1989, p. 11.

25. Sylvanus Morley, ouvr. cité, p. 105-111.

3 La colonie

1. Carlos Fuentes, *El espejo enterrado*, México, Fondo de cultura económica, 1992.

2. W. Back, « Water Management by Early People in the Yucatan, Mexico », *Environmental Geology*, vol. 25, printemps-été 1995, p. 239-242.

3. Robert Patch, *A Colonial Regim: Maya and Spaniard in Yucatan*, thèse de doctorat, Princeton University, 1979, p. 78.

4. Henri Favre, *L'Indigénisme*, Paris, PUF, coll. « Que sais-je ? », 1996, p. 14.

5. Robert Patch, ouvr. cité, p. 81 ; Sherburne F. Cook et Woodrow Borah, *Essays in Population History. II. Mexico and the Caribbean*, Berkeley, University of California Press, 1974.

6. Edward H. Moseley, « From Conquest to Independance : Yucatan under Spanish Rule 1521-1821 », dans Edward H. Moseley et Edward D. Terry (dir.), *Yucatan. A World Apart*, University of Alabama Press, 1980, p. 83-121 ; Maria Izabel Fernandez Tejedo, *Communautés villageoises maya du Yucatán : organisation de l'espace et fonction économique dans une société coloniale (1517-1650)*, Paris, École des hautes études en sciences sociales, 1981 ; Grant D. Jones, *Maya Resistance to Spanish Rule*, Albuquerque, University of New Mexico Press, 1989, p. 47-53.

7. J. H. Parry, *The Audiencia of New Galicia in the Sixteenth Century*, Cambridge, Cambridge University Press, 1968 ; Renán Irigoyen Rosado, « La economía de Yucatán anterior al auge henequenero », *Encyclopedia Yucatanense*, Mérida, Edición Oficial del Gobierno de Yucatán, t. XI, 1980, p. 219-341 ; Crescencio Carrillo y Ancona, *El Obispado de Yucatán. Historia de su fundación y de sus obispos 1519-1676*, t. I, Mérida, 1985, p. 155-165.

8. Victor Suarez Molina, *La evolución económica de Yucatán a través del siglo XIX*, t. I, Mérida, Ediciones de la Universidad Autónoma de Yucatán, 1977, p. 45-46 ; Iván Menendez, *Lucha social y sistema político en Yucatán*, México, Editorial Grijalvo, 1981, p. 55-56.

9. Henri Favre, ouvr. cité, p. 14.

10. Henri Favre, *Changement et continuité chez les Mayas du Mexique. Contribution à l'étude de la situation coloniale en Amérique latine*, Paris, Éditions Anthropos, 1971 ; Marie Lapointe, *Los Mayas rebeldes de Yucatán*, Zamora, El Colegio de Michoacán, 1983, p. 14 ; Fray Diego de Landa, ouvr. cité, appendice 23 : Tomas Lopez, *Ordenanzas (1552-1553)*.

11. Marta HUNT ESPEJO-PONCE, « The Process of the Development of Yucatan, 1600-1700 », dans Ida ALTMAN et James LOCKART (dir.), *Provinces of Early Mexico*, Los Angeles, University of California Press, 1976, p. 33-62.

12. Robert PATCH, ouvr. cité, p. 156-167 ; Nancy FARRIS, *Maya Society under Colonial Rule*, New Jersey, Princeton University Press, 1984, p. 508.

13. Robert PATCH, ouvr. cité, p. 160-166, 178-180 ; Peter GERHARD, *La frontera sureste de la Nueva España*, México, Ediciones de la Universidad Nacional Autónoma de México, 1991, p. 63.

14. Manuela Cristina GARCÍA BERNAL, « Desarrollo indígena y ganadero en Yucatán », *Historia mexicana*, vol. 43, n° 3, janvier-mars 1994, p. 373-400.

15. Dorothy TANCK DE ESTRADA, « Escuelas y cajas de comunidad en Yucatán al final de la colonia », *Historia mexicana*, vol. 43, n° 3, janvier-mars 1994, p. 401-449.

16. Renán IRIGOYEN ROSADO, art. cité ; Crescencio CARRILLO Y ANCONA, ouvr. cité ; Marta HUNT ESPEJO-PONCE, ouvr. cité ; Nancy FARRIS, ouvr. cité, p. 418-419.

17. Ana Isabel MARTÍNEZ ORTEGA, *Estructura y configuración socioeconómica de los cabildos de Yucatán en el siglo XVIII*, Sevilla, Diputación provincial de Sevilla, 1993.

18. *Ibid.*, p. 129.

19. *Ibid.*, p. 27, 116, 202-203.

20. A. Cesar DACHARY et Stella M. ARNAIZ BURNE, *Estudios socioeconómicos preliminares de Quintana Roo. El territorio y la población (1902-1983)*, Puerto Morelos, Centro de Investigaciones de Quintana Roo, 1984, p. 92-94.

21. Stanley et Barbara STEIN, *The Colonial Heritage of Latin America. Essays on Economic Dependance in Perspective*, New York, Oxford University Press, 1970.

22. Howard CLINE, *Regionalism and Society in Yucatan, 1825-47*, thèse de doctorat, Cambridge, Harvard University, 1947 ; Nancy FARRIS, ouvr. cité.

23. Dzonotchel est peut-être inclus dans l'encomienda d'Ichmul accordée à Blas Gonzalez en 1548 ; voir Peter GERHARD, ouvr. cité, p. 62-63. D'après la carte de Manuela Cristina GARCÍA BERNAL, présentée par Renán IRIGOYEN ROSADO, art. cité, p. 220, Dzonotchel est un village sans encomienda entre 1700-1750. Voir Manuela Cristina GARCÍA BERNAL, thèse de doctorat, 1972.

24. Robert PATCH, *Maya and Spaniard in Yucatan, 1648-1812*, Standford, California, Standford University Press, 1993, p. 67.

4 Les indépendances et la Guerre des castes

1. Charles HALE, *El liberalismo mexicano en la época de Mora, 1821-1853*, México, Siglo Veintiuno editores, 1972, p. 185-221.

2. John Lloyd STEPHENS, *Viajes a Yucatán*, t. II, Mérida, Producción Editorial Dante, 1984, p. 54.

3. Howard CLINE, « The Sugar Episode in Yucatan 1825-1850 », *Inter-American Economic Affairs*, vol. 1, nº 4, 1948, p. 79-100.

4. Archivo General del Estado de Yucatán, *Resumén de los establecimientos y productos agrícolas e industriales del departamento de Yucatán*, Mérida, Exposición del Gobierno de Yucatán, 1844.

5. John Lloyd STEPHENS, ouvr. cité, t. II, p. 196-197, traduction libre.

6. Archivo General del Estado de Yucatán, *Memoria leida ante el augusto congreso extraordinario de Yucatan*, Mérida, 18 septembre 1846.

7. Terry RUGELEY, *Yucatan's Maya Peasantry & the Origins of the Caste War*, Austin, University of Austin Press, 1996, p. 129.

8. Marie LAPOINTE, *Los Mayas rebeldes de Yucatán*, Zamora, El Colegio de Michoacán, 1983, p. 75 ; Terry RUGELEY, ouvr. cité ; Terry RUGELEY, « The Maya Elites of Nineteenth-Century Yucatán », *Ethnohistory*, vol. 42, nº 3, été 1995, p. 477-493 ; John Lloyd STEPHENS, ouvr. cité, p. 54 ; Nelson REED, *La guerra de casta de Yucatán*, México, Biblioteca Era, 1982.

9. Victoria REIFLER BRICKER, *The Indian Christ, the Indian King. The Historical Substrate of Maya Myth and Ritual*, Austin, University of Texas Press, 1981, p. 108.

10. Au sujet des croyances mayas et de leurs représentations, voir David FREIDEL, Linda SCHELE et Joy PARKER, *Maya Cosmos. Three Thousand Years on the Shaman's Path*, New York, William Morrow , 1993.

11. Marie LAPOINTE, « Les Origines de l'insurrection indienne de 1847 au Yucatán », *Canadian Journal of Latin American and Caribbean Studies*, vol. 19, nºˢ 37-38, 1994, p. 155-187.

12. Marvin ALISKY, « The Relations of the State of Yucatan and the Federal Government of Mexico, 1823-1978 », dans E. H. MOSELEY et E. D. TERRY (dir.), *Yucatan. A World Apart*, Alabama, The University of Alabama Press, 1980.

13. Leticia MAYOLA AYOAMA, *Movimientos campesinos (siglo XIX) en México*, México, Instituto Nacional de Anthropología y Historia, 1972, document nº 7, p. 96-98.

14. Terry RUGELEY, ouvr. cité, 1996, p. 130.

15. Leticia MAYOLA AYOAMA, ouvr. cité ; Juan de PEREZ GALAZ, *Situación estadística de Yucatán en 1851*, México, 1948, p. 597-599.

16. Alejandro NEGRÍN MUÑOZ, *Campeche, una historia compartida*, México, Instituto de investigaciones Dr. José Maria Luis Mora, 1991, p. 74-83 ; Marie LAPOINTE, ouvr. cité, 1983, p. 109-114.

17. José Luis BLASIO, *Maximiliano Íntimo. El emperador Maximiliano y su corte. Memorias de un secretario particular*, Paris, México, Librería de la Vᵈᵃ de C. Bouret, 1905, p. 167-168.

18. Charles HALE, *The Transformation of Liberalism in Late Nineteenth-Century Mexico*, Princeton, N. J., Princeton University Press, 1989, p. 4, 223.

19. Jean MEYER, « L'Évolution historique », dans « Mexique », *Encyclopædia Universalis*, t. XV, 1994, p. 255 ; Jaime OROSA DÍAZ, *Porfirismo y revolución en Yucatán*, Mérida, Ediciones de la Universidad Autónoma de Yucatán, 1980, p. 15 ; J. SILVA HERZOG, *Breve historia de la revolución mexicana*, 1ʳᵉ éd. 1960, México, Fondo de cultura económica, 1966 .

20. Jaime OROSA DÍAZ, ouvr. cité, p. 23.

21. Lorena CAREAGA VILIESID, *Quintana Roo. Una historia compartida*, México, Instituto de investigaciones Dr. José Maria Luis Mora, 1990, p. 141-145.

22. Marie LAPOINTE, ouvr. cité, 1983, p. 210.

23. Lettre d'Olegario MOLINA et Jose Maria DE LA VEGA, *Informe de Gobierno del Primer Jefe político del Territorio*, dans Lorena CAREAGA VILIESID (dir.), *Quintana Roo. Textos de su historia*, México, Instituto de investigaciones Dr. José Maria Luis Mora, 1990, p. 27-37.

24. Marie LAPOINTE, ouvr. cité, 1983, p. 89.

25. *Ibid.*, p. 91, 99.

26. Robert DUCLAS, *La Vie quotidienne au Mexique au milieu du XIXᵉ*, Paris, L'Harmattan, 1993.

27. Marie LAPOINTE, ouvr. cité, 1983, p. 94-95.

5 L'or vert

1. Roland CHARDON, *Some Geographic Aspects of Plantation Agriculture in Yucatan*, thèse de doctorat, University of Minnesota, 1961; Howard CLINE, «The Henequen Episode in Yucatan», *Inter-American Economic Affairs*, vol. 2, nº 2, automne 1948, p. 30-51; Fernando BENITEZ, *Ki. El drama de un pueblo y de una planta*, México, Fondo de cultura económica, 1965, p. 57.

2. Marie-France LABRECQUE, «L'Agriculture», dans Yvan BRETON et Marie-France LABRECQUE (dir.), *L'Agriculture, la pêche et l'artisanat au Yucatan: prolétarisation de la paysannerie maya au Mexique*, Québec, Presses de l'Université Laval, 1981, p. 32, 83, 92.

3. Victor SUAREZ MOLINA, *La evolución económica de Yucatán a través del siglo XIX*, Mérida, Ediciones de la Universidad Autónoma de Yucatán, 1977, t. I, p. 146-147, 250-255.

4. Raúl VELA SOSA, *Un siglo del sector externo de la economía de Yucatán (1892-1992)*, México, Sociedad Interamericana de Planificación, 1992, p. 109.

5. Gilbert JOSEPH et Allen WELLS, «Un replanteamiento de la movilización revolucionaria mexicana: los tiempos de sublevación en Yucatán, 1909-1915», *Historia mexicana*, vol. 43, nº 3, janvier-mars 1994, p. 505-547.

6. Gilbert JOSEPH et Allen WELLS, *Yucatán y la International Harvester*, Mérida, Maldonado editores, 1986.

7. Piedad PENICHE RIVERO, «Gender, Bridewealth, and Marriage: Social Reproduction of Peons on Henequen Haciendas in Yucatán, 1870-1901», dans Heather FOWLER-SALAMINI et Kay VAUGHAN (dir.), *Women of the Mexican Countryside, 1850-1990*, Tucson et Londres, University of Arizona Press, 1994, p. 74-89.

8. Lorena CAREAGA VILIESID, *Quintana Roo. Una historia compartida*, México, Instituto de investigaciones Dr. José Maria Luis Mora, 1990, p. 152, 155, 157.

6 *Révolución, Libertad*

1. Renán Gongora Biachi et Luis Ramírez Carrillo (dir.), *Valladolid: una ciudad, una región y una historia*, Mérida, Ediciones de la Universidad Autónoma de Yucatán, 1993; Jaime Orosa Díaz, *Porfirismo y revolución en Yucatán*, Mérida, Ediciones de la Universidad Autónoma de Yucatán, 1980; Gilbert Joseph et Allen Wells, « Summer of Discontent: Economic Rivalry among Elite Factions during the Late Porfiriato in Yucatan», *Journal of Latin American Studies*, n° 18, 1986, p. 255-282.

2. Martha Chavez Padrón, *El derecho agrario en México*, México, Ediciones Porrua, 1980, p. 167-172, 225-238, 265, 279-298, 395-428; W. H. Calcott, *Liberalism in Mexico 1857-1929*, Hamden, Connecticut, Archon Books, 1965.

3. Gilbert Joseph, *Revolution from Without: the Mexican Revolution in Yucatan, 1915-1924*, thèse de doctorat, Yale University, 1978.

4. John Turner, *Barbarous Mexico*, New York, 1911.

5. Antonio Betancourt Perez, *Revoluciones y crisis en la economía de Yucatán*, Mérida, Maldonado editores, 1re éd. 1953, 1986, p. 65-68; Roland Chardon, *Some Geographic Aspects of Plantation Agriculture in Yucatán*, thèse de doctorat, University of Minnesota, 1961; Raúl Vela Sosa, *Un siglo del sector externo de la economía de Yucatán (1892-1992)*, México, Sociedad Interamericana de Planificación, 1992, annexes.

6. Mary Cruz Castro, *Gral. Salvador Alvarado*, Mérida, Ediciones de la Universidad Autónoma de Yucatán, 1981.

7. Salvador Rodriguez Losa, *Geografía política de Yucatan*, Mérida, Ediciones de la Universidad Autónoma de Yucatán, 1991, p. 68-69.

8. Lorena Careaga Viliesid, *Quintana Roo. Una historia compartida*, México, Instituto de investigaciones Dr. José Maria Luis Mora, 1990, p. 160-163; Lorena Careaga Viliesid (dir.), *Quintana Roo. Textos de su historia*, t. II, México, Instituto de investigaciones Dr. José Maria Luis Mora, 1990, chap. IX, p. 67-86.

9. Lorena Careaga Viliesid, *Quintana Roo. Una historia compartida*, ouvr. cité, p. 163-170; Gilbert Joseph, ouvr. cité, p. 148-155; Alfonso Villa Rojas, *Los elegidos de Dios. Etnografía de los mayas de Quintana Roo*, México, Instituto Nacional Indigenista, 1987.

10. Lorena Careaga Viliesid, *Quintana Roo. Una historia compartida*, ouvr. cité, p. 186-187.

11. A. Cesar Dachary et Stella M. Arnaiz Burne, *Estudios socioeconómicos preliminares de Quintana Roo. Sector agropecuario y forestal (1902-1980)*, Puerto Morelos, Centro de Investigaciones de Quintana Roo, 1983, p. 215-218, tableau n° 83, p. 220.

12. A. Cesar Dachary et Stella M. Arnaiz Burne, *Estudios socioeconómicos preliminares de Quintana Roo. El territorio y la población (1902-1983)*, Puerto Morelos, Centro de Investigaciones de Quintana Roo, 1984, p. 134-138.

7 Le socialisme yucatèque

1. M. Rosales Gonzalez, « Comerciantes en Oxkutzcab, Yucatán, 1900-1950 », *Yucatán: Historia y Economía*, n° 17, janvier-février 1980, p. 64-74; Robert Patch, *A Colonial Regime:*

Maya and Spaniard in Yucatan, thèse de doctorat, Princeton University, 1979, p. 273-275 ; Gilbert JOSEPH et Allen WELLS, « Un replanteamiento de la movilización revolucionaria mexicana : los tiempos de sublevación en Yucatán, 1909-1915 », *Historia mexicana*, vol. 43, n° 3, janvier-mars 1994, p. 505-547.

2. Salvador RODRIGUEZ LOSA, *Geografía política de Yucatán*, Mérida, Ediciones de la Universidad Autónoma de Yucatán, 1991, p. 71 ; Salvador RODRIGUEZ LOSA, *La población de los municipios del Estado de Yucatán 1900-1970*, Mérida, Ediciones del Gobierno del Estado de Yucatán, 1977.

3. Marie LAPOINTE, « Réforme agraire et indigénisme au Yucatán (1922-1924) », *Études mexicaines*, n° 5, 1982, p. 77-88.

4. *Diario Oficial del Gobierno Socialista del Estado de Yucatán* (DOGSEY), n° 8633, 18 mai 1926, p. 1, et n° 8392, 3 août 1925, p. 2-4 ; Gilbert JOSEPH, *Revolution from Without : The Mexican Revolution in Yucatan, 1915-1924*, thèse de doctorat, Yale University, 1978, p. 360.

5. F. J. PAOLI et E. MONTALVO, *El socialismo olvidado de Yucatán*, México, Siglo Veintiuno editores, 1977.

6. *Diario Oficial del Gobierno Socialista del Estado de Yucatán*, n° 8170, 12 novembre 1924, p. 1, et n° 9331, 24 août 1928, p. 2-3.

7. « Radiografía de Yucatán. Akil », *Diario de Yucatán*, 12 mars 1979.

8. SPP, *Quinto censo de población, 1930, Yucatán*, México, 1935.

9. Juan M. LOPE BLANCH, *Estudios sobre el español de Yucatán*, México, Ediciones de la Universidad Nacional Autónoma de México, 1987, p. 61-64.

10. SPP, ouvr. cité.

11. D'après un informateur, né en 1888. Entrevue à Mérida, 29 juin 1982 ; Arnold STRICKON, « Hacienda and Plantation in Yucatan », *América Indígéna*, vol. 25, n° 1, janvier 1965, p. 58-60.

12. Odile FORT, *La colonización ejidal en Quintana Roo (Estudios de casos)*, México, Instituto Nacional Indigenista, 1979, p. 87-88.

13. Lorena CAREAGA VILIESID, *Quintana Roo. Una historia compartida*, México, Instituto de investigaciones Dr. José Maria Luis Mora, 1990, p. 203.

8 La révolution s'institutionnalise

1. Jean MEYER, *La Révolution mexicaine, 1910-1940*, Paris, Calmann-Lévy, 1973.

2. Marie-France LABRECQUE, « L'Agriculture », dans Yvan BRETON et Marie-France LABRECQUE (dir.), *L'Agriculture, la pêche et l'artisanat au Yucatán*, Québec, Presses de l'Université Laval, 1981 ; Lourdes MARTINEZ GUZMAN, « Algunas reflexiones sobre el ejido colectivo de la zona henequenera de Yucatán », *Yucatán : Historia y Economía*, n° 22, novembre-décembre 1980, p. 43-52.

3. Marie LAPOINTE, *L'Évolution des configurations du pouvoir en Yucatán (1935-1980)*, document de recherche n° 218, CREDAL, Paris, CNRS, 1990.

4. Marie Lapointe, *Indigénisme et réforme agraire au Yucatán (1935-1940)*, document de recherche nᵒ 28, CREDAL, Paris, CNRS, 1983.

5. Carlos Kirk, *Haciendas in Yucatán*, México, Instituto Nacional Indigenista, 1982 ; Fernando Benitez, *Ki. El drama de un pueblo y de una planta*, México, Fondo de cultura económica, 1965.

6. Samuel Popkin, *The Rational Peasant. The Political Economy of Rural Society in Vietnam*, Berkeley, University of California Press, 1979 ; Amédée Mollard, *Paysans exploités*, Grenoble, Presses universitaires de Grenoble, 1977 ; Theodor Shanin, « The Nature and Logic of the Peasant Economy. 1 : A Generalization », *The Journal of Peasant Studies*, vol. 1, nᵒ 1, octobre 1973, p. 63-80 ; Eric Wolf, *Peasants*, Englewood, N. J., Prentice Hall, 1966.

7. A. Cesar Dachary et Stella M. Arnaiz Burne, *Estudios socioeconómicos preliminares de Quintana Roo. El territorio y la población (1902-1983)*, Puerto Morelos, Centro de Investigaciones de Quintana Roo, 1984, p. 139-140.

8. D. Levy et G. Székely, *Mexico. Paradoxes of Stability and Change*, Boulder, Westview Press, 1983 ; Vincent Padget, *The Mexican Political System*, Boston, Houghton Mifflin, 1976.

9. D'après un informateur né en 1902. Propos recueillis à Mérida, 1982.

10. Marie Lapointe, *L'Évolution des configurations du pouvoir en Yucatán (1935-1980)*, ouvr. cité.

9 La contre-réforme

1. Hector Aguilar Camín et Lorenzo Meyer, *In the Shadow of the Mexican Revolution. Contemporary Mexican History 1910-1989*, Austin, University of Texas Press, 1993, p. 161-162.

2. Thierry Linck, « Mexique : habitudes alimentaires et systèmes d'approvisionnement », *Agricultures et paysanneries en Amérique latine. Mutations et recompositions*, Paris, Éditions de l'ORSTOM, 1993, p. 79-83.

3. Michel Gutelman, *Réforme et mystification agraire en Amérique latine : le cas du Mexique*, Paris, Maspero, 1971.

4. James M. Cypher, *State and Capital in Mexico. Development Policy since 1940*, Boulder, Westview Press, 1990, p. 10-12, 41-57.

5. Henri Favre, « L'Indigénisme mexicain. Naissance, développement, crise et renouveau », *Problèmes d'Amérique latine*, nᵒ 42, dans *Notes et études documentaires*, Paris, La Documentation française, 1976.

6. Marie Lapointe, « Antécédents : de la crise des années 1930 à celle des années 1980 », dans Henri Favre et Marie Lapointe (dir.), *Le Mexique de la réforme néolibérale à la contre-révolution*, Paris, L'Harmattan, 1997, p. 15.

7. Lawrence Alschuler, « Le corporatisme comme infrastructure de la dépendance au Mexique », *Revue canadienne des études latino-américaines et caraïbes*, vol. 11, nᵒˢ 3-4, 1977, p. 163-173 ; Daniel Cosio Villegas, *El sistema político mexicano*, México, Cuadernos de Joaquím Mortez, 1972 ; Armando Bartra, *Notas sobre la cuestión campesina (México 1970-76)*, México, Editorial Macehual, 1979.

8. Ignacio Ramonet, « Le Mexique sous le choc », *Le Monde diplomatique*, n° 345, décembre 1982, p. 5.

9. Othón Baños Ramirez, *Yucatán : ejidos sin campesinos*, Mérida, Ediciones de la Universidad Autónoma de Yucatán, 1989, p. 129-132.

10. Luis Unikel, *El desarrollo urbano de México*, México, El Colegio de México, 1978, p. 17-74.

11. Elsa Margarita Peña Haaz, « Colonización y colectivización en Campeche », *Yucatán : Historia y Economía*, vol. 3, n° 18, avril-septembre 1980, p. 17-24.

12. Gobierno del Estado de Yucatán, *Estudio económico de Yucatán y programa de trabajo*, Mérida, 1961, p. 200-202 ; A. Cesar Dachary et Stella M. Arnaiz Burne, *Estudios socioeconómicos preliminares de Quintana Roo. Sector agropecuario y forestal (1902-1980)*, Puerto Morelos, Centro de Investigaciones de Quintana Roo, 1983, p. 193.

13. Gobierno del Estado de Yucatán, *Tercer Informe Anual 1972*, Mérida, 1972, p. 70.

14. Augusto Perez Toro, *La milpa*, Mérida, Ediciones del Gobierno de Yucatán, 1942, p. 3.

15. Gobierno del Estado de Yucatán, *Estudio económico de Yucatán y programa de trabajo*, Mérida, 1961 ; SPP, *Segundo censo ejidal de los Estados Unidos Mexicanos*, México, 1951 ; SPP, *Censo agrícola ganadero y ejidal, 1950*, México, 1955 ; Lucie Dufresne, *Intégration ou marginalisation croissante ? Étude de la paysannerie maya dans la région sud du Yucatán au Mexique*, thèse de doctorat, Université Laval, 1988, p. 111.

16. Jean Revel Mouroz, *Mexique. Aménagement et colonisation du tropique humide*, Travaux et mémoires de l'Institut des hautes études de l'Amérique latine, n° 27, Paris, 1971, p. 150.

17. A. Cesar Dachary et Stella M. Arnaiz Burne, *Estudios socioeconómicos preliminares de Quintana Roo. Sector agropecuario y forestal (1902-1980)*, Puerto Morelos, Centro de Investigaciones de Quintana Roo, 1983, p. 41-42, 120, 220.

18. Odile Fort, *La colonización ejidal en Quintana Roo (Estudios de casos)*, México, Instituto Nacional Indigenista, 1979, p. 84-94, 106 ; Lorena Careaga Viliesid, *Quintana Roo. Una historia compartida*, México, Instituto de investigaciones Dr. José Maria Luis Mora, 1990, p. 225 ; Claude Bataillon, *Les Régions géographiques du Mexique*, Paris, Institut des hautes études de l'Amérique latine, 1967, p. 146.

19. Odile Fort, ouvr. cité, p. 91-93.

20. Antonio Higuera Bonfil, « La penetración protestante en la zona maya de Quintana Roo », dans M. Cristina Castro Sariñana *et al.*, *Quintana Roo. Procesos políticos y Democracia*, México, Cuadernos de la Casa chata, n° 132, 1986, p. 51-66.

21. Michel Peissel, *El mundo perdido de los mayas : Exploraciones y aventuras en Quintana Roo*, Barcelona, 1976 ; Lorena Careaga Viliesid, *Quintana Roo. Una historia compartida*, ouvr. cité, p. 227.

22. A. Cesar Dachary et Stella M. Arnaiz Burne, *Estudios socioeconómicos preliminares de Quintana Roo. El territorio y la población (1902-1983)*, Puerto Morelos, Centro de Investigaciones de Quintana Roo, 1984, p. 144-155.

23. Alfonso Villa Rojas, « Notas sobre la distribución y estado actual de la población indígena de la península de Yucatán, México », *América Indígena*, vol. 22 n° 3, juillet 1962, p. 209-240.

24. *Ibid.*, p. 225.

25. Cynthia HEWITT DE ALCANTARA, *Modernizing Mexican Agriculture: Socioeconomic Implications of Technological Change 1940-1970*, Geneva, United Nations Research Institute for Social Development, 1976, p. 308.

10 Le populisme priiste

1. Le Mexique accorde le droit de vote aux femmes en 1923. Cependant, ce n'est qu'en 1953 qu'elles pourront s'en prévaloir dans les mêmes conditions que les hommes. Voir Agnès BOYER, *Terre des femmes*, Montréal, Maspero, Boréal Express, 1982, p. 47-56.

2. P. LAMARTINE YATES, *Mexico's Agricultural Dilemma*, Tucson, University of Arizona Press, 1981.

3. Rodolfo STAVENHAGEN, « Aspectos sociales de la estructura agraria en México », *Neolatifundio y Explotación*, México, Editorial Nuestro Tiempo, 1975, p. 11-55 ; Pierre BEAUCAGE, « Les Mouvements paysans au Mexique », *Développement agricole dépendant et mouvements paysans en Amérique latine*, Ottawa, 1981, p. 153-177 ; John DULOY et Roger NORTON, « CHAC Results : Economic Alternatives for Mexican Agriculture », dans *Multi-Level Planning : Case Studies in Mexico*, document inédit, 1972, p. 30.

4. Eric N. BAKLANOFF, « The Diversification Quest : A Monocrop Export Economy in Transition », dans E. H. MOSELEY et Edward D. TERRY (dir.), *Yucatan. A World Apart*, University of Alabama Press, 1980, p. 202-244.

5. A. BASSOLS BATALLA, « Hacia una nueva política espacial », communication présentée au *Colloque Canada-Mexique*, Montréal, Université du Québec à Montréal, mai 1986.

6. SPP, *Censo agrícola, ganadero y ejidal, 1970*, México, 1975 ; SPP, *Manual de Estadísticas Básicas del Estado de Yucatán (MEBE)*, t. I, México, 1982, p. 394, 424-426, 526.

7. SPP, ouvr. cité, tableau 3.1.1.6, p. 547.

8. Othón BAÑOS RAMIREZ, *Neoliberalismo, reorganización social y subsistencia rural. El caso de la zona henequenera de Yucatán : 1980-1992*, Mérida, Ediciones de la Universidad Autónoma de Yucatán, 1996, p. 147-154 et 191-220 ; Harald MOZZBRUCKER, *Agrarkrise, Urbanisierung und Tourismus-Boom in Yukatan / Mexiko*, Münster, Lit, 1994.

9. D. J. Fox, « Mexico », *Latin America Geographical Perspectives*, Londres, Methuen, 1983, p. 63-68.

10. Odile FORT, *La colonización ejidal en Quintana Roo (Estudios de casos)*, México, Instituto Nacional Indigenista, 1979, p. 98, 99, 102, 103, 131.

11. A. Cesar DACHARY et Stella M. ARNAIZ BURNE, *Estudios socioeconómicos preliminares de Quintana Roo. El territorio y la población, 1902-1983*, Puerto Morelos, Centro de Investigaciones de Quintana Roo, 1984, p. 155-158 ; Lorena CAREAGA VILIESID, *Quintana Roo. Una historia compartida*, México, Instituto de investigaciones Dr. José Maria Luis Mora, 1990, p. 242.

12. Jérôme MONNET, *La Ville et son double. Images et usages du centre : la parabole de Mexico*, France, Nathan, 1993.

13. Les données de base proviennent de la SPP, *Manual de Estadísticas Básicas del Estado de Yucatán* (MEBE), México, 1982 ; COPLAMAR, *Programa integrado. Zone maya*, México, Presidencia de la República, 1978, vol. 16, p. 13 et vol. 17, p. 9 ; Salvador RODRIGUEZ LOSA, *La población de los municipios del Estado de Yucatán 1900-1970*, Mérida, Ediciones del Gobierno del Estado de Yucatán, 1977.

14. Scott COOK et Jong-Taick JOO, « Ethnicity and Economy in Rural Mexico : A Critique of the Indigenista Approach », *Latin American Research Review*, vol. 3, n° 3, 1995, p. 53.

15. Claude BATAILLON, *Les Régions géographiques du Mexique*, Paris, Institut des hautes études de l'Amérique latine, 1967, p. 144, 147.

16. Henri FAVRE, « L'Indigénisme mexicain. Naissance, développement, crise et renouveau », *Problèmes d'Amérique latine*, n° 42, dans *Notes et études documentaires*, Paris, La Documentation française, 1976, p. 79-80.

17. Claude BATAILLON, « Bilan de la présidence Echeverria au Mexique », *Problèmes d'Amérique latine*, n° 42, dans *Notes et études documentaires*, Paris, La Documentation française, 1976, vol. 42, p. 5-66.

18. Roger BARTRA, « Peasants and Political Power in México : A Theoretical Approach », *Latin American Perspectives*, Issue n° 5, vol. 2, n° 2, été 1975, p. 125-145 ; Fernando PAZ SANCHEZ, « Problemas y perspectivas del desarrollo agrícola », *Neolatifundismo y explotación*, México, Editorial Nuestro Tiempo, 1975, p. 56-104 ; Rodolfo STAVENHAGEN, *Capitalismo y campesinado en México. Estudios de la realidad campesina*, México, Centro de Investigaciones Superiores del Instituto Nacional, 1976, p. 11-27.

19. F. Ramón FERNANDES, « La reforma agraria mexicana : una gran experiencia », *Les problèmes des Amériques latines*, colloque du CNRS, 1965, Paris, CNRS, 1976, p. 691-697.

20. Judith TEICHMAN, *Policy Making in Mexico*, Boston, Allen & Unwin, 1988 ; Francis PISANI, « Mexique. La fin d'un sexennat », dans *L'État du monde 1982*, Montréal, Boréal Express, 1982, p. 225-228.

21. Extrait du discours de J. L. Portillo prononcé à l'audience accordée aux députés du secteur paysan le 6 août 1979 et publié dans Dirección General de Documentación y Análisis, *Filosofía política de José López Portillo*, México, 1980, p. 177.

22. Pour une critique positive du SAM voir entre autres dans Secretaría de Agricultura y Recursos Hidraúlicos, *NOTISARH,* n° 9, septembre 1980 ; pour une critique négative du SAM, voir Mario HUACUYA, « La lucha por el SAM », *Nexos*, n° 30, juin 1980, p. 38.

23. Jeffrey BRANNON, *The Impact of Government-Induced Changes in Production Organization and Incentive Structures on the Economic Performance of the Henequen Industry of Yucatan, Mexico, 1934-1978*, thèse de doctorat, University of Alabama, 1980, tableaux 1, 4, 5.

24. Les équivalences de pesos en dollars étasuniens sont calculées d'après une table de conversion présentée en annexe et fournie par Baker & Associates, http://www.energia.com/folder/new/conv2.htmlPeso/Dolar Exchange Rates. La valeur moyenne annuelle du peso sert à calculer les équivalences données dans le texte.

25. Gobierno del Estado de Yucatán, *Monografía de Yucatán, 1980*, Mérida, 1980, p. 19 ; « Información periodística sobre el henequén », *Yucatán : Historia y Economía*, n°s 10-11-12, p. 139, 161 ; n° 17, p. 75 ; n° 23, p. 72, 74, 76 ; n° 25, p. 66 ; n° 28, p. 92 ; n° 34, p. 75 ; n° 37, p. 98.

26. COPLAMAR, *Programa integrado. Zona maya. Resumen*, México, Presidencia de la República, 1978, p. 29-69. Les analyses faites par la COPLAMAR pour plusieurs zones marginales du pays représentent peut-être le travail le plus utile jamais réalisé par cet organisme, tout au moins pour la zone maya.

27. Judith FRIEDLANDER, *L'Indien des autres*, Paris, Payot, 1979.

28. Viviane BRACHET-MARQUEZ et Margaret SHERRARD SHERRADEN, « Political Change and the Welfare State : The Case of Health and Food Policies in Mexico (1970-93) », *World Development*, vol. 22, n° 9, 1994, p. 1295-1312.

29. Francis PISANI, art. cité, p. 225-228.

11 La crise et le néolibéralisme

1. Tessa CUBITT, *Latin American Society*, 2e éd., Harlow, Angleterre, Longman Scientific & Technical, 1995, p. 27-28, 48-50.

2. Roland LABARRE et Hélène RIVIÈRE D'ARC, « Mexique », *Encyclopædia Universalis*, t. XV, Paris, 1994, p. 246-263.

3. Judith ORTEGA CANTO, *Henequén y salud*, Mérida, Ediciones de la Universidad Autónoma de Yucatán, 1987, p. 139-144.

4. Julio MOGUEL, « El programa mexicano de combate a la pobreza (1989-1994) », dans Henri FAVRE et Marie LAPOINTE (dir.), *Le Mexique de la réforme néolibérale à la contre-révolution*, Paris, L'Harmattan, 1997, p. 273-301 ; Luis BARRÓN, « La transformación de la política social », *Nexos*, n° 202, octobre 1994, p. 66-69.

5. Gerardo OTERO, Peter SINGELMAN, Kerry PREIBISH, « La Fin de la réforme agraire et les nouvelles politiques agricoles au Mexique », dans Henri FAVRE et Marie LAPOINTE (dir.), ouvr. cité, p. 265.

6. *Ibid.*, p. 263.

7. Roland LABARRE et Hélène RIVIÈRE D'ARC, art. cité ; Georges COUFFIGNAL, « Les Sirènes du nord », dans *L'État du monde 1991*, Montréal, Boréal, 1990, p. 173-177 ; « Un tournant irréversible », dans *L'État du monde 1993*, Montréal, Boréal, 1992, p. 163-167 ; « La "grande affaire" de l'ALENA », dans *L'État du monde 1994*, Montréal, Boréal, 1993, p. 154-158 ; « Année à hauts risques », dans *L'État du monde 1995*, Montréal, Boréal, 1994, p. 175-179.

8. Antonio BETANCOURT PÉREZ, *Revoluciones y crisis en la economía de Yucatán*, Mérida, Maldonado Editores, 1re édition, 1953 ; 1986, p. 81-82 ; SPP, *IV Censo agrícola, ganadero y ejidal, 1960, Yucatán*, México, 1965, tableau 1 ; INEGI, *VII Censo ejidal, Yucatán*, Aguascalientes, 1994, p. 13 ; INEGI, *VII Censo ejidal, Quintana Roo*, Aguascalientes, 1994, p. 13 ; A. Cesar DACHARY et Stella M. ARNAIZ BURNE, *Estudios socioeconómicos preliminares de Quintana Roo. Sector agropecuario y forestal (1902-1980)*, Puerto Morelos, Centro de Investigaciones de Quintana Roo, 1983, p. 117.

9. Tessa CUBITT, ouvr. cité, p. 68, 134-135.

10. Christian RUDEL, *Mexique. Des Mayas au pétrole*, Paris, Éditions Karthala, 1983, p. 62-64 ; SPP, *Censo agrícola, ganadero y ejidal, 1970*, México, 1975 ; INEGI, *VII Censo agrícola-ganadero*, Aguascalientes, 1994.

11. Henri FAVRE, *L'Amérique latine*, France, Flammarion, coll. « Dominos », 1998, p. 108-109.

12. « La erupción de Chiapas », *Cuaderno de Nexos*, n° 68, février 1994 ; Marie-Josée NADAL, *À l'ombre de Zapata. Vivre et mourir dans le Chiapas*, Montréal, Éditions de la Pleine Lune, 1994.

13. « Viva Amexica ! », *The Economist*, 28 octobre 1995, p. 3-18 ; « Zedillo's Hopes for Party and State », *The Economist*, 1er avril 1995, p. 36-37 ; « Last Resort », *The Economist*, 29 octobre 1994, p. 90-91.

14. « Sliding Scales », *The Economist*, 2 novembre 1996, p. 77 ; George COUFFIGNAL, « Mexique. Aucune alternative crédible », dans *L'État du monde 1997*, Paris/Montréal, La Découverte/Boréal, 1996, p. 247-252.

15. Francis MESTRIES, « Mexique », dans *L'État du monde 1999*, Paris/Montréal, La Découverte/Boréal, 1998, p. 371-377.

DEUXIÈME PARTIE

12 Commotion dans la péninsule

1. Fernando MARTÍ, *Cancún. Fantasía de banqueros*, 3e éd., México, 1991.

2. Chicki MALLAN, *Cancún et le Yucatán, Guide de voyage Ulysse,* Montréal, Éditions Ulysse, 1991, p. 93.

3. Janey Kathleen PARKER, *The Social Ecology of Tourism : A Conceptual Approach for Planning*, thèse de doctorat, Yale University, 1985, p. 170-171, 262-263.

4. Cancun Information Bureau, *Cancun : Yesterday, Today and Tomorrow*, New York, mai 1977, p. 2 ; Fernando MARTÍ, ouvr. cité, p. 31-32, 52.

5. Cancun Information Bureau, ouvr. cité, p. 4-12, 19 ; INEGI, *Anuario estadístico del Estado de Quintana Roo, Edición 1991*, Aguascalientes, 1992, p. 345.

6. *Diario Oficial de la Nación*, México, 8 octobre 1974.

7. A. Cesar DACHARY et Stella M. ARNAIZ BURNE, « Divisiones territoriales » dans Lorena CAREAGA VILIESID (dir.), *Quintana Roo. Textos de su historia*, México, Instituto de investigaciones Dr. José Maria Luis Mora, 1990, p. 346-352.

8. Les données du recensement national de 1980 sont généralement considérées comme incomplètes (voir Margarita NOLASCO, *Los municipios de las fronteras de México*, t. III, México, Centro de ecodesarrollo, 1990, p. 44). Les auteurs consultés utilisent d'autres sources de données. Les données de 1983 sont tirées de A. Cesar DACHARY et Stella M. ARNAIZ BURNE, *Estudios socioeconómicos preliminares de Quintana Roo. El territorio y la población,*

1902-1983, Puerto Morelos, Centro de Investigaciones de Quintana Roo, 1984, p. 159. D'autres comparent les données de 1970 avec celles de 1990 pour avoir une meilleure idée de l'évolution sur vingt ans (voir Jérôme MONNET, *La Ville et son double. Images et usages du centre: la parabole de Mexico*, Paris, Nathan, 1993, p. 118); INEGI, *XI Censo general de población y vivienda, 1990*, Aguascalientes, 1991, Datos por localidad, tableau 1.

9.   INEGI, *Benito Juarez, Estado de Quintana Roo, Cuaderno estadístico municipal, Edición 1993*, Aguascalientes, 1994, graphique 2.a.

10. INEGI, *XI Censo general de población y vivienda, 1990*, Aguascalientes, 1991, Datos por localidad, tableau 1A.

11. A. Cesar DACHARY et Stella M. ARNAIZ BURNE, «Turismo y medio ambiente: Una contradicción insalvable?», *Revista mexicana del Caribe*, juillet 1996, p. 132-146.

12. FONATUR, *Datos básicos. Proyecto Cancún*, 1998. Les données du FONATUR sont légèrement plus élevées que celles publiées par l'Ayuntamiento de Benito Juarez, *Segundo informe de gobierno, 1996-1999*, Cancún, 1998, p. 2, où on avance les chiffres de 2 600 000 touristes et de 21 600 chambres d'hôtel.

13. E. GORMSEN, «Cancun. Entwicklung, Funktion und Probleme neuer Tourismus-zentren in Mexico», *Frankfurter Wirtschafts und Sozialgeographische Schriften*, nº 90, 1979, p. 299-324.

14. Information recueillie auprès d'un responsable du FONATUR, Cancún, septembre 1998.

15. Ayuntamiento de Benito Juarez, *Plan de gobierno 1990-1993*, Cancún, 1992, p. 31-32.

16. Gobierno del Estado de Quintana Roo, Acuerdo de coordinación para el ordenamiento ecológico de la región denominada Corredor Cancún-Tulum, *Periódico Oficial del Gobierno del Estado de Quintana Roo*, Chetumal, 9 juillet 1994.

17. Ayuntamiento de Benito Juarez, *Plan de gobierno 1993-1996*, Cancún, 1993, p. 14-15.

18. Ayuntamiento de Benito Juarez, *Plan de gobierno 1990-1993*, ouvr. cité, annexes II, III, IV; INEGI, *Quintana Roo. Cuaderno de información para la planeación*, Aguascalientes, 1990 (?), tableaux 3.61, 3.62, p. 212, 215.

19. Ayuntamiento de Benito Juarez, *Plan de gobierno 1993-1996*, ouvr. cité, p. 14-15; Ayuntamiento de Benito Juarez, *Primer informe de gobierno municipal*, Cancún, 1997, p. 36-37; Ayuntamiento de Benito Juarez, *III Informe de administración municipal*, Cancún, 1993, p. 23.

20. Ayuntamiento de Benito Juarez, *III Informe de administración municipal*, ouvr. cité, annexe 1.

21. INEGI, *Benito Juarez, Estado de Quintana Roo, Cuaderno estadístico municipal*, ouvr. cité, tableaux 14.1, 14.2, p. 91-92; Ayuntamiento de Benito Juarez, *Plan de gobierno 1990-1993*, ouvr. cité, annexe III.

22. Ayuntamiento de Benito Juarez, *III Informe de administración municipal*, ouvr. cité, annexe 28; *Plan de gobierno 1990-1993*, ouvr. cité, annexe III.

23. Ayuntamiento de Benito Juarez, *Plan de gobierno 1993-1996*, ouvr. cité, p. 15; FONATUR, *Datos básicos. Proyecto Cancún*, 1998.

24. INEGI, *Quintana Roo. Cuaderno de información para la planeación*, ouvr. cité, tableau 3.65, p. 218; Janey Kathleen PARKER, ouvr. cité, p. 264; Ayuntamiento de Benito Juarez, *Plan de gobierno 1990-1993*, ouvr. cité, annexe II.

25. Le *National Geographic* publie dans un même numéro, en octobre 1989 (vol. 176, n° 4), trois articles sur le sujet : « La Ruta Maya » (p. 424-479), « Copán : A Royal Tomb Discovered » (p. 480-488), « City of Kings and Commoners. Copán » (p. 488-505).

13 Cancún, centre et régions cachées

1. Janey Kathleen PARKER, *The Social Ecology of Tourism : A Conceptual Approach for Planning*, thèse de doctorat, Yale University, 1985, p. 278.

2. Graciela SCHEIER MADANES, « Les Formes de la ville à l'heure de la globalisation », *Problèmes d'Amérique latine*, n° 14, juillet-septembre 1994, p. 63-81.

3. Pierre VAN DEN BERGHE, *The Quest for the Other : Ethnic Tourism in San Cristobal*, Seattle et Londres, University of Washington Press, 1994, p. 9.

4. *Diario de Yucatán*, « El síndrome de Cancún », 31 juillet 1988, p. 1, 12.

5. Secretaría de Trabajo y Previsión social, *Sureste. Empleo y desarrollo regional (1983-1988)*, México, Dirección General de Empleo, 1984, tableaux 5 et 7.

6. Fernando MARTÍ, *Cancún. Fantasía de banqueros*, 3ᵉ éd., México, 1991, p. 51-52.

7. Fernando MARTÍ, ouvr. cité ; Ayuntamiento de Benito Juarez, *III Informe de administración municipal*, Cancún, mars 1993, annexe 25 ; Coordinación estatal de desarrollo municipal, documents non publiés (le chiffre de 1,4 emploi créé par chambre provient de la division du nombre d'emplois dans l'hôtellerie par le nombre de chambres disponibles).

8. Ayuntamiento de Benito Juarez, *Primer informe de gobierno municipal 1990-1993*, Cancún, 1991, p. 6.

9. D'après une entrevue à Cancún, Ayuntamiento de Benito Juarez, Dirección general de desarrollo úrbano, septembre 1998.

10. Ayuntamiento de Benito Juarez, *III Informe de administración municipal*, Cancún, mars 1993, p. 6.

11. INEGI, *Benito Juarez, Estado de Quintana Roo, Cuaderno estadístico municipal, Edición 1993*, Aguascalientes, 1994, graphique 3.c, p. 26.

12. *Ibid.*, graphique 3.d, p. 27.

13. Ayuntamiento de Benito Juarez, *Primer informe de gobierno municipal, 1990-1993*, Cancún, avril 1991, p. 11.

14. Benigono AGUIRRE, « Cancun under Gilbert : Preliminary Observations », *International Journal of Mass Emergencies and Disasters*, vol. 7, mars 1989, p. 69-82.

15. INEGI, *Benito Juarez, Estado de Quintana Roo, Cuaderno estadístico municipal*, ouvr. cité, p. 24, 39, 40, 43, 55.

16. *Ibid.*, tableaux 7.2, 8.2, p. 53, 62 ; Ayuntamiento de Benito Juarez, *Plan de gobierno 1993-1996*, ouvr. cité, p. 17. Il n'existe pas à ma connaissance de données statistiques qui permettent de comparer, au chapitre du travail, les trois types d'espaces de la ville. Bien que les données soient partielles, on peut quand même en dégager une idée globale de l'évolution de la ville.

17. Ces remarques reposent sur mon expérience des régions. Aucune étude n'a encore analysé la composition de leur population.

18. INEGI, *Benito Juarez, Estado de Quintana Roo, Cuaderno estadístico municipal*, ouvr. cité, tableaux 8.1, 9.1, 10.1, 11.1, 12.1, p. 59, 69, 75, 79, 83.

19. Ayuntamiento de Benito Juarez, *Plan de gobierno 1993-1996*, ouvr. cité, p. 17-18 ; Cuauhtemoc CARDIEL CORONEL, « Las sectas religiosas en Cancún y su influencia en una comunidad de immigrantes », dans Ayuntamiento de Benito Juarez, *Foro de análisis : la migración hacia Cancún, conformación de una identidad*, Cancún, 1991, p. 15-17.

20. Adrían Guillermo AGUILAR et Boris GRAIZBORD, « Las ciudades medias y la política urbano-regional », *Investigaciones Geográficas*, Boletín del Instituto de Geografía, Ediciones de la Universidad Autónoma de México, México, 1992, p. 145-167.

21. GRAL/CREDAL, « Villes intermédiaires, vitalité économique et acteurs sociaux », *Problèmes d'Amérique latine*, n° 14, juillet-septembre 1994, p. 127-139.

22. Cuauhtemoc CARDIEL CORONEL, art. cité, p. 16.

23. Ayuntamiento de Benito Juarez, *Plan de gobierno 1990-1993*, ouvr. cité, p. 31-35 ; Gobierno del Estado de Quintana Roo, « Plan director de desarollo urbano de la ciudad de Cancún », *Periódico Oficial del Gobierno del Estado de Quintana Roo*, Chetumal, 12 janvier 1993.

24. Melissa SAVAGE, « Ecological Disturbance and Nature Tourism », *The Geographical Review*, vol. 83, n° 3, juillet 1993, p. 290-300. A. Cesar DACHARY et Stella M. ARNAIZ BURNE, « Turismo y medio ambiente : una contradicción insalvable ? », *Revista mexicana del Caribe*, juillet 1996, p. 132-146.

25. María Teresa MERCADO CERÓN et al., « Análisis del impacto ambiental generado por los grandes desarrollos turísticos en México », *Investigaciones Geográficas*, Boletín del Instituto de Geografía, México, Ediciones de la Universidad Nacional Autónoma de México, 1993, p. 21-33.

26. Information recueillie lors d'une entrevue à Cancún avec un responsable du FONATUR, septembre 1998.

27. Maria Cristina CASTRO SARIÑANA, « Desarrollo regional de Cancún », dans Ayuntamiento de Benito Juarez, *Foro de análisis. Cancún : el auge y la crisis*, Cancún, 1994, p. 39-46 ; « Estado de Quintana Roo », *Periódico Oficial*, 28 juillet 1993, décrets 18 et 19, p. 2-7.

14 L'irrigation remplace Chac : le cas d'Akil

1. Peter THURSTON EWELL, *Intensification of Peasant Agriculture in Yucatan*, thèse de doctorat, Cornell University, 1984, p. 172-173.

2. SPP, *Manual de Estadísticas Básicas del Estado de Yucatán (MEBE)*, t. I, México, 1982, p. 499 et 547.

3. Eric VILLANUEVA MUKUL, *Desarrollo capitalista y sujeción campesina en la zona citrícola de Yucatán*, México, Ediciones de la Universidad Nacional Autónoma de México, 1983, p. 25.

4. Amarella EASTMOND, *From Milpa to Citrus: Opportunity or Risk? A Study of Two Villages in Yucatan, Mexico*, thèse de doctorat, Reading University, 1994, p. 162.

5. Cette conséquence de l'intensification de la production agricole a été démontrée par plusieurs, entre autres R. De KONINCK, « Getting Them to Work Profitably: How the Small Peasants Help the Large Ones, the State and Capital », *Bulletin of Concerned Asian Scholars*, vol. 15, n° 2, 1983; Lucie DUFRESNE, *Estudio del proceso de diferenciación del campesinado bajo la intensificación del uso de la tierra, en los valles altos del Estado de Trujillo*, thèse de maîtrise, Instituto de Geografía y Conservación de Recursos Naturales, Mérida, Venezuela, Universidad de los Andes, 1979.

6. Peter THURSTON EWELL, ouvr. cité, p. 319. L'auteur tient ses données de la Comisión Nacional de Fruticultura et de la Secretaría de Agricultura y Recursos Hidraúlicos, 1980.

7. Amarella EASTMOND, ouvr. cité, p. 168-169.

8. Eric WOLF, *Peasant Wars of the Twentieth Century*, New York, Harper & Row, 1969.

9. Mme Amarella Eastmond (ouvr. cité p. 162) a fait des constatations semblables dans les cas des villages de Dzan et de Chapab.

15 Les vicissitudes de l'irrigation

1. SPP, *X Censo general de población y vivienda, 1980, Yucatán*, México, 1983, tableau 9; INEGI, *XI Censo general de población y vivienda, 1990, Yucatán*, Aguascalientes, 1991, tableaux 32, 34; V. BRACHET-MARQUEZ et M. SHERRARD SHERRADEN, « Political Change and the Welfare State: The Case of Health and Food Policies in Mexico (1970-93) », *World Development*, vol. 22, n° 9, 1994, p. 1295-1312.

2. SPP, *Censo agrícola, ganadero y ejidal, 1970*, México, 1975; INEGI, *VII Censo agrícola-ganadero*, Aguascalientes, 1994.

3. Lucie DUFRESNE, *Intégration ou marginalisation croissante? Étude de la paysannerie maya dans la région sud du Yucatán au Mexique*, thèse de doctorat, Université Laval, 1988, p. 26-27.

4. SPP, *Manual de Estadísticas Básicas del Estado de Yucatán (MEBE)*, t. I, México, 1982, p. 229; INEGI, *XI Censo general de población y vivienda, 1990, Yucatán*, Aguascalientes, 1991, tableau 32.

5. Amarella EASTMOND, *From Milpa to Citrus: Opportunity or Risk? A Study of Two Villages in Yucatan, Mexico*, thèse de doctorat, Reading University, 1994, p. 170-172.

6. INEGI, *VII Censo agrícola-ganadero*, Aguascalientes, 1994, tableau 26 A-B, p. 1418-1421.

7. D'après le témoignage d'un représentant d'unité d'irrigation. Entrevue à Akil, mars 1996.

8. Entrevue avec le commissaire éjidal, Akil, 7 mars 1996.

9. D'après le témoignage d'un représentant d'unité d'irrigation né vers 1950. Entrevue à Akil, mars 1996.

10. Entrevues avec deux représentants d'unité d'irrigation, Akil, mars 1996 ; voir aussi George COLLIER, « Reforms of Mexico's Agrarian Code : Impacts on the Peasantry », *Research in Economic Anthropology*, vol. 15, Greenwich, Londres, Jai Press, 1994, p. 105-127.

11. Entrevues avec deux représentants d'unité d'irrigation, Akil, mars 1996.

12. Aucune enquête sur les migrations vers Cancún à partir d'Akil n'a été réalisée, contrairement à Dzonotchel dont les résultats sont présentés dans le dernier chapitre.

13. Les sept localités du défunt plan Chac (Akil, Chapab, Dzan, Muna Oxkutzcab, Tekax, Ticul) totalisent 101 123 habitants qui représentent 7 % de la population totale du Yucatán (1 362 940 personnes).

14. L'expression est d'Henri FAVRE, *Changement et continuité chez les Mayas du Mexique. Contribution à l'étude de la situation coloniale en Amérique latine*, Paris, Éditions Anthropos, 1971.

16 Dzonotchel et les limites de la tradition

1. Fray Diego DE LANDA, *Relación de las cosas de Yucatán*, Mérida, Ediciones Dante, 1983, p. 41 ; John Lloyd Stephens est plus enclin à décrire les ruines mayas, les haciendas et les couvents que les maisons des paysans. Il décrit des villages où l'on ne voit que des « *chozas de indios* » (cabanes d'Indiens) ou des maisons de paille (John Lloyd STEPHENS, *Viajes a Yucatán*, t. I, Mérida, Producción Editorial Dante, 1984, p. 129-130, 133).

2. Secretaría de la Presidencia, *Programa de inversiones públicas para el desarrollo rural* (PIDER), *Registro de obras realizadas en 1974, oficio*, n° 9-73-388, document inédit.

3. Salvador RODRIGUEZ LOSA, *La población de los municipios del Estado de Yucatán, 1900-1970*, Mérida, Ediciones del Gobierno del Estado de Yucatán, 1977 ; SPP, *La comunidad de Dzonotchel*, Mérida, 1982, document inédit. Il s'agit du rapport manuscrit produit par un commis (*perrito*) de la SPP dans le cadre d'une visite annuelle.

4. Robert PATCH, *A Colonial Regime : Maya and Spaniard in Yucatan*, thèse de doctorat, Princeton University, 1979, p. 143-144.

5. SPP, *Manual de Estadísticas Básicas del Estado de Yucatán (MEBE)*, México, 1982, tableau 2.2.9. Il faut aussi se rappeler que les données de 1980 présentent de sérieuses distorsions, car il n'y a pas d'industrie dans Peto. Il y a forcément plus de 53 % de la population active dans l'agriculture.

6. SPP, *La comunidad de Dzonotchel*, ouvr. cité.

7. Tessa CUBITT, *Latin American Society*, 2ᵉ éd., Harlow, Angleterre, Longman Scientific & Technical, 1995, p. 112-113.

8. Ann LUCAS DE RUFFIGNAC, *The Contemporary Peasantry in Mexico*, New York, Preager, 1985, chap. 3.

9. L. CYR, F. BONN et A. PESANT, « Vegetation Indices Derived from Remote Sensing for an Estimation of Soil Protection Against Water Erosion », *Ecology Modelling*, vol. 79, nᵒˢ 1-3, mai 1995, p. 277-285.

10. Entrevue avec le représentant du module d'élevage, Dzonotchel, mai 1982.

11. SPP, *La comunidad de Dzonotchel*, ouvr. cité, p. 7.

12. Eric Villanueva Mukul rapporte un cas semblable dans la communauté de Chemax. L'introduction de l'élevage aurait accentué les divisions au sein de la communauté. Voir « La lucha de la comunidad de Chemax », *Yucatán: Historia y Economía*, vol. 2, n° 8, juillet-août 1978, p. 33-51.

13. Henri FAVRE, *Changement et continuité chez les Mayas du Mexique. Contribution à l'étude de la situation coloniale en Amérique latine*, Paris, Éditions Anthropos, 1971.

17 De l'abondance au dénuement

1. SPP, *La comunidad de Dzonotchel*, Mérida, 1982, document inédit.

2. INEGI, *XI Censo general de población y vivienda, 1990, Yucatán*, Aguascalientes, 1991, Datos por localidad.

3. Les transformations du travail agricole ont été évaluées en comparant les résultats des enquêtes menées à Dzonotchel en 1982 avec ceux des enquêtes de 1992. Les résultats ont été publiés dans « Destructuration de la paysannerie dans la péninsule du Yucatan », *L'Ordinaire latino-américaniste*, n° 163, mai-juin 1996, p. 71-82.

4. Victor SUAREZ MOLINA, *La evolución económica de Yucatán a través del siglo XIX*, Mérida, Ediciones de la Universidad Autónoma de Yucatán, 1977, p. 128.

5. La corrélation de type Gamma entre la possession d'un cheval et la présence d'un migrant dans la famille est de 0.57.

6. INEGI, *PROCEDE. Documento Guía*, Aguascalientes, 1993; entrevues, Dzonotchel 1992-1993.

7. G. BALAM et F. GURRI, « A Physiological Adaptation to Undernutrition », *Annals of Human Biology*, vol. 21, n° 5, 1994, p. 483-489. Cette étude a été réalisée dans six municipes de la région maya (Sotuta, Cantamayec, Chumayel, Mayapán, Teabo, Maní); Gilberto BALAM PEREIRA, Ernesto OCHOA ESTRADA, Genny SONDA ORTIZ, « La mortalidad infantil por desnutrición en Yucatán en el periodo 1990-1997 », *Revista de la Universidad Autónoma de Yucatán*, janvier, février, mars 1998, n° 204, p. 66-74.

18 Mouvements dans la péninsule

1. Marie Eugénie COSIO ZAVALA, « Concentration urbaine et transition démographique », *Problèmes d'Amérique latine*, n° 14, juillet-septembre 1994, p. 47-61.

2. GRAL/CREDAL, « Villes intermédiaires, vitalité économique et acteurs sociaux », *Problèmes d'Amérique latine*, n° 14, juillet-septembre 1994, p. 130-131.

3. Pour définir la région maya au début des années quatre-vingt-dix, il faut avoir recours au recensement de population de 1990 et au recensement agricole de 1991 (INEGI, *VII Censo agrícola-ganadero*, Aguascalientes, 1994).

4. Silvia TERAN et C. RASMUSSEN ont d'ailleurs fait une enquête intéressante sur la milpa à proximité de Valladolid, là où les pratiques traditionnelles ont encore cours. Voir à ce sujet, «Genetic Diversity and Agricultural Strategy in 16th-Century and Present-Day Yucatan Milpa Agriculture», *Biodiversity and Conservation*, vol. 4, 1995, p. 363-381.

5. Lucie DUFRESNE, «Evolución de la región maya e impactos del turismo en la península de Yucatán, 1970-1993», *Revista de la Universidad Autónoma de Yucatán*, juillet, août, septembre 1994, p. 58-67.

6. María del Carmen JUÁREZ, «Crecimiento de la población hablante de lengua indígena en la zona maya 1980-1990», *Memorias del segundo congreso internacional de Mayistas*, México, Ediciones de la Universidad Nacional Autónoma de México, 1998, p. 608. Il faut remarquer ici que l'auteure utilise les données peu fiables du recensement de 1980. J'ai dû moi-même les utiliser à quelques reprises. En dépit de la faiblesse des données statistiques pour 1980, la diminution du taux de croissance de la population monolingue maya est indéniable alors que le nombre de bilingues est en croissance.

7. À ce sujet, voir la définition du *nativismo* de A. Cesar DACHARY et Stella M. ARNAIZ BURNE, *Quintana Roo: Sociedad, economía, política y cultura*, México, Ediciones de la Universidad Nacional Autónoma de México, 1990, p. 42-48.

8. SPP, *Manual de estadísticas básicas del Estado de Yucatán (MEBE)*, México, 1982, tableau 2.1.4; SPP, *X Censo general de población y vivienda, 1980, Yucatán*, México, 1983; INEGI, *XI Censo general de población y vivienda, 1990, Yucatán*, Aguascalientes, 1991.

9. Arturo HUERTA, *Economía mexicana más allá del milagro*, México, Ediciones de cultura popular, 1987, p. 131-166.

10. SPP, *Manual de estadísticas básicas del Estado de Yucatán*, ouvr. cité, tableau 2.1.4; SPP, *X Censo general de población y vivienda, 1980, Yucatán*, ouvr. cité, tableau 2; INEGI, *XI Censo general de población y vivienda, 1990, Yucatán*, ouvr. cité, tableau 3.

11. Valladolid a une croissance annuelle de 1,7 % dans les années soixante-dix et de 0,4 % dans les années quatre-vingt (INEGI, *XI Censo general de población y vivienda, 1990*, ouvr. cité; SPP, *X Censo general de población y vivienda, 1980*, ouvr. cité; SPP, *Manual de Estadísticas Básicas del Estado de Yucatán (MEBE)*, México, 1982). Cette tendance des petites villes à perdre leur population a été étudiée dans l'ouest mexicain. Voir à ce sujet Alejandre Jesús ARROYO et Luis VELÁSQUEZ GUTIERREZ, «La transición de los patrones migratorios y las ciudades medias», *Investigaciones Geográficas*, Boletín del Instituto de Geografía, México, Ediciones de la Universidad Nacional Autónoma de México, 1992, p. 229-252. Les auteurs remarquent que si México ne constitue plus le pôle d'attraction des migrants, ce sont certaines villes intermédiaires qui la remplacent, et que les migrants ruraux viennent des localités semi-urbaines de 3 000 à 10 000 habitants.

12. María del Carmen JUÁREZ, ouvr. cité, p. 615. L'auteur néglige ici d'évoquer l'émigration comme facteur de décroissance de la population.

13. Lucie DUFRESNE, enquêtes 1992-1994. Ces 50 informateurs constituent un sous-échantillon de la population interviewée dans le cadre de la recherche postdoctorale et dont les résultats sont présentés en détail dans le prochain chapitre.

19 Les stratégies migratoires

1. L'étude des migrations entre Dzonotchel et Cancún a été rendue possible grâce à une subvention de recherche postdoctorale attribuée par le Conseil de recherches en sciences humaines du Canada. Un des objectifs de la recherche était de retrouver et d'interviewer, en 1992, les répondants interviewés à Dzonotchel en 1982.

2. E. LEE, « A Theory of Migration », *Demography*, vol. 3, 1966, p. 47-57.

3. L'analyse de mes résultats d'enquête peut se faire sur deux échelles : celle de la communauté grâce aux 130 entrevues par questionnaires réalisées directement auprès de répondants établis ou nés dans le village de Dzonotchel ; ou celle de la sous-région d'intégration sur la base des 410 cas qui découlent des réponses des 130 répondants directs lesquels ont fourni des renseignements sur l'âge, le niveau d'instruction, le lieu de résidence et le travail de chacun de leurs frères et sœurs. Ces cas se trouvent surtout dans la sous-région dite d'intégration et à Cancún.

4. Lucie DUFRESNE et Uli LOCHER, « The Mayas of Cancún : Migration Under Conditions of Peripheral Urbanization », *Labour, Capital and Society*, vol. 28, n° 2, novembre 1995, p. 176-202.

5. Au sujet de la migration sans rupture, telle qu'elle est observée à Puerto Rico, voir Oscar LEWIS, *La Vida : A Puerto Rican Family in the Culture of Poverty. San Juan and New York*, New York, Random House, 1966. Les migrations rurales-rurales sont analysées par L. A. BROWN et V. A. LAWSON, dans « Rural Destined Migration in Third World Settings : A Neglected Phenomenon ? », *Regional Studies*, vol. 19, n° 5, 1985, p. 415-432. Leurs observations contredisent différentes recherches sur les migrations en Amérique latine qui privilégient la filière rurale-urbaine, telles A. GILBERT et J. GUGLER, *Cities, Poverty, and Development : Urbanization in the Third World*, Oxford, N. Y, Oxford University Press, 1992 ; A. PORTES et A. H. BROWING, *Current Perspectives in Latin American Urban Research*, Institute of Latin American Studies, Austin, University of Texas Press, 1976 ; A. PORTES et J. WALTON, *Urban Latin America. The Political Condition from Above and Below*, Austin, University of Texas Press, 1976 ; David SLATER, « Capitalism and Urbanization in the Periphery : Problems of Interpretation and Analysis with Reference to Latin America », dans D. DRAKAKIS-SMITH (dir.), *Urbanization in the Developing World*, Londres, Croom Helm, 1986, p. 7-21.

6. Tessa CUBITT, *Latin American Society*, 2ᵉ éd., Harlow, Angleterre, Longman Scientific & Technical, 1995, p. 153-154 ; A. GILBERT, *Latin America : A Geographical Perspective*, Harmondsworth, Penguin, 1974.

7   Janey Kathleen PARKER, *The Social Ecology of Tourism : A Conceptual Approach for Planning*, thèse de doctorat, Yale University, 1985, p. 285. Pour l'ensemble du Mexique, le taux de femmes au travail passe de 14,3 % en 1970 à 25 % en 1990. La situation à Cancún en 1990 est donc comparable à celle du Mexique en général. Voir Tessa CUBITT, ouvr. cité, p. 119.

8. A. GILBERT et J. GUGLER, ouvr. cité ; B. ROBERTS, *Cities of Peasants : the Political Economy of Urbanization in the Third World*, Londres, Edward Arnold, 1978.

9. Cette tendance est confirmée par les données sur la population active, voir INEGI, *XI Censo general de población y vivienda, 1990. Campeche, Quintana Roo, Yucatán*, Aguascalientes, 1991, tableaux 12, 14, 32, 32 A.

10. Tessa Cubitt, ouvr. cité, p. 153-154.

11. *Diario de Yucatán*, edición Internet, 14 novembre 1995. Ma visite à Dzonotchel en mai 1996 devait confirmer cet état de fait.

20 La mexicanisation des Mayas

1. Marie-Josée Nadal, *À l'ombre de Zapata. Vivre et mourir dans le Chiapas*, Montréal, Éditions de la Pleine Lune, 1994. Voir la déclaration de l'Ejercito zapatista de liberación nacional (EZLN) lue à San Cristobal de las Casas, le 1er janvier 1994, p. 139-142.

2. Allan F. Burns, *Maya in Exile. Guatemalans in Florida*, Philadelphia, Temple University Press, 1984, p. 35.

3. Victor Tokman, « Le secteur informel en Amérique latine : quinze ans après », dans *Nouvelles Approches du secteur informel*, Paris, OCDE, 1990, p. 111-129.

4. Il ne s'agit pas ici de présenter des conclusions définitives concernant l'intégration des travailleurs d'origine maya au marché du travail dans le Quintana Roo. Cette recherche reste à faire. L'étude de postdoctorat visait d'abord à déterminer qui migrait parmi les paysans et dans quelles conditions.

5. Connell *et al.*, *Migration from Rural Areas: The Evidence from Village Studies*, Delhi, Oxford University Press, 1976.

6. H. Bernstein, « Modernization Theory and the Sociological Study of Development », *Journal of Development Studies*, n° 7, 1971, p. 141-160 ; M. P. Todaro, *Internal Migration in Developing Countries: A Review of Theory, Evidence, Methodology and Research Priorities*, Genève, International Labour Office (ILO), 1969, p. 138-148.

7. Abadan-Unat, cité dans P. Martin, « Labour Migration: Theory and Reality », dans D. G. Papademetriou, G. Demetrios et P. Martin (dir.), *The Unsettled Relationship: Labour Migration and Economic Development*, New York, Greenwood Press, 1991, p. 27-42.

8. Ana García de Fuentes, *Cancún. Turismo y subdesarrollo regional*, México, Ediciones de la Universidad Nacional Autónoma de México, 1979, p. 104-105.

9. Magalí Daltabuit, *Mayan Women: Work, Nutrition, and Child Care*, thèse de doctorat, University of Massachusetts, 1989, p. 51.

10. Director de la escuela L. Cardenas, *Censo anual de población*, Dzonotchel, 1982.

11. Cette observation est corroborée par George Collier, « Reforms of Mexico's Agrarian Code: Impacts on the Peasantry », *Research in Economic Anthropology*, vol. 15, Greenwich, Londres, Jai Press, 1994, p. 105-127. D'après cet auteur, la collectivité paysanne est plus une idéologie qu'une réalité : « [...] *the collective character of peasant communities is more a matter of ideology and appearances than it is a reality* » (p. 124).

12. Scott Cook et Jong-Taick Joo, « Ethnicity and Economy in Rural Mexico: A Critique of the Indigenista Approach », *Latin American Research Review*, vol. 3, n° 3, 1995, p. 33-59. Les auteurs remarquent à propos des Mexicains de langue zapotèque : « [...] *bilingual indigenas* [who] *are likely to be practitioners of hyphenated ethnicities (defined as language plus cultural ensembles)...* » (p. 53).

13. Au sujet des enclaves ethniques, voir Tony WATERS, « Toward a Theory of Ethnic Identity and Migration : The Formation of Ethnic Enclaves by Migrant Germans in Russia and North America », *International Migration Review*, vol. 29, n° 2, été 1995, p. 515-544. L'auteur cite l'exemple des Turcs en Allemagne. Voir aussi Henri FAVRE, *Changement et continuité chez les Mayas du Mexique. Contribution à l'étude de la situation coloniale en Amérique latine*, Paris, Éditions Anthropos, 1971.

14. Allan F. BURNS, ouvr. cité, p. 129-130.

15. La question de l'identité des Mayas devrait être analysée plus à fond au cours d'une nouvelle recherche. Les considérations sur l'identité maya dans le présent chapitre sont fondées sur l'observation de quelque 10 familles mayas implantées dans les régions de Cancún.

16. Eric COHEN (« Book Review », *Social Forces*, vol. 74, n° 1, septembre 1995, p. 361-362), dans sa critique du livre de Pierre VAN DEN BERGHE, *The Quest for the Other : Ethnic Tourism in San Cristobal*, Seattle et Londres, University of Washington Press, 1994, observe que l'anthropologue Pierre van den Berghe a étudié les interactions entre les *latinos* et les Mayas de San Cristobal en 1990, soit quatre ans avant le soulèvement zapatiste, sans percevoir aucun mouvement de rébellion. Il faut ici reconnaître avec modestie les limites d'une étude de type sociologique ou anthropologique. Il est aussi probable que je ne pourrais, pas plus que Pierre van den Berghe, détecter les signes avant-coureurs d'une rébellion, si les Mayas du Quintana Roo préparaient une nouvelle version de la Guerre des castes et ce, même si j'entretiens des relations avec eux depuis des années.

17. *Diaro de Yucatán*, 29 janvier 1999.

Bibliographie

AGUILAR, Adrían Guillermo et Boris GRAIZBORD, « Las ciudades medias y la política urbano-regional », *Investigaciones Geográficas*, Boletín del Instituto de Geografía, Ediciones de la Universidad Autónoma de México, México 1992, p. 145-167.

AGUILAR CAMÍN, Hector et Lorenzo MEYER, *In the Shadow of the Mexican Revolution. Contemporary Mexican History 1910-1989*, Austin, University of Texas Press, 1993.

AGUIRRE, Benigono, « Cancun under Gilbert : Preliminary Observations », *International journal of Mass Emergencies and Disasters*, vol. 7, mars 1989, p. 69-82.

ALSCHULER, Lawrence, « Le corporatisme comme infrastructure de la dépendance au Mexique », *Revue canadienne des études latino-américaines et caraïbes*, vol. 11, n°s 3-4, 1977, p. 163-173.

Archivo General del Estado de Yucatán, *Memoria leida ante el augusto congreso extraordinario de Yucatan*, Mérida, 18 septembre 1846.

——, *Resumén de los establecimientos y productos agrícolas e industriales del departamento de Yucatán*, Exposición del Gobierno de Yucatán, Mérida, 1844.

ARROYO, Alejandre Jesús et Luis VELÁSQUEZ GUTIERREZ, « La transición de los patrones migratorios y las ciudades medias », *Investigaciones Geográficas*, Boletín del Instituto de Geografía, México, Ediciones de la Universidad Nacional Autónoma de México, 1992, p. 229-252.

Ayuntamiento de Benito Juarez, *Segundo informe de gobierno, 1996-1999*, Cancún, 1993.

——, *Primer informe de gobierno municipal*, Cancún, 1997.

——, *Foro de análisis. Cancún : el auge y la crisis.* Cancún, 1994.

——, *Plan de gobierno 1993-1996*, Cancún, 1993.

——, *III Informe de administracíon municipal*, Cancún, mars 1993.

——, *Plan de gobierno 1990-1993*, Cancún, 1992.

——, *Primer Informe de gobierno municipal 1990-1993*, Cancún, avril 1991.

——, *Foro de análisis : la migración hacia Cancún, conformación de una identitad*, Cancún, 1991.

BACK, W., « Water Management by Early People in the Yucatan, Mexico », *Environmental Geology*, vol. 25, printemps-été 1995, p. 239-242.

BALAM, G., et F. GURRI, « A Physiological Adaptation to Undernutrition », *Annals of Human Biology*, vol. 21, n° 5, 1994, p. 483-489.

BALAM PEREIRA, Gilberto, Ernesto OCHOA ESTRADA, Genny SONDA ORTIZ, « La mortalidad infantil por desnutrición en Yucatán en el periodo 1990-1997 », *Revista de la Universidad Autónoma de Yucatán*, janvier-février-mars 1998, n° 204, p. 66-74.

BAÑOS RAMIREZ, Othón, *Neoliberalismo, reorganización saial y subsistencia rural. El caso de la zona henequenerá de Yucatán 1980-1992*, Mérida, Ediciones de la Universidad Autónoma de Yucatán, 1996.

——, *Yucatán : ejidos sin campesinos*, Mérida, Ediciones de la Universidad Autónoma de Yucatán, 1989.

BARRERA RUBIO, Alfredo (dir.), *Museo del pueblo maya de Dzibilchaltún*, México, Instituto Nacional de Anthropología y Historia, Salvat, 1994.

BARRÓN, Luis, « La transformación de la política social », *Nexos*, n° 202, octobre 1994, p. 66-69.

BARTRA, Armando, *Notas sobre la cuestión campesina (México 1970-76)*, México, Editorial Macehual, 1979.

BARTRA, Roger, « Peasants and Political Power in México : A Theoretical Approach », *Latin American Perspectives*, Issue n° 5, vol. 2, n° 2, été 1975, p. 125-145.

BASSOLS BATALLA, A., « Hacia una nueva política espacial », communication présentée au *Colloque Canada-Mexique*, Montréal, Université du Québec à Montréal, mai 1986.

BATAILLON, Claude, « Bilan de la présidence d'Echeverria au Mexique », *Problèmes d'Amérique latine*, n° 42, dans *Notes et études documentaires*, n°ˢ 4338-4340, Paris, La Documentation française, 1976, p. 5-66.

——, *Les Régions géographiques du Mexique*, Paris, Institut des hautes études de l'Amérique latine, 1967.

BEAUCAGE, Pierre, « Les Mouvements paysans au Mexique », *Développement agricole dépendant et mouvements paysans en Amérique latine*, Ottawa, 1981, p. 153-177.

BENITEZ, Fernando, *Ki. El drama de un pueblo y de una planta*, México, Fondo de cultura económica, 1965.

BERNSTEIN, H., « Modernization Theory and the Sociological Study of Development », *Journal of Development Studies*, n° 7, 1971, p. 141-160.

BETANCOURT PÉREZ, Antonio, *Revoluciones y crisis en la economía de Yucatán*, Mérida, Maldonado editores, 1ʳᵉ éd. 1953, 1986.

BLASIO, José Luis, *Maximiliano Íntimo. El emperador Maximiliano y su corte. Memorias de un secretario particular*, Paris, México, Librería de la V^{da} de C. Bouret, 1905.

BOYER, Agnès, *Terre des femmes*, Montréal, Maspero, Boréal Express, 1982.

BRACHET-MARQUEZ, Viviane et Margaret SHERRARD SHERRADEN, « Political Change and the Welfare State : The Case of Health and Food Policies in Mexico (1970-93) », *World Development*, vol. 22, n° 9, 1994, p. 1295-1312.

BRANNON, Jeffrey, *The Impact of Government-Induced Changes in Production Organization and Incentive Structures on the Economic Performance of the Henequen Industry of Yucatan, Mexico, 1934-1978*, thèse de doctorat, University of Alabama, 1980.

BRETON, Yvan et Marie-France LABRECQUE (dir.), *L'Agriculture, la pêche et l'artisanat au Yucatan : prolétarisation de la paysannerie maya au Mexique*, Québec, Presses de l'Université Laval, 1981.

BROWN, L. A. et V. A. LAWSON, « Rural Destined Migration in Third World Settings : A Neglected Phenomenon ? », *Regional Studies*, vol. 19, n° 5, 1985, p. 415-432.

BRUNET, Roger, *Géographie universelle. L'Amérique latine*, Maxville, Hachette/Reclus, 1991.

BURNS, Allan F., *Maya in Exile. Guatemalans in Florida*, Philadelphie, Temple University Press, 1984.

CALCOTT, W. H., *Liberalism in Mexico 1857-1929*, Hamden, Connecticut, Archon Books, 1965.

Cancun Information Bureau, *Cancun : Yesterday, Today and Tomorrow*, New York, mai 1977.

CAREAGA VILIESID, Lorena, *Quintana Roo. Una historia compartida*, México, Instituto de investigaciones Dr. José Maria Luis Mora, 1990.

CAREAGA VILIESID, Lorena (dir.), *Quintana Roo. Textos de su historia*, t. I et II, México, Instituto de investigaciones Dr. José Maria Luis Mora, 1990.

CARRILLO Y ANCONA, Crescencio, *El Obispado de Yucatán. Historia de su fundación y de sus obispos 1519-1676*, t. I, Mérida, 1985.

CASTRO, Mary Cruz, *Gral. Salvador Alvarado*, Mérida, Ediciones de la Universidad Autónoma de Yucatán, 1981.

CASTRO SARIÑANA, Maria Cristina *et al.*, *Quintana Roo. Procesos políticos y democracia*, México, Cuadernos de la Casa chata, n° 132, 1986.

CHARDON, Roland, *Some Geographic Aspects of Plantation Agriculture in Yucatan*, thèse de doctorat, University of Minnesota, 1961.

CHARNAY, Désiré, *Le Mexique 1858-1861. Souvenirs et impressions de voyage*, réédition du texte de 1863, Boulogne, Éditions du Griot, 1987.

CHAVEZ PADRÓN, Martha, *El derecho agrario en México*, México, Ediciones Porrua, 1980.

CLINE, Howard, « The Henequen Episode in Yucatan », *Inter-American Economic Affairs*, vol. 2, n° 2, automne 1948, p. 30-51.

——, « The Sugar Episode in Yucatan 1825-1850 », *Inter-American Economic Affairs*, vol. 1, n° 4, mars 1948, p. 79-100.

——, *Regionalism and Society in Yucatan, 1825-47*, thèse de doctorat, Cambridge, Harvard University, 1947.

COLLIER, George, « Reforms of Mexico's Agrarian Code : Impacts on the Peasantry », *Research in Economic Anthropology*, vol. 15, Greenwich, Londres, Jai Press, 1994, p. 105-127.

Comisión Nacional Agraria, *Estadísticas 1915-1927*, México, 1928.

CONNELL *et al.*, *Migration from Rural Areas : The Evidence from Village Studies*, Delhi, Oxford University Press, 1976.

COOK, Scott et Jong-Taick JOO, « Ethnicity and Economy in Rural Mexico : A Critique of the Indigenista Approach », *Latin American Research Review*, vol. 3, nº 3, 1995, p. 33-59.

COOK, Sherburne F. et Woodrow BORAH, *Essays in Population History. II. Mexico and the Caribbean*, Berkeley, University of California Press, 1974.

COPLAMAR, *Programa integrado. Zona maya*, México, Presidencia de la República, 1978.

CORONA SANCHEZ, E., « La relevancia de las relaciones meso-sur americanas y el circumcaribe en la formación del estado mesoamericano », *Boletín de la escuela de Ciencias Anthropológicas de la Universidad de Yucatán*, vol. 11, nº 62, sept.-oct. 1983, p. 15-21.

Cosío VILLEGAS, Daniel, *El sistema político mexicano*, México, Cuadernos de Joaquím Mortez, 1972.

Cosío ZAVALA, Marie Eugénie, « Concentration urbaine et transition démographique », *Problèmes d'Amérique latine*, nº 14, juillet-septembre 1994, p. 47-61.

COUFFIGNAL, Georges, « Mexique. Aucune alternative crédible », dans *L'État du monde 1997*, Paris/Montréal, La Découverte/Boréal, 1996, p. 247-252.

——, « Année à hauts risques », dans *L'État du monde 1995*, Montréal, Boréal, 1994, p. 175-179.

——, « La "grande affaire" de l'ALENA », dans *L'État du monde 1994*, Montréal, Boréal, 1993, p. 154-158.

——, « Un tournant irréversible », dans *L'État du monde 1993*, Montréal, Boréal, 1992, p. 163-167.

——, « Les Sirènes du nord », dans *L'État du monde 1991*, Montréal, Boréal, 1990, p. 173-177.

CUBITT, Tessa, *Latin American Society*, 2ᵉ éd., Harlow, Angleterre, Longman Scientific & Technical, 1995.

CYPHER, James, M., *State and Capital in Mexico. Development Policy since 1940*, Boulder, Westview Press, 1990.

CYR, L., F. BONN et A. PESANT, « Vegetation Indices Derived from Remote Sensing for an Estimation of Soil Protection Against Water Erosion », *Ecology Modelling*, vol. 79, nᵒˢ 1-3, mai 1995, p. 277-285.

DACHARY, Alfredo Cesar et Stella Maria ARNAIZ BURNE, « Turismo y medio ambiente : una contradicción insalvable ? », *Revista mexicana del Caribe*, juillet 1996, p. 132-146.

——, *Quintana Roo : Sociedad, economía, política y cultura*, México, Ediciones de la Universidad Nacional Autónoma de México, 1990.

——, *Estudios socioeconómicos preliminares de Quintana Roo. Sector turismo*, Puerto Morelos, Centro de Investigaciones de Quintana Roo, 1985.

——, *Estudios socioeconómicos preliminares de Quintana Roo. El territorio y la población (1902-1983)*, Puerto Morelos, Centro de Investigaciones de Quintana Roo, 1984.

——, *Estudios socioeconómicos preliminares de Quintana Roo. Sector agropecuario y forestal (1902-1980)*, Puerto Morelos, Centro de Investigaciones de Quintana Roo, 1983.

DALTABUIT, Magalí, *Mayan Women: Work, Nutrition, and Child Care*, thèse de doctorat, University of Massachusetts, 1989.

DE KONINCK, Rodolphe, « Getting Them to Work Profitably: How the Small Peasants Help the Large Ones, the State and Capital », *Bulletin of Concerned Asian Scholars*, vol. 15, n° 2, 1983.

DE LANDA, Fray Diego, *Relación de las cosas de Yucatán*, Mérida, Ediciones Dante, 1983.

DESMARETS, Arthur A. *et al.*, « Classic Maya Defensive Systems and Warfare in the Petexbatun Region », *Ancient Mesoamerica*, vol. 8, 1997, p. 229-253.

DUCLAS, Robert, *La Vie quotidienne au Mexique au milieu du xixᵉ*, Paris, L'Harmattan, 1993.

DUFRESNE, Lucie, « Destructuration de la paysannerie dans la péninsule du Yucatán », *L'Ordinaire latino-américaniste*, n° 163, mai-juin 1996, p. 71-82.

——, « Evolución de la región maya e impactos del turismo en la península de Yucatán, 1970-1993 », *Revista de la Universidad Autónoma de Yucatán*, juillet-août-septembre 1994, p. 58-67.

——, *Intégration ou marginalisation croissante ? Étude de la paysannerie maya dans la région sud du Yucatán au Mexique*, thèse de doctorat, Université Laval, 1988.

DUFRESNE, Lucie et Uli LOCHER, « The Mayas of Cancún: Migration Under Conditions of Peripheral Urbanization », *Labour, Capital and Society*, vol. 28, n° 2, novembre 1995, p. 176-202.

DULOY, John et Roger NORTON, « CHAC Results: Economic Alternatives for Mexican Agriculture », dans *Multi-Level Planning: Case Studies in Mexico*, document inédit, 1972.

DUNNING, Nicholas, *Lord of the Hills: Ancient Maya Settlement in the Puuc Region, Yucatán, México, Monograph in World Archeology*, n° 15, Madison, Wisconsin, Prehistory Press, 1992.

EASTMOND, Amarella, *From Milpa to Citrus: Opportunity or Risk ? A Study of Two Villages in Yucatan, Mexico*, thèse de doctorat, Reading University, 1994.

ESPEJO-PONCE HUNT, Marta, « The Process of the Development of Yucatan, 1600-1700 », dans Ida ALTMAN et James LOCKART (dir.), *Provinces of Early Mexico*, Los Angeles, University of California Press, 1976.

FARRIS, Nancy, *Maya Society under Colonial Rule*, New Jersey, Princeton University Press, 1984.

FASH, Barbara, W. et William L. FASH, « Maya Resurrection », *Natural History*, vol. 105, n° 4, avril 1996, p. 25-31.

FAVRE, Henri, *L'Amérique latine*, France, Flammarion, coll. « Dominos », 1998.

——, *L'Indigénisme*, Paris, PUF, coll. « Que sais-je ? », 1996.

——, « L'Indigénisme mexicain. Naissance, développement, crise et renouveau », *Problèmes d'Amérique latine*, n° 42, dans *Notes et études documentaires*, nᵒˢ 4338-4340, Paris, La Documentation française, 1976.

——, *Changement et continuité chez les Mayas du Mexique. Contribution à l'étude de la situation coloniale en Amérique latine,* Paris, Éditions Anthropos, 1971.

FAVRE, Henri et Marie LAPOINTE (dir.), *Le Mexique de la réforme néolibérale à la contre-révolution,* Paris, L'Harmattan, 1997.

FERNANDES, F. Ramón, « La reforma agraria mexicana : una gran experiencia », *Les Problèmes des Amériques latines,* colloque du CNRS, 1965, Paris, CNRS, 1976.

FERNANDEZ TEJEDO, Maria Izabel, *Communautés villageoises maya du Yucatan : organisation de l'espace et fonction économique dans une société coloniale (1517-1650),* Paris, École des hautes études en sciences sociales, 1981.

FIEDEL, Stuart, *Prehistory of the Americas,* Cambridge, Cambridge University Press, 1992.

FONATUR, *Datos básicos. Proyecto Cancún,* Cancún, 1998.

FORT, Odile, *La colonización ejidal en Quintana Roo (Estudios de casos),* México, Instituto Nacional Indigenista, 1979.

FOWLER-SALAMINI, Heather et Kay VAUGHAN (dir.), *Women of the Mexican Countryside, 1850-1990,* Tuscon et Londres, University of Arizona Press, 1994.

FOX, D. J., « Mexico », *Latin America Geographical Perspectives,* Londres, Methuen, 1983, p. 63-68.

FREIDEL, David et Jeremy A. SABLOFF, *Cozumel. Late Maya Settlements Patterns,* Orlando, Florida, Academic Press, 1984.

FREIDEL, David, Linda SCHELE et Joy PARKER, *Maya Cosmos. Three Thousand Years on the Shaman's Path,* New York, William Morrow, 1993.

FRIEDLANDER, Judith, *L'Indien des autres,* Paris, Payot, 1979.

FUENTES, Carlos, *El espejo enterrado,* México, Fondo de cultura económica, 1992.

——, *Cristóbal Nonato,* México, Fondo de cultura económica, 1992.

GALINDO Y VILLA, Jesús, *Geografía de la República Mexicana,* t. II, México, Sociedad de edición y librería franco americana, 1927.

GANN, Thomas et Sir John Eric S. THOMPSON, *The History of the Maya,* New York, Charles Schriber's Sons, 1937.

GARCÍA, Enriqueta, *Modificaciones al sistema de clasificacíon climática de Köppen,* México, Ediciones de la Universidad Nacional Autónoma de México, 1973.

GARCÍA BERNAL, Manuela Cristina, « Desarrollo indígena y ganadero en Yucatán », *Historia mexicana,* vol. 43, n° 3, janvier-mars 1994, p. 373-400.

GARCÍA DE FUENTES, Ana, *Cancún. Turismo y subdesarrollo regional,* México, Ediciones de la Universidad Nacional Autónoma de México, 1979.

GERHARD, Peter, *La frontera sureste de la Nueva España,* México, Ediciones de la Universidad Nacional Autónoma de México, 1991.

GILBERT, A., *Latin America : A Geographical Perspective,* Harmondsworth, Penguin, 1974.

GILBERT, A. et J. GUGLER, *Cities, Poverty, and Development : Urbanization in the Third World,* Oxford, New York, Oxford University Press, 1992.

Gobierno del Estado de Quintana Roo, Acuerdo de coordinación para el ordenamiento ecológico de la región denominada Corredor Cancún-Tulum, *Periódico Oficial del Gobierno del
Estado de Quintana Roo*, Chetumal, 9 juin 1994.

——, Plan director de desarollo urbano de la ciudad de Cancún, *Periódico Oficial del Gobierno
del Estado de Quintana Roo*, Chetumal, 12 janvier 1993.

Gobierno del Estado de Yucatán, *Monografía de Yucatán, 1980*, Mérida, 1980.

——, *Tercer Informe Anual 1972*, Loret de Mola (Gobernador), Mérida, 1972.

——, *Estudio económico de Yucatán y programa de trabajo*, Mérida, 1961.

GÓNGORA BIACHI, Renán et Luis RAMÍREZ CARRILLO (dir.), *Valladolid : una ciudad, una región
y una historia*, Mérida, Ediciones de la Universidad Autónoma de Yucatán, 1993.

GORMSEN, E., « Cancun. Entwicklung, Funktion und Probleme neuer Tourismus-zentren in
Mexico », *Frankfurter Wirtschafts und Sozialgeographische Schriften*, n° 90, 1979, p. 299-324.

GRAL/CREDAL, « Villes intermédiaires, vitalité économique et acteurs sociaux », *Problèmes
d'Amérique latine*, n° 14, juillet-septembre 1994, p. 127-139.

GUTELMAN, Michel, *Réforme et mystification agraire en Amérique latine : le cas du Mexique*,
Paris, Maspero, 1971.

HALE, Charles, *The Transformation of Liberalism in Late Nineteenth-Century Mexico*, Princeton,
New Jersey, Princeton University Press, 1989.

——, *El liberalismo mexicano en la época de Mora, 1821-1853*, México, Siglo Veintiuno editores,
1972.

HEWITT DE ALCANTARA, Cynthia, *Modernizing Mexican Agriculture : Socioeconomic Implications of Technological Change 1940-1970*, Geneva, United Nations Research Institute for
Social Development, 1976.

HOBSBAWN, Eric, *The Age of Extremes*, New York, Pantheon Books, Random House, 1994.

HODELL, David A., Jason H. CURTIS et Mark BRENNER, « Possible Role of Climate in the
Collapse of Classic Maya Civilization », *Nature*, vol. 375, n° 6530, juin 1995, p. 391-394.

HUACUYA, Mario, « La lucha por el SAM », *Nexos*, n° 30, juin 1980, p. 38.

HUERTA, Arturo, *Economía mexicana más allá del milagro*, México, Ediciones de cultura
popular, 1987.

HUNT ESPEJO-PONCE, Marta, « The Process of the Development of Yucatan, 1600-1700 », dans
Ida ALTMAN et James LOCKART (dir.), *Provinces of Early Mexico*, Los Angeles, University
of California Press, 1976, p. 33-62.

INEGI, Instituto Nacional de Estadística, Geografía e Informática, *Benito Juarez, Estado de
Quintana Roo, Cuaderno estadístico municipal, Edición 1993*, Aguascalientes, 1994.

——, *VII Censo agrícola-ganadero*, Aguascalientes, 1994.

——, *VII Censo ejidal*, Aguascalientes, 1994.

——, *Cozumel, Estado de Quintana Roo, Cuaderno estadístico municipal*, Aguascalientes, 1994.

——, *Anuario estadístico del Estado de Yucatán, 1992*, Aguascalientes, 1993.

——, *PROCEDE. Documento Guía*, Aguascalientes, 1993.

——, *Anuario estadístico del Estado de Quintana Roo, 1991*, Aguascalientes, 1992.

——, *Anuario estadístico del Estado de Quintana Roo, 1990*, Aguascalientes, 1991.

——, *XI Censo general de población y vivienda, 1990*, Aguascalientes, 1991.

——, *Quintana Roo. Cuaderno de información para la planeación*, Aguascalientes, 1990.

IRIGOYEN ROSADO, Renán, « La economía de Yucatán anterior al auge henequenero », *Encyclopedia Yucatanense*, t. XI, Mérida, Edición Oficial del Gobierno de Yucatán, 1980, p. 219-341.

JONES, Grant D., *Maya Resistance to Spanish Rule*, Albuquerque, University of New Mexico Press, 1989.

JOSEPH, Gilbert, *Revolution from Without : the Mexican Revolution in Yucatan, 1915-1924*, thèse de doctorat, Yale University, 1978.

JOSEPH, Gilbert et Allen WELLS, « Un replanteamiento de la movilización revolucionaria mexicana : los tiempos de sublevación en Yucatán, 1909-1915 », *Historia mexicana*, vol. 43, nº 3, janvier-mars 1994, p. 505-547.

——, *Yucatán y la International Harvester*, Mérida, Maldonado editores, 1986.

——, « Summer of Discontent : Economic Rivalry among Elite Factions during the Late Porfiriato in Yucatan », *Journal of Latin American Studies*, nº 18, 1986, p. 255-282.

JOYCE, Marcus, *Emblem and State in the Classic Maya Lowlands*, Washington, Dumbarton Oaks Research Library and Collection, 1976.

JUÁREZ, María del Carmen, « Crecimiento de la población hablante de lengua indígena en la zona maya 1980-1990 », *Memorias del segundo congreso internacional de Mayistas*, México, Édiciones de la Universidad Nacional Autónoma de México, 1998, p. 608-620.

KIRK, Carlos, *Haciendas in Yucatán*, México, Instituto Nacional Indigenista, 1982.

KONRAD, Herman W., « Caribbean Tropical Storms : Ecological Implications for Pre-Hispanic and Contemporary Maya Subsistence Practices on the Yucatan Peninsula », *Revista mexicana del Caribe*, juillet 1996.

LABARRE, Roland et Hélène RIVIÈRE D'ARC, « Mexique », *Encyclopædia Universalis*, t. XV, Paris, 1994, p. 246-263.

LAMARTINE YATES, P., *Mexico's Agricultural Dilemma*, Tucson, Arizona, University of Arizona Press, 1981.

LANDON, T., *Tourisme, artisanat, identité : changement et réaffirmation ethnique dans la communauté zapotèque de Mitla*, thèse de doctorat, Université de Montréal, 1991.

LAPOINTE, Marie, « Les Origines de l'insurrection indienne de 1847 au Yucatán », *Canadian Journal of Latin American and Caribbean Studies*, vol. 19, nos 37-38, 1994, p. 155-187.

——, *L'Évolution des configurations du pouvoir en Yucatán (1935-1980)*, document de recherche nº 218, CREDAL, Paris, CNRS, 1990.

——, *Indigénisme et réforme agraire au Yucatán (1935-1940)*, document de recherche nº 28, CREDAL, Paris, CNRS, 1983.

——, *Los Mayas rebeldes de Yucatán*, Zamora, El Colegio de Michoacán, 1983.

——, « Réforme agraire et indigénisme au Yucatán (1922-1924) », *Études mexicaines*, n° 5, 1982, p. 77-88.

LEAL, Juan Felipe, « The Mexican State : 1915-1973 », *Latin American Perspectives*, Issue n° 5, vol. 2, n° 2, été 1975, p. 48-63.

LEE, E., « A Theory of Migration », *Demography*, vol. 3, 1966, p. 47-57.

LEHMANN, Henri, « Maya », *Encyclopædia Universalis*, t. XIV, Paris, 1994, p. 750-756.

LEVY, D. et G. SZÉKELY, *Mexico. Paradoxes of Stability and Change*, Boulder, Westview Press, 1983.

LEWIS, Oscar, *La Vida : A Puerto Rican family in the Culture of Poverty. San Juan and New York*, New York, Random House, 1966.

LINCK, Thierry, « Mexique : habitudes alimentaires et systèmes d'approvisionnement », *Agricultures et paysanneries en Amérique latine. Mutations et recompositions*, Paris, Éditions de l'ORSTOM, 1993, p. 79-83.

LOPE BLANCH, Juan M., *Estudios sobre el español de Yucatán*, México, Ediciones de la Universidad Nacional Autónoma de México, 1987.

LORET DE MOLA, Patricia Fortuny, « Inserción y Difusión del Sectarismo religioso en el campo yucateco », *Yucatán : Historia y Economía*, vol. 6, n° 33, septembre-octobre 1982, p. 3-23.

LUCAS DE RUFFIGNAC, Ann, *The Contemporary Peasantry in Mexico*, New York, Preager, 1985.

MALLAN, Chicki, *Cancún et le Yucatán, Guide de voyage Ulysse*, Montréal, Éditions Ulysse, 1991.

MARIN, L., « Hydrogeological Investigations in Northwestern Yucatan, Mexico, Using Resistivity Surveys », *Ground Water*, vol. 34, n° 4, juillet-août 1996, p. 640-646.

MARTÍ, Fernando, *Cancún. Fantasía de banqueros*, 3e éd., México, 1991.

MARTIN, P., « Labour Migration : Theory and Reality », dans D. G. PAPADEMETRIOU, G. DEMETRIOS et P. MARTIN (dir.), *The Unsettled Relationship : Labour Migration and Economic Development*, New York, Greenwood Press, 1991, p. 27-42.

MARTIN, Simon et Nikolai GRUBE, « Maya Superstates », *Archaeology*, vol. 48, n° 6, novembre-décembre 1995, p. 41-46.

MARTINEZ GUZMAN, Lourdes, « Algunas reflexiones sobre el ejido colectivo de la zona henequenera de Yucatán », *Yucatán : Historia y Economía*, n° 22, novembre-décembre 1980, p. 43-52.

MARTÍNEZ ORTEGA, Ana Isabel, *Estructura y configuración socioeconómica de los cabildos de Yucatán en el siglo XVIII*, Sevilla, Diputación provincial de Sevilla, 1993.

MAYOLA AYOAMA, Leticia, *Movimientos campesinos (siglo XIX) en México*, México, Instituto Nacional de Anthropología y Historia, 1972.

MENENDEZ, Iván, *Lucha social y sistema político en Yucatán*, México, Editorial Grijalvo, 1981.

MERCADO CERÓN, María Teresa, Irma A. ROJAS BUSTAMENTE et Carlos CALDERÓN Y SÁNCHEZ, « Análisis del impacto ambiental generado por los grandes desarrollos turísticos en

México», *Investigaciones Geográficas*, Boletín del Instituto de Geografía, México, Ediciones de la Universidad Nacional Autónoma de México, 1993, p. 21-33.

MERINO IBARRA, Martín et Lilia OTERO DÁVALOS, *Atlas ambiental costero*, Chetumal, Centro de Investigaciones de Quintana Roo, 1991.

MESTRIES, Francis, «Mexique», dans *L'État du monde 1999*, Paris/Montréal, La Découverte/Boréal, 1998.

METCALFE, S. E., «Historical Data and Climatic Change in Mexico. A Review», *Geographical Journal*, vol. 153, n° 2, juillet 1987, p. 221-222.

MEYER, Jean, «L'évolution historique», dans «Mexique», *Encyclopædia Universalis*, t. XV, 1994, p. 255.

——, *La Révolution mexicaine, 1910-1940*, Paris, Calmann-Lévy, 1973.

MIJARES PALENCIA, José, *El gobierno mexicano. Su organización y funcionamiento*, México, Departamento de Publicaciones, Secretaría de la Presidencia, 1976.

MOLLARD, Amédée, *Paysans exploités*, Grenoble, Presses universitaires de Grenoble, 1977.

MONNET, Jérôme, *La Ville et son double. Images et usages du centre : la parabole de Mexico*, France, Nathan, 1993.

MORLEY, Sylvanus, *La civilización maya*, México, Fondo de cultura económica, 1975.

MOSELEY, Edward H. et Edward D. TERRY (dir.), *Yucatan. A World Apart*, University of Alabama Press, 1980.

MOZZBRUCKER, Harald, *Agrarkrise, Urbanisierung und Tourismus-Boom in Yukatan/Mexico*, Münster, Lit, 1994.

NADAL, Marie-Josée, *À l'ombre de Zapata. Vivre et mourir dans le Chiapas*, Montréal, Éditions de la Pleine Lune, 1994.

NEGRÍN MUÑOZ, Alejandro, *Campeche, una historia compartida*, México, Instituto de Investigaciones Dr. José Maria Luis Mora, 1991.

NOLASCO, Margarita, *Los municipios de las fronteras de México*, t. III, México, Centro de ecodesarrollo, 1990.

OROSA DÍAZ, Jaime, *Porfirismo y revolución en Yucatán*, Mérida, Ediciones de la Universidad Autónoma de Yucatán, 1980.

ORTEGA CANTO, Judith, *Henequén y salud*, Mérida, Ediciones de la Universidad Autónoma de Yucatán, 1987.

PADGET, Vincent, *The Mexican Political System*, Boston, Houghton Mifflin, 1976.

PALACIOS CHÁVEZ, Rodolfo, Beatriz LUDLOW-WIECHERS et Rogel G. VILLANUEVA, *Flora palinológica de la reserva de la biosfera de Sian Ka'an, Quintana Roo, México*, Chetumal, Centro de Investigaciones de Quintana Roo, 1991.

PAOLI, F. J. et E. MONTALVO, *El socialismo olvidado de Yucatán*, México, Siglo Veintiuno editores, 1977.

PARKER, Janey Kathleen, *The Social Ecology of Tourism : A Conceptual Approach for Planning*, thèse de doctorat, Yale University, 1985.

PARRY, J. H., *The Audiencia of New Galicia in the Sixteenth Century*, Cambridge, Cambridge University Press, 1968.

PATCH, Robert, *Maya and Spaniard in Yucatan, 1648-1812*, Standford, California, Standford University Press, 1993.

——, *A Colonial Regime: Maya and Spaniard in Yucatan*, thèse de doctorat, Princeton University, 1979.

PAZ SANCHEZ, Fernando, « Problemas y perspectivas del desarrollo agrícola », dans *Neolatifundismo y explotación*, México, Editorial Nuestro Tiempo, 1975, p. 56-104.

PEISSEL, Michel, *El mundo perdido de los mayas: Exploraciones y aventuras en Quintana Roo*, Barcelona, 1976.

PEÑA HAAZ, Elsa Margarita, « Colonización y colectivización en Campeche », *Yucatán: Historia y Economía*, vol. 3, n° 18, septembre-avril 1980, p. 17-24.

PEREZ GALAZ, Juan de, *Situación estadística de Yucatán en 1851*, México, 1948.

PEREZ TORO, Augusto, *La milpa*, Mérida, Ediciones del Gobierno de Yucatán, 1942.

PERRY, E., L. MARIN, J. MCCLAIN et G. VELAZQUEZ, « Ring of cenotes (sinkholes), Northwest Yucatan, Mexico — Its Hydrogeologic Characteristics and Possible Association with the Chicxulub Impact Crater », *Geology*, vol. 23, n° 1, janvier 1995, p. 17-20.

PIERREBOURG, Fabienne de, « La fin des Mayas », *L'Histoire*, n° 196, février 1996, p. 9-10.

PISANI, Francis, « Mexique. La fin d'un sexennat », dans *L'État du monde 1982*, Montréal, Boréal Express, 1982, p. 225-228.

POPE, K. O., A. C. OCAMPO et C. E. DULLER, « Surficial Geology of the Chicxulub Impact Crater, Yucatan, Mexico », *Earth Moon & Planets*, vol. 63, n° 2, novembre 1993, p. 93-104.

POPKIN, Samuel, *The Rational Peasant. The Political Economy of Rural Society in Vietnam*, Berkeley, University of California Press, 1979.

PORTES, A. et A. H. BROWING, *Current Perspectives in Latin American Urban Research*, Institute of Latin American Studies, Austin, University of Texas Press, 1976.

PORTES, A. et J. WALTON, *Urban Latin America. The Political Condition from Above and Below*, Austin, University of Texas Press, 1976.

PRYOR, R. J., *Internal Migration and Urbanization: An Introduction and Bibliography*, Townsville, 1971.

RAMONET, Ignacio, « Le Mexique sous le choc », *Le Monde diplomatique*, n° 345, décembre 1982, p. 5.

REDFIELD, Robert, *A Village That Chose Progress, Chan Kom Revisited*, Chicago et Londres, University of Chicago Press, 1950.

REDFIELD, Robert et Alfonso VILLA ROJAS, *Chan Kom, A Maya Village*, Chicago et Londres, University of Chicago Press, 1ʳᵉ éd., 1934; 1962.

REED, Nelson, *La guerra de casta de Yucatán*, México, Biblioteca Era, 1982.

REIFLER BRICKER, Victoria, *The Indian Christ, the Indian King. The Historical Substrate of Maya Myth and Ritual*, Austin, University of Texas Press, 1981.

REVEL MOUROZ, Jean, *Mexique. Aménagement et colonisation du tropique humide*, Travaux et mémoires de l'Institut des hautes études de l'Amérique latine, n° 27, Paris, 1971.

ROBERTS, B., *Cities of Peasants: The Political Economy of Urbanization in the Third World*, Londres, Edward Arnold, 1978.

RODRIGUEZ LOSA, Salvador, *Geografía política de Yucatán*, Mérida, Ediciones de la Universidad Autónoma de Yucatán, 1991.

——, *La población de los municipios del Estado de Yucatán, 1900-1970*, Mérida, Ediciones del Gobierno del Estado de Yucatán, 1977.

ROSALES GONZALEZ, M., « Comerciantes en Oxkutzcab, Yucatán, 1900-1950 », *Yucatán : Historia y Economía*, n° 17, janvier-février 1980, p. 64-74.

ROYS, Ralph L., *Political Geography of the Yucatan Maya*, Washington, D. C., Carnegie Institution of Washington, 1957.

RUDEL, Christian, *Mexique. Des Mayas au pétrole*, Paris, Éditions Karthala, 1983.

RUGELEY, Terry, *Yucatan's Maya Peasantry & the Origins of the Caste War*, Austin, University of Austin Press, 1996.

——, « The Maya Elites of Nineteenth-Century Yucatán », *Ethnohistory*, vol. 42, n° 3, été 1995, p. 477-493.

SAVAGE, Melissa, « Ecological Disturbance and Nature Tourism », *The Geographical Review*, vol. 83, n° 3, juillet 1993, p. 290-300.

SCHEIER MADANES, Graciela, « Les Formes de la ville à l'heure de la globalisation », *Problèmes d'Amérique latine*, n° 14, juillet-septembre 1994, p. 63-81.

SCHELE, Linda et David FREIDEL, *A Forest of Kings. The Untold Story of the Ancient Maya*, New York, William Morrow, 1990.

SCHELE, Linda et Peter MATHEWS, *The Code of Kings. The Language of Seven Sacred Maya Temples and Tombs*, New York, Scribner, 1998.

SCHELE, Linda et Jeffrey H. MILLER, *The Mirror, the Rabbit, and the Bundle: 'Accession' Expressions from the Classic Maya Inscriptions*, Washington, Dumbarton Oaks Research Library and Collection, 1983.

SCHELE, Linda et Mary Ellen MILLER, *The Blood of Kings. Dynasty and Ritual in Maya Art*, New York, George Braziller, 1986.

Secretaría de la Presidencia, *Programa de inversiones públicas para el desarrollo rural* (PIDER), *Registro de obras realizadas en 1974, oficio*, n° 9-73-388, document inédit.

Secretaría de Trabajo y Previsión social, *Sureste. Empleo y desarrollo regional (1983-1988)*, México, Dirección General de Empleo, 1984.

SHANIN, Theodor, « The Nature and Logic of the Peasant Economy. 1 : A Generalization », *The Journal of Peasant Studies*, vol. 1, n° 1, octobre 1973, p. 63-80.

SILVA HERZOG, J., *Breve historia de la revolución mexicana*, 1re éd. 1960, México, Fondo de cultura económica, 1966.

SLATER, David, « Capitalism and Urbanization in the Periphery : Problems of Interpretation and Analysis with Reference to Latin America », dans D. DRAKAKIS-SMITH (dir.), *Urbanization in the Developing World*, Londres, Croom Helm, 1986, p. 7-21.

SMYTH, Michael, P. et Christopher D. DORE, « Maya Urbanism », *National Geographic Research & Exploration*, vol. 10, n° 1, p. 38-55.

SPP (Secretaría de Programación y Presupuesto), *X Censo general de población y vivienda, 1980, Yucatán*, México, 1983.

——, *La comunidad de Dzonotchel*, Mérida, 1982, document inédit.

——, *Manual de Estadísticas Básicas del Estado de Yucatán (MEBE)*, México, 1982.

——, *Censo agrícola, ganadero y ejidal, 1970*, México, 1975.

——, *IV Censo agrícola, ganadero y ejidal, 1960, Yucatán*, México, 1965.

——, *Censo agrícola, ganadero y ejidal 1950*, México, 1955.

——, *Segundo censo ejidal de los Estados Unidos Mexicanos*, México, 1951.

——, *Quinto censo de población, 1930, Yucatán*, México, 1935.

STAVENHAGEN, Rodolfo, *Capitalismo y campesinado en México. Estudios de la realidad campesina*, México, Centro de Investigaciones Superiores del Instituto Nacional, 1976.

——, « Aspectos sociales de la estructura agraria en México », *Neolatifundio y Explotación*, México, Editorial Nuestro Tiempo, 1975.

STEIN, Stanley et Barbara, *The Colonial Heritage of Latin America. Essays on Economic Dependance in Perspective*, New York, Oxford University Press, 1970.

STEPHENS, John Lloyd, *Viajes a Yucatán*, t. I et II, Mérida, Producción Editorial Dante, 1984.

STRICKON, Arnold, « Hacienda and Plantation in Yucatan », *América Indígena*, vol. 25, n° 1, janvier 1965, p. 58-60.

SUAREZ MOLINA, Victor, *La evolución económica de Yucatán a través del siglo XIX*, t. I et II, Mérida, Ediciones de la Universidad Autónoma de Yucatán, 1977.

TANCK DE ESTRADA, Dorothy, « Escuelas y cajas de comunidad en Yucatán al final de la colonia », *Historia mexicana*, vol. 43, n° 3, janvier-mars 1994, p. 401-449.

TEICHMAN, Judith, *Policy Making in Mexico*, Boston, Allens & Unwin, 1988.

TERAN, Silvia et C. RASMUSSEN, « Genetic Diversity and Agricultural Strategy in 16th-Century and Present-Day Yucatan Milpa Agriculture », *Biodiversity and Conservation*, vol. 4, 1995, p. 363-381.

THOMPSON, Sir John Eric S., *Grandeur et décadence de la civilisation maya*, Paris, Payot, 1973. Paru en anglais sous le titre : *The Rise and Fall of Maya Civilization*, Norman, University of Oklahoma Press, 1966.

THURSTON EWELL, Peter, *Intensification of Peasant Agriculture in Yucatan*, thèse de doctorat, Cornell University, 1984.

TODARO, M. P., *Internal Migration in Developing Countries : A Review of Theory, Evidence, Methodology and Research Priorities*, Genève, International Labour Office (ILO), 1969.

TOKMAN, Victor, « Le secteur informel en Amérique latine : quinze ans après », dans *Nouvelles Approches du secteur informel*, Paris, OCDE, 1990, p. 111-129.

TURNER, John, *Barbarous Mexico*, New York, 1911.

UNIKEL, Luis, *El desarrollo urbano de México*, México, El Colegio de México, 1978.

VAN DEN BERGHE, Pierre, *The Quest for the Other : Ethnic Tourism in San Cristobal*, Seattle et Londres, University of Washington Press, 1994.

VELA SOSA, Raúl, *Un siglo del sector externo de la economía de Yucatán (1892-1992)*, México, Sociedad Interamericana de Planificación, 1992.

VILLA ROJAS, Alfonso, *Los elegidos de Dios. Etnografía de los mayas de Quintana Roo*, México, Instituto Nacional Indigenista, 1987.

——, « Notas sobre la distribución y estado actual de la población indígena de la península de Yucatán, México », *América Indígena*, vol. 22, n° 3, juillet 1962, p. 209-240.

VILLANUEVA MUKUL, Eric, *Desarrollo capitalista y sujeción campesina en la zona citrícola de Yucatán*, México, Ediciones de la Universidad Nacional Autónoma de México, 1983.

——, « La lucha de la comunidad de Chemax », *Yucatán : Historia y Economía*, vol. 2, n° 8, juillet-août 1978, p. 33-51.

VOORHIES, Barbara, « An Ecological Model of the Early Maya of the Central Lowlands », dans Kent V. FLANNERY (dir.), *Maya Subsistence*, New York, Academic Press, 1982.

WARD, W. C., G. KELLER, W. STINNESBECK et T. ADETTE, « Yucatan Subsurface Stratigraphy — Implications and Constraints for the Chicxulub Impact », *Geology*, vol. 23, n° 10, octobre 1995, p. 873-876.

WATERS, Tony, « Toward a Theory of Ethnic Identity and Migration : The Formation of Ethnic Enclaves by Migrant Germans in Russia and North America », *International Migration Review*, vol. 29, n° 2, été 1995, p. 515-544.

WOLF, Eric, *Peasant Wars of the Twentieth Century*, New York, Harper & Row, 1969.

——, *Peasants*, Englewood, New Jersey, Prentice Hall, 1966.

WRIGHT, Lori E., « Biological Perspectives on the Collapse of the Pasion Maya », *Ancient America*, vol. 8, 1997, p. 267-273.

Sigles

ALENA   Accord de libre-échange nord-américain, *North American Free Trade Agreement* (NAFTA en anglais), *Tratado de Libre Comercio* (TLC en espagnol).

BANRURAL   Banque rurale.

BID   Banque interaméricaine de développement.

CEE   Communauté économique européenne.

CNC   *Confederación Nacional Campesina*, Confédération nationale paysanne.

CONASUPO   *Compania Nacional de Subsistencia Popular*, Compagnie nationale de subsistance populaire.

COPLAMAR   *Coordinación General del Plan Nacional de Zonas Deprimidas y Grupos Marginados*, Coordination générale du plan national de zones déprimées et de groupes marginaux.

CTM   *Confederación de Trabajadores Mexicanos Instituto Nacional de Estadística Geografía et Informática*.

ERP   *Ejército Popular Revolucionario*, Armée populaire révolutionnaire.

EZLN   *Ejército Zapatista de Liberación Nacional*, Armée zapatiste de libération nationale.

FONATUR   *Fondo Nacional de fomento al Turismo*, Fond national de promotion du tourisme.

FAO   *Food and Alimentation Organization*.

GATT   *General Agreement on Tariffs and Trade*, Accord général sur les tarifs et le commerce.

IMSS	*Instituto Mexicano de Seguridad Social*, Institut mexicain de sécurité sociale.
INFRATUR	*Fondo Nacional de Infraestructura al Turismo*, Fond national d'infrastructure touristique.
INEGI	*Instituto Nacional de Estadística Geografía e Informática*, Institut national de statistiques, géographie et informatique.
INI	*Instituto Nacional Indigenista*, Institut national indigéniste.
INVIQROO	*Instituto de Vivienda de Quintana Roo*, Institut du logement du Quintana Roo.
LFA-80	*Ley de Fomento Agropecuario*, Loi de Promotion agricole et d'élevage, promulguée en 1980.
LFRA-71	*Ley federal de Reforma Agraria*, Loi fédérale de réforme agraire, promulguée en 1971.
OCDE	Organisation de coopération et de développement économique.
OMM	*Organización Mundo Maya*, Organisation du Monde maya.
PIDER	*Programa integral de Desarrollo Rural*, Programme intégral de développement rural.
PRI	*Partido Revolucionario Institucional*, Parti révolutionnaire institutionnel.
PROCAMPO	*Programa de Apoyos Directos al Campo*, Programme de soutien au monde rural.
PROCEDE	*Programa de Certificación de Derechos Ejidales*, Programme de certification des droits éjidaux.
PRONASOL	*Programa Nacional de Solidaridad*, Programme national de solidarité.
PSO	*Partido Socialista obrero*, Parti socialiste ouvrier.
SAM	*Sistema Alimentario Mexicano*, Système alimentaire mexicain.
SARH	*Secretaría de Agricultura y Recursos Hydraúlicos*, Ministère d'agriculture et ressources hydrauliques.
SPP	*Secretaría de Programación y Presupuesto*, Ministère de programmation et budget.
ZLÉA	Zone de libre-échange des Amériques.

Lexique

Albañil	Terme général pour désigner les employés de la construction, un menuisier.
Akileños	Habitants du municipe d'Akil.
Básicos	Surnom donné aux premiers éjidataires d'Akil qui ont obtenu des parcelles irriguées.
Batab	Chef d'une communauté chez les Mayas.
Cabecera	Ville capitale de municipe, souvent la ville et le municipe portent le même nom.
Camión	Autobus ou camion. Ici francisé en camion.
Cancunense	Habitant de Cancún.
Capataz	Majordome ou responsable de l'exploitation dans une hacienda.
Cenote	Puits naturel provoqué par l'affaissement de la roche calcaire.
Chicle	Sève du sapotillier avec laquelle on élabore la gomme à mâcher.
Chicleros	Hommes qui travaillent à l'extraction de la sève du sapotillier.
Chiclero, a	Relatif au chiclé.
Cruzob	Révoltés de la Croix parlante.
Dedazo	Désignation d'un successeur ou d'un responsable, en le pointant du doigt.
Delegación	Division administrative du Territoire du Quintana Roo en 1935. Ici francisé en délégation.

Derechos a salvo Personnes ayant théoriquement droit d'exploiter les terres éjidales mais qui n'ont pas reçu officiellement leur titre d'éjidataire. Ici francisé en ayants droit.

Dzul Homme blanc.

Ejido Terre communale accordée aux communautés paysannes, tel que prévu par la réforme agraire.

Ejidatario Personne qui a droit d'usage des terres éjidales. Ici francisé en éjidataire.

Encomendero Détenteur d'une encomienda.

Encomienda Privilège de prélever le tribut sur un territoire donné.

Entrada Expédition punitive menée contre les Indiens en fuite.

Estancia Exploitation agricole privée au début de la Colonie où l'on pratique surtout l'élevage.

Gringo Nord-Américain.

Hacendado Propriétaire d'une hacienda.

Hacienda Vaste propriété privée où se pratique une agriculture diversifiée.

Henequén Agave de la famille des amaryllidacées, dont les fibres servent à fabriquer des cordages.

Henequenero, a Relatif au henequén.

Huipil Vêtement féminin confectionné dans un rectangle blanc, brodé à l'encolure et au bas.

Huites Autre nom donné aux révoltés qui vivent en forêt.

Inafectabilidad Protection légale contre l'expropriation en vue des dotations de terres éjidales.

Kankab Sol argileux déposé au creux de bassins, équivalent des luvisols.

Malecón Boulevard en bordure de la mer.

Manzana Îlot urbain.

Maquiladora Entreprise de sous-traitance qui produit pour l'exportation.

Mecate Mesure de superficie qui équivaut à 2,4 ha.

Milpa Ensemble de pratiques agricoles où les cultures sont faites sur brûlis et changent d'emplacement chaque année. On y cultive du maïs associé à des haricots, des cucurbitacées et d'autres plantes.

Milpero, a Qui pratique la milpa ou qui en vit.

Municipio La plus petite division administrative du Mexique. Ici francisé en municipe.

Nortes Courants d'air froid en provenance du pôle Nord qui traversent le Golfe du Mexique.

Peón	Au XIXᵉ siècle, et jusqu'en 1915, paysan asservi pour dettes. Désigne par la suite un ouvrier agricole. Ici francisé en péon.
Peonaje	Servage pour dettes. Ici francisé en péonage.
Priiste	Relatif au PRI (Parti révolutionnaire institutionnel).
Quintanaroense	Habitant du Quintana Roo.
Rancho	Petit village de quelques maisons.
Región	Quartier de Cancún. Ici francisé en région.
República de Indios	Communauté indigène régie par un chef local et non par un officier de la Couronne.
Separados	Groupes de révoltés cruzob qui ont refusé de s'allier au général May et de retourner à Chan Santa Cruz.
Socios	Associés.
Superioridad	Autorité supérieure.
Supermanzana	Regroupement de plusieurs îlots urbains.
Tienda de raya	Boutique de l'hacienda où les péons et leur famille achètent les biens qu'ils ne peuvent produire.
Tzekel	Sol argileux, peu profond, pierreux, équivalent des litosols.
Tzekel-kankab	Sol argileux, avec des alternances de pierres et d'argiles, équivalent des cambisols.
Usuario	Usager.
Vecino, a	Voisin, e.
Wachitos	Surnom donné aux habitants de México, aussi Waches.
Zapote	Sapotillier, grand arbre dont la sève est élaborée pour faire du chiclé.

Tableaux et figures

Figures

Photos

Cartes

Glyphes

Les culs-de-lampe et ornement typographique ont été dessinés par Normand Cousineau, d'après des glyphes mayas reproduits dans : Linda SCHELE et Peter MATHEWS, *The Code of Kings. The Language of Seven Sacred Maya Temples and Tombs,* New York, Scribner, 1998 ; Christopher JONES, *Deciphering Maya Hieroglyphs,* University of Pennsylvania, 1984 ; John F. HARRIS, *Understanding Maya Inscriptions. A Hyeroglyph Handbook*, Philadelphie, University Museum of Archaelogy and Anthropology, 1992 ; ID., *New and Recent Maya Hieroglyph Readings. A Supplement to Understanding Maya Inscriptions*, Philadelphie, University Museum of Archaelogy and Anthropology, 1993.

passim   *Mol,* la nuit (?). (JONES, 34)

p. 15   Ce glyphe correspond au zéro dans un des systèmes de notation des nombres. (JONES, 23)

p. 25   *Balam,* le jaguar. (HARRIS, 71)

p. 37   *K'ul Mutul Ahaw,* le Saint Seigneur de Tikal. (SCHELE, 24)

p. 50   L'autel sur la place publique. (HARRIS 1993, 22)

p. 63   Autre version de la place. (SCHELE, 172)

p. 70   *Chih,* agave, henequén. On reconnaît une main tenant une pelote de corde. (HARRIS 1993, 23)

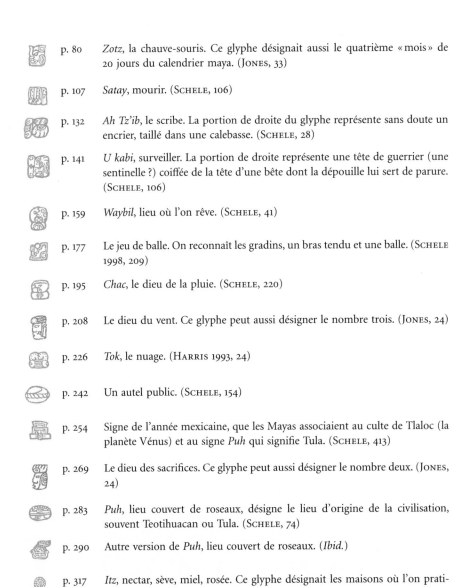

p. 80   *Zotz*, la chauve-souris. Ce glyphe désignait aussi le quatrième « mois » de 20 jours du calendrier maya. (JONES, 33)

p. 107   *Satay*, mourir. (SCHELE, 106)

p. 132   *Ah Tz'ib*, le scribe. La portion de droite du glyphe représente sans doute un encrier, taillé dans une calebasse. (SCHELE, 28)

p. 141   *U kabi*, surveiller. La portion de droite représente une tête de guerrier (une sentinelle ?) coiffée de la tête d'une bête dont la dépouille lui sert de parure. (SCHELE, 106)

p. 159   *Waybil*, lieu où l'on rêve. (SCHELE, 41)

p. 177   Le jeu de balle. On reconnaît les gradins, un bras tendu et une balle. (SCHELE 1998, 209)

p. 195   *Chac*, le dieu de la pluie. (SCHELE, 220)

p. 208   Le dieu du vent. Ce glyphe peut aussi désigner le nombre trois. (JONES, 24)

p. 226   *Tok*, le nuage. (HARRIS 1993, 24)

p. 242   Un autel public. (SCHELE, 154)

p. 254   Signe de l'année mexicaine, que les Mayas associaient au culte de Tlaloc (la planète Vénus) et au signe *Puh* qui signifie Tula. (SCHELE, 413)

p. 269   Le dieu des sacrifices. Ce glyphe peut aussi désigner le nombre deux. (JONES, 24)

p. 283   *Puh*, lieu couvert de roseaux, désigne le lieu d'origine de la civilisation, souvent Teotihuacan ou Tula. (SCHELE, 74)

p. 290   Autre version de *Puh*, lieu couvert de roseaux. (*Ibid.*)

p. 317   *Itz*, nectar, sève, miel, rosée. Ce glyphe désignait les maisons où l'on pratiquait la magie. (SCHELE, 265)

p. 332   La déesse Lune. Ce glyphe peut aussi désigner le nombre un. (JONES, 24)

Table

Ce livre, le premier de la collection « Américanités », a été composé
en Minion et Gill, selon une maquette de Gianni Caccia
réalisée par Yolande Martel, avec la collaboration de
Julie Benoit pour les cartes, de Normand Cousineau pour les glyphes,
et sous la direction de Robert Laliberté.
Il a été achevé d'imprimer sur du papier Rolland opaque naturel
sur les presses de AGMV Marquis, imprimeur à Cap-Saint-Ignace,
en mars 1999 pour le compte des Presses de l'Université de Montréal.